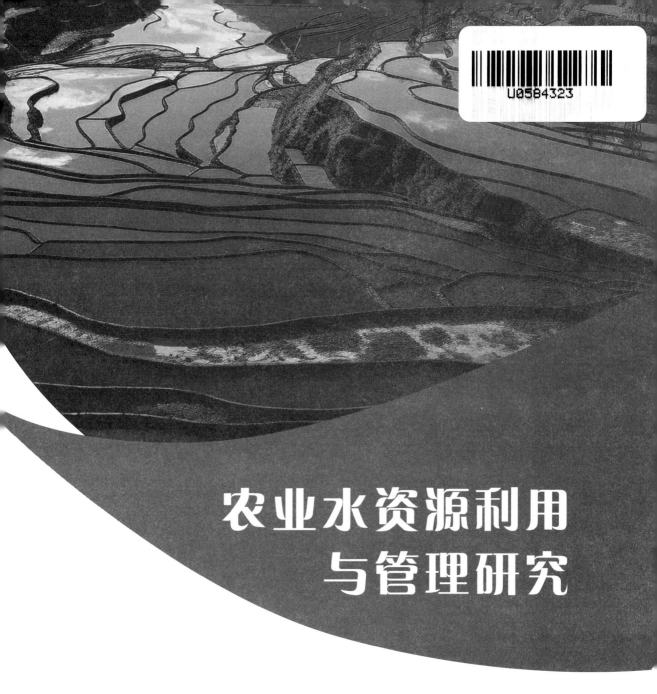

农业水资源利用
与管理研究

宋吉志　陈　琪　宋绍学　著

IC 吉林科学技术出版社

图书在版编目（ＣＩＰ）数据

农业水资源利用与管理研究 / 宋吉志，陈琪，宋绍学著. -- 长春：吉林科学技术出版社，2024. 8.

ISBN 978-7-5744-1773-1

Ⅰ. S279

中国国家版本馆CIP数据核字第2024CZ2264号

农业水资源利用与管理研究

著	宋吉志　陈　琪　宋绍学
出 版 人	宛　霞
责任编辑	安雅宁
封面设计	南昌德昭文化传媒有限公司
制　　版	南昌德昭文化传媒有限公司
幅面尺寸	185mm×260mm
开　　本	16
字　　数	287 千字
印　　张	13.5
印　　数	1~1500 册
版　　次	2024年8月第1版
印　　次	2024年12月第1次印刷

出　　版	吉林科学技术出版社
发　　行	吉林科学技术出版社
地　　址	长春市福祉大路5788号出版大厦A座
邮　　编	130118

发行部电话/传真　0431-81629529 81629530 81629531
　　　　　　　　　81629532 81629533 81629534

储运部电话	0431-86059116
编辑部电话	0431-81629510
印　　刷	三河市嵩川印刷有限公司

书　　号	ISBN 978-7-5744-1773-1
定　　价	72.00元

前　言

　　水资源，作为维系生态系统平衡和保障农业生产的基础性资源，其合理利用与管理对于实现农业可持续发展、促进区域经济增长、维护社会稳定具有至关重要的作用。

　　本书是一部系统性研究农业水资源领域的专著，首先对水资源进行了基础性概述，包括其形成过程、评价方法和经济价值，为理解水资源的重要性奠定了基础。其次深入分析了地表水和地下水资源的开发利用策略，并讨论了实现水资源合理开发利用的途径。

　　书中进一步探讨了水资源规划的策略以及水资源的再生利用和处理技术，强调了在农业领域中水资源的循环利用和可持续性。特别关注了农业水资源的保护和可持续利用，提出了具体的保护措施和管理方法。在农田灌溉与排水章节中，详细介绍了灌水技术、灌溉用水管理和排水技术，这些都是提高农业水资源利用效率的关键环节。

　　农业水利工程部分涵盖了农业水利的概念、引水工程、水土保持和防洪治河工程等内容，展示了水利工程在农业水资源管理中的重要角色。最后，书中对水资源管理进行了深入探析，包括水资源管理概述、公共行政管理和规范化建设，旨在为构建科学合理的水资源管理体系提供理论支持和实践指导。本书旨在为农业水资源的有效管理和可持续利用提供全面的解决方案，对农业科研人员、水资源管理者、政策制定者及相关领域学生具有重要的参考价值。

　　本书的写作凝聚了作者的智慧，经验和心血，在写作过程中参考并引用了大量的书籍、专著和文献，在此向这些专家、编辑及文献原作者表示衷心的感谢。由于作者水平有限以及时间仓促，书中难免存在一些不足和疏漏之处，敬请广大读者和专家给予批评指正。

《农业水资源利用与管理研究》
审读委员会

目　录

第一章 水资源概述

第一节 水资源形成

一、水循环

（一）水循环的概念

地球上的水以液态、固态和气态的形式分布于海洋、陆地、大气和生物机体中，这些水体构成了地球的水圈。水圈中的各种水体在太阳的辐射下不断地蒸发变成水汽进入大气，并随气流的运动输送到各地，在一定条件下凝结形成降水。降落的雨水，一部分被植物截留并蒸发，一部分渗入地下，另一部分形成地表径流沿江河回归大海。渗入地下的水，有的被土壤或植物根系吸收，然后通过蒸发或散发返回大气；有的渗入更深的土层形成地下水，并以泉水或地下水的形式注入河流回归大海。水圈中的各种水体经历的蒸发、水汽输送、凝结、降落、下渗、地表径流和地下径流的往复循环过程，称为水循环。

（二）水循环的种类

按照水循环的规模与过程可分为大循环、小循环和内陆水循环。

从海洋蒸发的水汽被气流输送到大陆上空，冷凝形成降水后落到陆面，其中一部分

1

以地表径流和地下径流的形式从河流回归海洋，另一部分重新蒸发返回大气。这种海陆间的水分交换过程，称为大循环。

海洋上蒸发的水汽在海洋上空凝结后，以降水的形式降落到海洋里，或陆地上的水经蒸发凝结又降落到陆地上，这种局部的水循环称为小循环。前者称为海洋小循环，后者称为内陆小循环。

水汽从海洋向内陆输送的过程中，在陆地上空一部分冷凝降落，形成径流向海洋流动，同时也有一部分再蒸发成水汽继续向更远的内陆输送。愈向内陆水汽愈少，循环逐渐减弱，直到不再能成为降水为止。这种局部的循环也叫作内陆水循环。内陆水循环对内陆地区降水有着重要作用。

实际上，一个大循环包含着多个小循环，多个小循环组成一个大循环。水循环过程中的蒸发、输送、降水和径流称为水循环的四个基本环节。

（三）水循环的实质

水循环是地球上最重要、最活跃的物质循环之一，它实现了地球系统水量、能量和地球生物化学物质的迁移与转换，构成了全球性的连续有序的动态大系统。水循环把海陆有机地连接起来，塑造着地表形态，制约着地球生态环境的平衡与协调，不断提供再生的淡水资源。因此，水循环对于地球表层结构的演化和人类社会可持续发展都具有重要意义。

1. 水循环深刻地影响着地球表层结构的形成、演化和发展

水循环不仅将地球上各种水体组合成连续、统一的水圈，而且在循环过程中进入大气圈、岩石圈与生物圈，将地球上的四大圈层紧密地联系起来。水循环在地质构造的基底上重新塑造了全球的地貌形态，同时影响着全球的气候变迁和生物群类。

2. 水循环是海陆间联系的纽带

水循环的大气过程实现了海陆上空的水汽交换，海洋通过蒸发源源不断地向陆地输送水汽，进而影响着陆地上一系列的物理、化学和生物过程；陆面通过径流归还海洋损失的水量，并源源不断地向海洋输送大量的泥沙、有机质和各种营养盐类，从而影响着海水的性质、海洋沉积及海洋生物等。虽然陆地有时也向海洋输送水汽，但总体上是海洋向陆地输送水汽、陆地向海洋输送径流。

3. 水循环使大气水、地表水、土壤水、地下水相互转换

水循环的过程中，大气以降水的形式补给地表；地表水以下渗的形式补给土壤或通过岩石裂隙直接补给地下水；土壤以下渗的形式补给地下水，在一定条件下，土壤水也可以壤中流的形式补给地表，地下水以地下径流的形式补给地表；土壤水和地下水又以蒸发或植物散发的形式补给大气。从而形成大气水、地表水、土壤水、地下水的相互转换。

4. 水循环使得水成为可再生资源

水循环的实质就是物质与能量的传输过程，水循环改变了地表太阳辐射能的纬度地带性，在全球尺度下进行高低纬、海陆间的热量和水量再分配。水是一种良好的溶剂，

同时具有搬运能力，水循环负载着众多物质不断迁移和聚集。通过水循环，地球系统中各种水体的部分或全部逐年得以恢复和更新，这使得水成为可再生资源。水循环与人类关系密切，水循环强弱的时空变化导致水资源的时空分布不均，是制约一个地区生态平衡和可持续发展的关键。

由于在水循环过程中，海陆之间的水汽交换以及大气水、地表水、地下水之间的相互转换，形成了陆地上的地表径流和地下径流。由于地表径流和地下径流的特殊运动，塑造了陆地的一种特殊形态——河流与流域。一个流域或特定区域的地表径流和地下径流的时空分布既与降水的时空分布有关，亦与流域的形态特征、自然地理特征有关。因此，不同流域或区域的地表水资源和地下水资源具有不同的形成过程及时空分布特性。

二、地表水资源的形成

（一）降水

1. 降水及其特征

降水是指液态或固态的水汽凝结物从云中降落到地表的现象，如雨、雪、霰、雹、露、霜等，其中以雨、雪为主。在我国大部分地区，一年内降水以雨水为主，雪仅占少部分。所以，这里降水主要指降雨。

降水特征常用几个基本要素来表示，如降水量、降水历时、降水强度、降水面积及暴雨中心等。降水量是指一定时段内降落在某一点或某一面积上的总水量，用深度表示，以 mm 计。如一场降水的降水量是指该次降水全过程的总降水量。日降水量是指一日内的降水总量。凡日降水量达到和超过 50 mm 的降水称为暴雨。暴雨又分为暴雨、大暴雨和特大暴雨 3 个等级。降水持续的时间称为降水历时，以 min、h 或 d 计。单位时间的降水量称为降水强度，以 mm/min 或 mm/h 计。降水笼罩的平面面积称为降水面积，以 km2 计。暴雨集中的较小的局部地区，称为暴雨中心，一场降水可能有几个暴雨中心，暴雨中心在降水过程中也可能是移动的。

降水历时和降水强度反映了降水的时程分配，降水面积和暴雨中心反映了降水的空间分布。

2. 降水的成因与类型

当水平方向物理属性（温度、湿度等）较均匀的大块空气即气团受到某种外力的作用向上抬升时，气压降低，空气膨胀，为克服分子间引力须消耗自身的能量，在上升过程中发生动力冷却使气团降温。当温度下降到使原来未饱和的空气达到了过饱和状态时，大量多余的水汽便凝结成云。云中水滴不断增大，直到不能被上升气流所托时，便在重力作用下形成降雨。因此，空气的垂直上升运动和空气中 // 水汽含量 // 超过 // 饱和水汽含量 // 是产生降雨的基本条件。

按空气上升的原因，降水的成因可分为锋面抬升、地形抬升、局地热力对流和动力辐合上升；降水的类型可相应分为锋面雨、地形雨、对流雨和气旋雨。

（1）锋面抬升与锋面雨

冷暖气团相遇，其交界面叫锋面，锋面与地面的相交地带叫锋，锋面随冷暖气团的移动而移动。当冷气团向暖气团推进时，因冷空气较重，冷气团楔进暖气团下方，把暖气团挤向上方，发生动力冷却而致雨。这种空气上升称为锋面抬升，这种雨称为冷锋雨。由于冷空气与地面的摩擦作用使锋面接近地面部分坡度很大，暖空气几乎被迫垂直上升，在冷锋前形成积雨云。因此，冷锋雨一般强度大、历时短、雨区面积较小。当暖气团向冷气团移动时，由于地面的摩擦作用，上层移动较快，底层较慢，使锋面坡度较小。暖空气沿着这个平缓的坡面在冷气团上爬升，在锋面上形成了一系列云系并冷却致雨。这种空气上升也称为锋面抬升，这种雨称为暖锋雨。由于暖锋面比较平缓，故暖锋雨一般强度小、历时长、雨区广，长江中下游春夏交替时期的梅雨就属于这种情况。

我国大部分地区在温带，属南北气流交汇区域，因此锋面雨的影响很大，常造成河流发生洪水。我国夏季受季风影响，东南地区多暖锋雨，北方地区多冷锋雨。

（2）地形抬升与地形雨

暖湿气流遇到丘陵、高原、山脉等阻挡，被迫沿坡面上升而冷却致雨。这种空气上升称为地形抬升，这种雨称为地形雨。地形雨大部分降落在山地的迎风坡。在背风坡，因气流下沉增温，且大部分水汽已在迎风坡降落，故降雨稀少。

（3）局地热力对流与对流雨

当暖湿空气笼罩一个地区时，因下垫面局部受热增温，与上层温度较低的空气产生强烈对流作用，使暖空气上升冷却而降雨。这种空气上升称为局地热力对流，这种雨称为对流雨。对流雨一般强度大，但雨区小，历时也较短，并常伴有雷电，又称雷阵雨。

（4）动力辐合上升与气旋雨

气旋是中心气压低于四周的大气旋涡。在北半球，气旋内的空气做逆时针旋转，并向中心辐合，引起大规模的上升运动，水汽因动力冷却而致雨。这种空气上升称为动力辐合上升，这种雨称为气旋雨。

（二）蒸发

蒸发是自然界水循环的基本环节之一，它是地表或地下的水由液态或固态转化为水汽，并返回大气的物理过程，也是重要的水量平衡要素，对径流有直接影响。降水是流域水资源的补给，蒸发则是流域水资源的耗散。据估计，我国南方地区年降水量的30%～50%，北方地区年降水量的80%～95%都消耗于蒸发，余下的部分才形成径流。蒸发的大小可用蒸发量或蒸发率表示，蒸发量是指某一时段如日、月、年内总蒸发掉的水层深度，以 mm 计。蒸发率是指单位时间的蒸发量，也称蒸发速度，以 mm/min 或 mm/h 计。

流域或区域上的蒸发包括水面蒸发、土壤蒸发和植物散发。

1. 水面蒸发

水面蒸发是指江、河、水库、湖泊和沼泽等地表水体水面上的蒸发现象。水面蒸发是最简单的蒸发方式，属饱和蒸发。影响水面蒸发的主要因素是温度、湿度、风速和气压等气象条件。

2. 土壤蒸发

土壤蒸发是指水分从土壤中以水汽形式逸出地面的现象。它比水面蒸发要复杂得多，除了受上述气象条件的影响外，还与土壤结构、土壤含水量、地下水位的高低、地势和植被等因素密切相关。

蒸发面在一定气象条件下充分供水时的最大蒸发量或蒸发率称为蒸发能力。水面蒸发自始至终在充分供水条件下进行，所以它一直按蒸发能力蒸发。而土壤含水量可能是饱和的，也可能是非饱和的，情况复杂。

对于完全饱和并且无后继水量加入的土壤，其蒸发过程大体上可分为三个阶段。第一阶段，土壤完全饱和，供水充分，蒸发在表层土壤进行，此时的蒸发率等于或接近土壤蒸发能力，蒸发量大而稳定。第二阶段，由于水分逐渐蒸发消耗，土壤含水量转为非饱和状态，局部表土开始干化，土壤蒸发一部分仍在地表进行，另一部分发生在土壤内部。

在这一阶段中，随着土壤含水量的减少，供水条件越来越差，故其蒸发率随时间也就逐渐减小。第三阶段，表层土壤干涸，且向深层扩展，土壤水分蒸发主要发生在土壤内部。蒸发形成的水汽由分子扩散作用通过表面干涸层逸入大气，其速度极为缓慢，蒸发量小而稳定，直至基本终止。由此可见，土壤蒸发过程实质上是土壤失去水分或干化的过程。

3. 植物散发

土壤中的水分经植物根系吸收，输送到叶面，散发到大气中去，称为植物散发。土壤水分消耗于植物散发的部分数量很大，根据实验得知，有些植物的蒸散发量比水面蒸发量还大。由于植物本身参加了这个过程，并能利用特殊的气孔进行调节，故植物散发过程是一种生物物理过程，它比水面蒸发和土壤蒸发更为复杂。

由于植物生长在土壤中，植物散发与植物覆盖下的土壤蒸发实际上是并存的。因此，研究植物散发往往和土壤蒸发合并进行，两者总称为陆面蒸发。

4. 流域总蒸发

流域总蒸发包括流域水面蒸发、土壤蒸发、植物截留蒸发和植物散发。一个流域的下垫面极其复杂，从现有技术条件看，要精确求出各项蒸发量是有困难的。通常是先对全流域进行综合研究，再用流域水量平衡法或模型计算法分析求出。

（三）径流

径流是指由降水所形成的，沿着流域地表和地下向河川、湖泊、水库、洼地等流动的水流。其中，沿着地面流动的水流称为地面径流，或地表径流；沿着土壤岩石孔隙流动的水流称为地下径流；汇集到河流后，在重力作用下沿河床流动的水流称为河川径流。径流因降水形式和补给来源的不同，可分为降雨径流和融雪径流，我国大部分河流以降雨径流为主。

径流过程是地球上水循环中的重要一环。在水循环过程中,大陆上降水的34%转化为地表径流和地下径流汇入海洋。径流过程又是一个复杂多变的过程,与人类同洪旱灾害进行斗争,以及水资源的开发利用和水环境保护等生产经济活动密切相关。

1. 径流形成过程

流域内,自降雨开始至水流汇集到流域出口断面的整个物理过程,称为径流形成过程。径流的形成是一个相当复杂的过程,为了便于分析,一般把它概括为产流过程和汇流过程两个阶段。

(1)产流过程

降落到流域表面的雨水,除去损失,剩余的部分形成径流,也称为净雨。通常把降雨扣除损失成为净雨的过程称为产流过程,净雨量称为产流量,降雨不能形成径流的部分雨量称为损失量。

降雨开始后,除少量降落到河流水面的降雨直接形成径流外,其一部分被植物枝叶所拦截,称为植物截留,并耗于雨后蒸发。降落到地面上的雨水,部分渗入土壤。当降雨强度小于下渗强度时,雨水全部下渗。当降雨强度大于下渗强度时,雨水按下渗能力下渗,超出下渗能力的雨水称为超渗雨。超渗雨会形成地面积水,先填满地面的洼坑,称为填洼量。填洼的雨量最终耗于下渗和蒸发。随着降雨的持续,满足了填洼的地方开始产生地表径流。下渗到土壤中的雨水,除补充土壤含水量外,还逐步向下层渗透。当土壤含水量达到田间持水量后,下渗趋于稳定。继续下渗的雨水,一部分从坡侧土壤空隙流出,注入河槽,形成表层流或壤中流。另一部分继续向深层下渗,到达地下水面后,以地下水的形式汇入河流,形成地下径流。位于第一个不透水层之上的冲积层地下水,称为潜水或浅层地下水。在两个不透水层之间的地下水,称为承压水或深层地下水。

流域产流过程对降雨进行了一次再分配。在这个过程中有水量损失,产流量(净雨量)小于降雨量。对整个径流而言,植物截留、蒸发、土壤蓄存的水量以及填洼的部分水量是损失水量;对地表径流而言,植物截留、蒸发、全部填洼量、除形成壤中流的全部地表下渗量均为损失水量。

(2)汇流过程

净雨沿坡面汇入河网,然后经河网汇集到流域出口断面,这一过程称为流域汇流过程。

为了便于分析,将全过程分为坡地汇流和河网汇流两个阶段。

①坡地汇流。地面净雨沿坡面流到附近河网,称为坡面漫流。坡面漫流由无数股彼此时分时合的细小水流所组成,通常无明显固定沟槽,雨强很大时形成片流。坡面漫流的流程一般不长,为数米至数百米。地面净雨经坡面漫流注入河网,形成地表径流。大雨时地表径流形成河流洪水。表层流净雨注入河网,形成表层流径流。表层流与坡面漫流互相转化,常并入地表径流。地下净雨下渗到潜水或深层地下水体后,沿水力坡降最大方向汇入河网,称为地下汇流。深层地下水流动缓慢,降雨后地下水流可以维持很长时间,较大河流终年不断流,是河川基本径流,常称为基流。

在径流形成过程中，坡地汇流过程对净雨在时程上进行第一次再分配。降雨结束后，坡地汇流仍将持续一定的时间。在这个过程中，没有水量损失，只是净雨在时程上的再分配。

②河网汇流。进入河网的水流，从支流向干流、从上游向下游汇集，最后全部流出流域出口断面，这个汇流过程称为河网汇流过程。显然，在此过程中，沿途不断有坡面漫流、表层流及地下径流汇入，使河槽水量增加，水位升高，为河流涨水阶段。在涨水阶段，由于河槽贮存一部分水量，所以对处于波前的任一河段，下断面流量总是小于上断面流量。随降雨量和坡面漫流量逐渐减少直至完全停止，河槽水量减少，水位降低，这就是退水阶段。

这种现象称为河槽的调蓄作用。河槽调蓄是对净雨在时程上进行的第二次再分配。

一次降雨经植物截留、填洼、入渗和蒸发等损失后，进入河网的水量自然比降雨总量小，而且经过坡面漫流及河网汇流两次再分配的作用，使出口断面的径流过程比降雨过程变化缓慢、历时增长、时间滞后。径流过程是流域降雨径流形成的最终效应，是流域上许多因素综合作用的结果，一次降雨的水量最终归结于两方面——蒸发与径流。

2. 影响径流形成的因素

影响径流形成的因素可分为三大类，即流域的气候因素、地理因素和人类活动因素。

（1）流域的气候因素

①降雨。降雨是径流形成的必要条件，降雨特性对径流的形成和变化起着重要作用。在其他条件相同时，降雨量大，降雨历时长，降雨笼罩面积大，则产生的径流量也大。降雨强度愈大，所产生的洪峰流量也愈大，流量过程线多呈尖瘦状。暴雨中心在下游，洪峰流量则较大，暴雨中心在上游，洪峰流量就小些。暴雨中心若由流域上游向下游移动，各支流洪峰流量相互叠加，使干流洪峰流量加大，反之则较小。故同一流域，雨型不同，形成的径流过程也不同。

②蒸发。蒸发是直接影响径流量的因素，蒸发量大，降雨的损失量就大，形成的径流量就小。对一次暴雨形成的径流来说，虽然在径流形成过程中蒸发量的数值相对不大，甚至可忽略不计，但流域在降雨开始时的土壤含水量直接影响着本次降雨的损失量，即影响着径流。而土壤含水量与流域蒸发有密切关系。

（2）流域的地理因素

①流域地形。流域地形特征包括地面高程、坡面倾斜方向及流域坡度等。流域地形一方面是通过影响气候间接影响径流的特性，如山地迎风坡降雨量较大，背风坡是气流下沉区，降雨量小；同时，山地高程较高时，气温较低，蒸发量较小，所以降雨损失量较小。另一方面，流域地形还直接影响汇流条件，从而影响径流过程。例如，地形陡峭，河道比降大，则水流速度快，河槽汇流时间较短，洪水陡涨陡落，流量过程线多呈尖瘦形；反之则较平缓。故同一雨型，不同流域形成的径流过程也不同。

②流域的大小和形状。流域本身具有调节水流的作用，流域面积愈大，地表与地下蓄水容积愈大，调节能力也愈强。流域面积较大的河流，河槽下切较深，得到的地下水

补给就较多；而流域面积小的河流，河槽下切往往较浅，因此地下水补给也较少。

流域长度决定了流域上的径流到达出口断面所需要的汇流时间。汇流时间愈长，流量过程线愈平缓。流域形状与河系排列有密切关系。扇形排列的河系，各支流洪水较集中地汇入干流，流量过程线往往较陡峻；羽形排列的河系，各支流洪水可顺序而下，遭遇的机会少，流量过程线较矮平；平行状排列的河系，其影响与扇形排列的河系类似。

③河道特性。若河道短、坡度大、糙率小，则水流流速大，河道输送水流能力大；径流容易排泄，流量过程线尖瘦；反之则较平缓。

④土壤、岩石和地质构造。流域土壤、岩石性质和地质构造与下渗量的大小有直接关系，从而影响产流量和径流过程特性，同时也影响地表径流和地下径流的产流比例关系。

⑤植被。植被能阻滞地表水流，增加下渗。森林地区表层土壤容易透水，有利于雨水渗入地下，从而增大地下径流，减少地表径流，使径流趋于均匀。对于融雪补给的河流，由于森林内温度较低，能延长融雪时间，使春汛径流历时增长。

⑥湖泊和沼泽。湖泊和沼泽对洪水能起一定的调节作用，在涨水期，它能拦蓄部分洪水倒退水期再逐渐放出，因此它对削减洪峰起很大作用，使径流过程变得平缓。一般情况下水面蒸发较陆面蒸发大，湖泊、沼泽将使径流有所减少。

（3）人类活动因素

影响径流的人类活动，主要指人们为开发利用和保护水资源，以及为战胜水旱灾害所采取的工程措施及农林措施等。通过这些措施改变了流域的自然面貌，从而也就改变了径流的形成和变化条件，并改变了蒸发与径流的比例、地表径流和地下径流的比例，以及径流在时间和空间上的分布等。例如，水库和引水工程，能明显地改变径流的时空分布；植树造林、兴修梯田、水土保持等措施能增加下渗水量，既改变了地表与地下水的比例及径流的时程分配，还可影响蒸发；水库和灌区的建成，增加了蒸发，减少了径流。

综上所述，降雨径流的形成和变化过程是极其复杂的，很难单独分出某种影响因素的作用，因为它是气候、自然地理各因素和人类改造自然活动综合作用的结果。

（四）地表水资源

流域或特定区域的地表水资源指的是流域出口断面的河川径流，上述降雨径流的形成过程基本反映了地表水资源的形成过程，地表径流的时程分配和空间分布体现了地表水资源的时空变化规律。应该注意的是，流域出口断面的河川径流既有地表径流，也包括壤中流以及部分地下径流。不同的流域几何形态及自然地理特征、不同的河槽形态及下切深度，流域出口断面所汇集的地下径流在组成上和数量上均不相同。也就是说，一个流域或特定区域的地表水资源既包括被称为雨洪的地表径流和部分浅层地下径流，也包括被称为基流的浅层地下径流和深层地下径流。地表水资源的形成过程既有地表径流的形成特征，也有地下径流的形成特征；影响径流形成的诸多因素同样是地表水资源形成的影响因素，地表水资源的形成和时空变化过程也是极其复杂的，是流域上许多因素及人类活动综合作用的结果。我国地表水资源的时程分配和空间分布特点与降水量的时程分配和空间分布特点基本一致。

三、地下水资源的形成

（一）基本概念

广义上的地下水指埋藏在地表以下各种状态的水。按埋藏条件，地下水可划分为包气带水（土壤水）、上层滞水、潜水和承压水四个基本类型。

在地下水面以上，土壤含水量未达饱和，是土壤颗粒、水分和空气同时存在的三相系统，称为包气带。在地下水面以下，土壤处于饱和含水状态，是土粒和水分组成的二相系统，称为饱和带或饱水带。

饱水带岩层按其透过和给出水的能力，可分为含水层和隔水层。含水层是指能够透过并给出相当数量水的岩层。隔水层则是不能或基本不能透过并给出水的岩层。划分含水层与隔水层的关键在于岩层所含水的性质，空隙细小的岩层（如致密黏土、裂隙闭合的页岩），含的几乎全是不能移动的结合水，实际上起着阻隔水透过的作用，所以是隔水层。而空隙较大的岩层（如砂砾石、发育溶穴的可溶岩），主要含有重力水，在重力作用下，能够透过和给出水，就构成了含水层。

土壤水是指吸附于土壤颗粒和存在于土壤空隙中的水。上层滞水是指包气带中局部隔水层或弱透水层上积聚的具有自由水面的重力水。潜水是指饱水带中第一个具有自由表面的含水层中的水。承压水是指充满于两个隔水层之间的含水层中的水。

组成地壳的岩石，无论是松散的沉积物还是坚硬的基岩，都存在数量及大小不等、形状各异的空隙。岩石的空隙为地下水的赋存提供了必要的空间条件，空隙的多少、大小、形状、连通情况与分布规律，对地下水的分布、运动及赋存规律有重要影响。

按照空隙特征可将其分为松散岩石中的孔隙、坚硬岩石中的裂隙和可溶岩中的溶隙三大类。松散岩石由大小不等、形状各异的颗粒组成，颗粒或颗粒集合体之间的空隙称为孔隙。固结的坚硬岩石，包括沉积岩、岩浆岩和变质岩，受地壳运动及其他内外地质应力作用，破裂变形产生的空隙称为裂隙。可溶岩石中的各种裂隙被水流溶蚀扩大成为各种形态的溶隙，甚至形成巨大溶洞，这是岩溶地下水的赋存空间。

（二）地下水的循环过程

地下水循环是自然界水循环的一个重要组成部分，地下水自身又有独立的补给、径流、排泄小循环。

地下水经常不断地参与自然界的循环。含水层或含水系统通过补给从外界获得水量，径流过程中水由补给处输送到排泄处，然后向外界排出。在水的交换运移过程中，往往伴随着盐分的交换与运移。补给、径流与排泄决定着含水层或含水系统的水量与水质在空间和时间上的变化，同时，这种补给、径流、排泄无限往复进行，构成了地下水的循环。

1. 地下水的补给

含水层自外界获得水量的过程称为补给。地下水的补给来源主要有：大气降水入渗补给、地表水入渗补给、凝结水入渗补给、含水层之间的补给和人工补给。

（1）大气降水入渗补给

当大气降水降落到地表后，一部分变为地表径流，一部分蒸发重新回到大气，剩余一部分渗入地下形成地下水。在很多情况下，大气降水是地下水的主要补给方式。大气降水补给地下水的数量受到很多因素的影响，与降水强度、降水形式、植被、包气带岩性、地下水的埋深等有关。一般当降水量大、降水过程长、地形平坦、植被茂盛、上部岩层透水性好、地下水埋藏深度不大时，大气降水才能大量入渗补给地下水。

（2）地表水入渗补给

地表水对地下水的补给强度主要受岩层透水性的影响，同时也取决于地表水水位与地下水水位的高差、洪水的延续时间、河水流量、河水的含泥量、地表水体与地下水联系范围的大小等因素。

（3）凝结水入渗补给

凝结水的补给是指大气中过饱和水分凝结成液态水渗入地下补给地下水。在干旱区，凝结水的补给备受关注，由于干旱区大气降水较少，大气降水和地表水补给量均较少，因此凝结水是其主要补给来源。

（4）含水层之间的补给

当两个含水层之间存在水头差且有水力联系时，水头较高的含水层将水补给水头较低的含水层。其补给途径可以通过含水层之间的"天窗"发生水力联系，也可以通过含水层之间的越流方式补给。

（5）人工补给

地下水的人工补给就是借助某些工程设施，人为地使地表水自流或用压力将其引入含水层，以增加地下水的渗入量。人工补给地下水具有占地少、造价低、易管理、蒸发少等优点，不仅可以增加地下水资源，而且可以改善地下水的水质，调节地下水的温度，阻拦海水入侵，减少地面沉降。

2. 地下水的径流

地下水在岩石空隙中的流动过程称为径流。地下水的径流过程是整个地球水循环的一部分。大气降水或地表水通过包气带向下渗漏，补给含水层成为地下水，地下水又在重力作用下，由水位高处向水位低处流动，最后在地形低洼处以泉的形式排出地表或直接排入地表水体，如此循环过程就是地下水的径流过程。影响地下水径流的主要因素有：含水层的空隙特性、地下水的埋藏条件、补给量、地形状况、地下水化学成分、人类活动因素等。

3. 地下水的排泄

含水层失去水量的作用过程称为地下水的排泄。在排泄过程中，地下水的水量、水质及水位都会随之发生变化。

地下水通过泉（点状排泄）、向河流泄流（线状排泄）及蒸发（面状排泄）等形式向外界排泄。此外，一个含水层中的水可向另一个含水层排泄，也可以由人工进行排泄，如用井开发地下水，或用钻孔、渠道排泄地下水都属于地下水的人工排泄。

在地下水的排泄方式中，蒸发排泄仅耗失水量，盐分仍留在地下水中。其他种类的排泄都属于径流排泄，盐分随水分同时排走。

4. 地下水运动的特点

地下水存储并运动于岩石颗粒间像串珠管状的孔隙和岩石内纵横交错的裂隙之中。这些孔隙的形状、大小和连通程度等的变化，导致地下水运动的复杂性和特殊性：①地下水运动比较迟缓，一般流速较小。在实际计算中，常忽略地下水的流速水头，认为地下水的水头就等于测压管水头。②由于地下水是在曲折的通道中进行缓慢渗流，故地下水流大多数都呈层流运动。只有当地下水流通过漂石、卵石的特大孔隙或岩石的大裂隙及可溶岩的大溶洞时，才会出现紊流状态。③地下水在自然界的绝大多数情况下呈非稳定流运动。但当地下水的运动要素在某一时间内变化不大，或地下水的补给、排泄条件随时间变化不大时，人们常常把地下水的运动近似地看成稳定流，这给地下水运动规律研究带来很大方便。④人们在研究地下水运动规律时，并不是去研究每个实际通道中复杂的水流运动特征，而是研究岩层内平均直线水流通道中的水流特征，假想水流充满含水层。

（三）地下水资源

地下水资源是指埋藏于地表以下、能够被人类生产或生活直接利用、逐年可以得以恢复和更新的地下水体。上述的上层滞水、潜水（或称浅层地下水）、补给条件良好的承压水均为地下水资源；而埋藏数百米甚至上千米的深层地下水，因开采后恢复和更新缓慢，目前不列入地下水资源。

地下水资源的补给来源是天然降水、地表水体及人工补给等，由于水文地质条件不同，经包气带（土壤）入渗后，形成不同的地下水体——上层滞水、潜水（或称浅层地下水）、承压水。各种水体有着各自的运动规律，并可在一定条件下相互转化。

人类所能利用的水资源是有限的，有限的水资源还很容易被污染等破坏，因此人类必须倍加珍惜和保护这一有限的水资源。水资源保护，就是通过行政、法律、工程、经济等手段，保护水资源的质量和供应，防止水污染、水源枯竭、水流阻塞和水土流失，以尽可能地满足经济社会可持续发展对水资源的需求。

第二节　水资源评价

一、水资源评价的一般要求

①水资源评价是水资源规划的一项基础工作。应该调查、搜集、整理、分析利用已有资料，在必要时再辅以观测和试验工作。水资源评价使用的各项基础资料应具有可靠性、合理性与一致性。

②水资源评价应分区进行。各单项评价工作在统一分区的基础上，可根据该项评价的特点与具体要求，划分计算区或评价单元。首先，水资源评价应按江河水系的地域分布进行流域分区。全国性水资源评价要求进行一级流域分区和二级流域分区；区域性水资源评价可在二级流域分区的基础上，进一步分出三级流域分区和四级流域分区。其次，水资源评价还应按行政区划进行行政分区。全国性水资源评价的行政分区要求按省（自治区、直辖市）和地区（市、自治州、盟）两级划分；区域性水资源评价的行政分区可按省（自治区、直辖市）、地区（市、自治州、盟）和县（市、自治县、旗、区）三级划分。

③全国及区域水资源评价应采用日历年，专项工作中的水资源评价可根据需要采用水文年。计算时段应根据评价目的和要求选取。

④应根据经济社会发展需要及环境变化情况，每隔一定时期对前次水资源评价成果进行全面补充修订或再评价。

二、水资源数量评价

水资源数量评价是指对评价区内的地表水资源、地下水资源及水资源总量进行估算和评价，是水资源评价的基础部分，因此也称为基础水资源评价。

（一）地表水资源数量评价的内容和要求

地表水资源数量评价应包括下列内容：①单站径流资料统计分析。②主要河流（一般指流域面积大于 5000 km2 的大河）年径流量计算。③分区地表水资源数量计算。④地表水资源时空分布特征分析。⑤入海、出境、入境水量计算。⑥地表水资源可利用量估算。⑦人类活动对河川径流的影响分析。

单站径流资料的统计分析应符合下列要求：①凡资料质量较好、观测系列较长的水文站均可作为选用站，包括国家基本站、专用站和委托观测站。各河流控制性观测站为必需选用站。②受水利工程、用水消耗、分洪决口影响而改变径流情势的观测站，应进行还原计算，将实测径流系列修正为天然径流系列。③统计大河控制站、区域代表站历年逐月的天然径流量，分别计算长系列和同步系列年径流量的统计参数；统计其他选用站的同步期天然年径流量系列，并计算其统计参数。④主要河流年径流量计算。选择河流出山口控制站的长系列径流量资料，分别计算长系列和同步系列的平均值及不同频率的年径流量。

分区地表水资源量计算应符合下列要求：①针对各分区的不同情况，采用不同方法计算分区年径流量系列；当区内河流有水文站控制时，根据控制站天然年径流量系列，按面积比修正为该地区年径流系列；在没有测站控制的地区，可利用水文模型或自然地理特征相似地区的降雨径流关系，由降水系列推求径流系列；还可通过绘制年径流深等值线图，从图上量算分区年径流量系列，经合理性分析后采用。②计算各分区和全评价区同步系列的统计参数和不同频率（P=20%、50%、75%、95%）的年径流量。③应在求得年径流系列的基础上进行分区地表水资源量的计算。入海、出境、入境水量的计算应选取河流入海口或评价区边界附近的水文站，根据实测径流资料，采用不同方法换算为入海断面或出、入境断面的逐年水量，并分析其年际变化趋势。

地表水资源时空分布特征分析应符合下列要求：①选择集水面积为 300～5000 km2 的水文站（在测站稀少地区可适当放宽要求），根据还原后的天然年径流系列，绘制同步期平均年径流深等值线图，以此反映地表水资源的地区分布特征。②按不同类型自然地理区选取受人类活动影响较小的代表站，分析天然径流量的年内分配情况。③选择具有长系列年径流资料的大河控制站和区域代表站，分析天然径流的多年变化。

（二）地下水资源量的评价

地下水资源数量评价内容包括补给量、排泄量、可开采量的计算和时空分布特征分析，以及人类活动对地下水资源的影响分析。

在地下水资源数量评价之前，应获取评价区以下资料：①地形地貌、地质构造及水文地质条件。②降水量、蒸发量、河川径流量。③灌溉引水量、灌溉定额、灌溉面积、开采井数、单井出水量、地下水实际开采量、地下水动态、地下水水质。④包气带及含水层的岩性、层位、厚度及水文地质参数，对岩溶地下水分布区还应搞清楚岩溶分布范围、岩溶发育程度。

地下水资源数量评价应符合下列要求：①根据水文气象条件、地下水埋深、含水层和隔水层的岩性、灌溉定额等资料的综合分析，确定地下水资源数量评价中所必需的水文地质参数，主要包括给水度、降水入渗补给系数、潜水蒸发系数等。给水度是指地下水位下降单位深度所排出的水层厚度，与地下水埋深、土壤特性等有关。降水入渗补给系数指降水入渗补给量与降水量的比值。潜水蒸发系数指潜水蒸发强度与同期水面蒸发强度的比值。②地下水资源数量评价的计算系列尽可能与地表水资源数量评价的计算系列同步，应进行多年平均地下水资源数量评价。③地下水资源数量按水文地质单元进行计算，并要求分别计算、评价流域分区和行政分区地下水资源量。

三、水资源质量评价

（一）评价的内容和要求

水资源质量的评价，应根据评价的目的、水体用途、水质特性，选用相关的参数和相应的国家、行业或地方水质标准进行评价，内容包括河流泥沙分析、天然水化学特征分析、水资源污染状况评价。

河流泥沙是反映河川径流质量的重要指标，主要评价河川径流中的悬移质泥沙。天然水化学特征是指未受人类活动影响的各类水体在自然界水循环过程中形成的水质特征，是水资源质量的本底值。水资源污染状况评价是指地表水、地下水资源质量的现状及预测，其内容包括污染源调查与评价、地表水资源质量现状评价、地表水污染负荷总量控制分析、地下水资源质量现状评价、水资源质量变化趋势分析及预测、水资源污染危害及经济损失分析、不同质量的可供水量估算及适用性分析。

对水质评价，可按时间分为回顾评价、预断评价；按用途分为生活饮用水评价、渔业水质评价、工业水质评价、农田灌溉水质评价、风景和游览水质评价；按水体类别分为江河水质评价、湖泊水库水质评价、海洋水质评价、地下水水质评价；按评价参数分为单要素评价和综合评价；对同一水体更可以分别对水、水生物和底质评价。

地表水资源质量评价应符合下列要求：①在评价区内，应根据河道地理特征、污染源分布、水质监测站网，划分成不同河段（湖、库区）作为评价单元。②在评价大江、大河水资源质量时，应划分成中泓水域与岸边水域，分别进行评价。应描述地表水资源质量的时空变化及地区分布特征。④在人口稠密、工业集中、污染物排放量大的水域，应进行水体污染负荷总量控制分析。

地下水资源质量评价应符合下列要求：①选用的监测井（孔）应具有代表性。②应将地表水、地下水作为一个整体，分析地表水污染、纳污水库、污水灌溉和固体废弃物的堆放、填埋等对地下水资源质量的影响。③应描述地下水资源质量的时空变化及地区分布特征。

（二）评价方法介绍

水资源质量评价是水资源评价的一个重要方面，是对水资源质量等级的一种客观评价。无论是地表水还是地下水，水资源质量评价都是以水质调查分析资料为基础，可以分为单项组分评价和综合评价。单项组分评价是将水质指标直接与水质标准比较，判断水质属于哪一等级。综合评价是根据一定评价方法和评价标准综合考虑多因素进行的评价。

水资源质量评价因子的选择是评价的基础，一般应按国家标准和当地的实际情况来确定评价因子。

评价标准的选择，一般应依据国家标准和行业或地方标准来确定，同时还应参照该地区污染起始值或背景值。

对于水资源质量综合评价，有多种方法，大体可以分为评分法、污染综合指数法、一般统计法、数理统计法、模糊数学综合评判法、多级关联评价方法、Hamming 贴近法等。

四、水资源综合评价

（一）水资源综合评价的内容

水资源综合评价是在水资源数量、质量和开发利用现状评价以及环境影响评价的基础上，遵循生态良性循环、资源永续利用、经济可持续发展的原则，对水资源时空分布特征、利用状况与社会经济发展的协调程度所做的综合评价，主要包括水资源供需发展趋势分析、评价区水资源条件综合分析和分区水资源与社会经济协调程度分析三方面的内容。

水资源供需发展趋势分析，是指在将评价区划分为若干计算分区，摸清水资源利用现状和存在问题的基础上，进行不同水平年、不同保证率或水资源调节计算期的需水和可供水量的预测以及水资源供需平衡计算，分析水资源的余缺程度，进而研究分析评价区社会和经济发展中水的供需关系。

水资源条件综合分析是对评价区水资源状况及开发利用程度的总括性评价，应从不同方面、不同角度进行全面综合和类比，并进行定性和定量的整体描述。

分区水资源与社会经济协调程度分析包括建立评价指标体系、进行分区分类排序等内容。评价指标应能反映分区水资源对社会经济可持续发展的影响程度、水资源问题的类型及解决水资源问题的难易程度。另外，应对所选指标进行筛选和关联分析，确定重要程度，并在确定评价指标体系后，采用适当的理论和方法，建立数学模型对评价分区水资源与社会经济协调发展情况进行综合评判。

水资源不足在我国普遍存在，只是严重程度有所不同，不少地区水资源已成为经济和社会发展的重要制约因素。在水资源综合评价的基础上，应提出解决当地水资源问题的对策或决策，包括可行的开源节流措施或方案，对开源的可能性和规模、节流的措施和潜力应予以科学的分析和评价；同时，对评价区内因水资源开发利用可能发生的负效应特别是对生态环境的影响进行分析和预测。进行正负效应的比较分析，从而提出避免和减少负效应的对策，供决策者参考。

（二）水资源综合评价的评价体系

水资源评价结果，以一系列的定量指标加以表示，称为评价指标体系，由此可对评价区的水资源及水资源供需的特点进行分析、评估和比较。

1. 综合评价指标

《中国水资源利用》中对全国 302 个三级分区，计算下列 10 项指标，以从不同方面综合评价各地区水资源供需情况，研究解决措施和对策：①耕地率。②耕地灌溉率。③人口密度。④工业产值模数，工业总产值与土地面积之比。⑤需水量模数，现状计算需水量与土地面积之比。⑥供水量模数，现状 P=75% 供水量与土地面积之比。⑦人均供水量，现状 P=75% 供水量与总人数之比。⑧水资源利用率，现状 P=75% 供水量与水资源总量之比。⑨现状缺水率，现状水平年 P=75% 的缺水量与需水量之比。⑩远景缺水率，远景水平年 P=75% 的缺水量与需水量之比。

2. 综合评分

通过综合评分，可以分析评价区是否缺水。对上述 10 项指标，按其变化幅度分级，每级给定一评分值作为评分标准。

3. 分类分析

（1）缺水率及其变化

缺水率大于 10% 的地区，可认为是缺水地区。从现状到远景的缺水率变化趋势分析，缺水率增加的地区，缺水矛盾趋于严重，而缺水率减少的地区，缺水矛盾有所缓和，在一定程度上可认为不缺水。如果现状需水指标水平定得过高，或未考虑新建水源工程已开始兴建即将生效，虽然现状缺水率高，也不列为缺水区。

（2）人均供需水量对比

根据自然及社会经济条件，拟定出各地区人均需求量范围。如全国山地、高原及北方丘陵，一般在 200 ~ 400 m³/ 人；北方平原、盆地及南方丘陵区一般在 300 ~ 600 m³/ 人；南方平原及东北三江平原在 500 ~ 800 m³/ 人；而西北干旱地区，没有水就没有绿洲，人均需水量最大，达 2000 m3/ 人以上。如果实际人均供水量小于人均需水量的下限，则认为该地区缺水。

（3）水资源利用率程度

一般说来，水资源利用率已超过 50%、用水比较紧张、水资源继续开发利用比较困难的地区，绝大部分应属于缺水类型。某些开发条件较差的地区，其水资源利用率已大于 25% 的，也可能存在缺水现象。

第三节　水资源价值

一、水资源价值及其内涵

现实的残酷以及对可持续发展的追求迫使人类对传统的水资源观点进行批判和反思，并开始认识到水资源本身也具有价值，在使用水资源进行生产活动的过程中必须考虑水资源自身的成本 —— 水资源价值。

水资源自身所具备的两个基本属性是其价值来源的核心，即水资源的有用性和稀缺性。水资源的有用性属于水资源的自然属性，是指对于人类生产和生活的环境来讲，水资源所具有的生产功能、生活功能、环境功能以及景观功能等。这些功能是由水资源的本身特征以及其在自然界所处的地位和作用所决定的，不会因为社会外部条件的改变而发生变化或消失。水资源的稀缺性也可以理解为水资源的经济属性，它是在水资源成为稀缺性资源以后才出现的，即当水资源不再是取之不尽的资源后，由于水资源的稀缺性而迫使人类必须从更经济的角度来考虑水资源的开发利用，在经济活动中考虑到水资源的成本问题。水资源价值正是其自然属性和经济属性共同作用的结果。对于一种资源而言，如果其自然属性决定其各种功能效果极小，甚至有可能会对自然或社会造成负面影响，则无论该种资源稀缺程度多严重，其价值也必然很小。同样，对于某一具有正面功能的资源，如水资源等，其稀缺程度越大，则价值越大。

（一）水具有的社会价值

水资源与社会发展具有密不可分的关系。人们生活的地球因为有丰富的水资源才孕育了人类，人类文明的发祥地都离不开江河等重要的水资源。肥沃的农田离不开充足的灌溉用水条件，工业的发展在很大程度上取决于水的供应条件。在当今的世界上，工业化国家要么是依靠得天独厚的丰富水资源条件得到迅猛发展，要么是利用高科技很好地解决了水资源问题而得到发展，而发展中国家大都存在亟待解决的水资源不足问题。这些都是水资源的重要社会价值的例证。

（二）水的环境与生态价值

20 世纪 90 年代以来，水资源和生态环境的相关性研究开始受到全世界的关注。世界资源保护联盟针对 21 世纪全球性的水资源与生态环境问题进行了多方面的研究，提出了环境水流的概念。所谓环境水流，是指河流、湿地、海湾这样的水域中，赖以维持其生态系统以及抵御各种用水竞争的流量。环境水流是保障河流功能健全，进而提供发展经济、消除贫穷的基本条件。从长远的观点来看，环境水流的破坏将对一个流域产生灾难性的后果，其原因就在于流域基本环境生态条件的丧失。然而，强调保障环境水流往往意味着减少其他方面的用水量，这对不少国家或地区是一个困难的抉择，但世界资源保护联盟一再呼吁各国从可持续发展的角度出发，充分重视保障流域环境水流。

环境水流既包括天然生态系统维系自身发展而需要的环境生态用水，也包括人类为了最大限度地改变天然生态系统，保护物种多样性和生态整合性而提供的环境生态用水。专家们提出了生态需水量和绿水的概念，提醒人们注意生态系统对水资源价值的需求，水资源的供给不仅要满足人类的需求，而且生态系统对水资源的需求也必须得到保证。

（三）水的经济价值

从水本身来说，很难衡量它的固有价值，正是由于这个原因，人们有可能认为"水资源是取之不尽、用之不竭"的天然物质，而忽视它的经济价值。然而，由于水资源在人类文明社会的发展和环境保护中占据中心位置，整个社会为水资源的开发、利用以及保护所付出的经济代价是巨大的。

上述计算尚未包含可以换算成经济价值的水的生态价值。根据估算，全世界每年从生态系统受益的价值相当于 36 万亿 ~ 58 万亿美元，与全世界的 GDP 基本相当，其中水资源对生态系统的贡献应当占到相当大的比例。

二、水资源价值的经济特性

水资源具有比较显著的经济特性，这可从水资源的自然属性、物理属性、化学属性、社会属性、环境属性、资源属性等各个方面反映出来，也是从经济角度考评和研讨水资源的理论支点。水资源的经济特性主要表现在以下几个方面：

（一）稀缺性

作为自然资源之一的水资源，其第一大经济特性就是稀缺性。经济学认为稀缺性是指相对于消费需求来说可供数量有限的意思，理论上可以分成两类：经济稀缺性和物质稀缺性。假如水资源的绝对数量很多，可以在相当长的时间内满足人类的需要，但由于获取水资源需要投入生产成本，而且在投入一定数量的生产成本的条件下可以获取的水资源是有限的，供不应求，这种情况下的稀缺性就称为经济稀缺性。假如水资源的绝对数量短缺，不足以满足人类相当长时期的需要，这种情况下的稀缺性就称为物质稀缺性。当今世界，水资源既有物质稀缺性，又有经济稀缺性；既有可供水量不足，又存在缺乏大量的开发资金的现实。正是因为水资源供求矛盾日益突出，人们才逐渐重视水资源的稀缺性问题。

经济稀缺性和物质稀缺性是可以相互转化的。缺水区自身的水资源绝对数量不足以满足人们的需要，因而当地的水资源具有严格意义上的物质稀缺性。但是，如果通过调水、海水淡化、节水、循环使用等方式增加缺水区水资源使用量，水资源似乎又只具有经济稀缺性，只是所需要的生产成本相当高而已。丰水区由于水资源污染浪费严重，加之治理不当，使可供水量满足不了用水需求，也会成为水资源经济稀缺性的区域。

（二）不可替代性

稀缺性物品或资源如果是可替代的，其替代品可代之满足人们对稀缺物的需求；反之，稀缺性物品或资源如果是不可替代的，它们的稀缺程度会大大提高。水资源是不可替代的，其不可替代性不仅说明其在自然、经济与社会发展中的重要程度，也提高了水资源的稀缺程度。水资源的不可替代性具有绝对和相对两个方面。

从功能来分析，水资源一般可分为生态功能和资源功能两大类。生态功能是一切生命赖以生存的基本条件。水是植物光合作用的基本材料，水使人类及一切生物所需的养分溶解、输移，这些都是任何其他物质绝对不可替代的。水也是不可替代的重要生产要素。如水的汽化热和热容量是所有物质中最高的，水的表面张力在所有液体中是最大的，水具有不可压缩性，水是最好的溶剂等。

水资源功能的一部分，在某些方面或工业生产的某些环节是可以替代的。如工业冷却用水，可用风冷替代；水电可用火电、核电替代。但这种替代在经济上较昂贵，缺乏经济上的可行性；在成本上是非对称性的，即用水是低成本的，而替代物是相对高成本的。如从环境经济学分析，这种替代往往要付出更大的生态环境成本。所以，在这种情况下，水资源的功能在经济上也是相对不可替代的。

（三）再生性

如果对一种资源存量的不断循环开采能够无限期地进行下去，这种资源就被定义为可再生资源。水资源是不可耗竭的可再生性资源，有以下三层含义：

1. 水资源消耗以后，通过大自然逐年可以得到恢复和更新

从全球水圈来讲，总水量是不变的，水资源存在着明显的水文循环现象。但是水资源的再生性又不是绝对的，而是相对的，有条件的。再生时间是水资源循环周期中最重要的条件。在水资源再生的过程中，不同的淡水和海洋正常更新循环的时间是不相等的。超量抽取地下水，会使一些地下水在人为因素作用下由不可耗竭的再生性资源转为可耗竭性资源。对不可耗竭的再生性水资源的开发利用必须考虑其自然承载能力。如超过其限度就会转为可耗竭性资源或延长其再生周期。不能把水资源的可再生性误认为水资源是取之不尽、用之不竭的。

2. 在水需求量大大超过自然年资源量时，人们可通过工业手段使其人为再生

在利用天然水体本身的自净能力的基础上，同时采取生物和工程等多种措施，实现水的再生化和资源化，这是今后满足日益增长的水需求，尤其是满足超过水资源自然再生性所能提供水量之上需求的主要途径。由于人工再生成本远远高于自然再生成本，其价格的提升将使社会成本普遍提高。

3. 采用经济合理的管理程序，使同一水资源在消费过程中多次反复使用

对多个非消耗性用水领域，根据不同用水标准，按科学合理的使用顺序安排消费流程，如先发电，后航运，再用于工业或农业。在水资源量一定的条件下，复用次数越多，水资源利用程度就越高，资源再生量就越大。虽然这样的消费流程所需管理难度较大，但也是水资源供求矛盾迫使人们必须走的一条路。

（四）波动性

水资源虽是可再生的，但其再生过程又呈现出显著的波动性特点，即一种起伏不定的动荡状态，是不稳定、不均匀、不可完全预见、不规则的变化。

水资源的波动性分为自然和人为两种。自然的波动性表现在水资源再生过程的空间分布和时程变化上。水资源波动性在空间上称为区域差异性，其特点是显著的地带性规律，即水资源在区域上分布极不均匀；水资源时程变化的波动性，表现在季节间、年际和多年间的不规则变化。水资源的人为波动是指人作用于水资源的行为后果，负面影响了水资源正常的再生规律。如过度开采水资源、水污染、水工程老化失修、臭氧层的破坏、环境的日益恶化等。

将水资源的自然波动和人为波动联系起来分析：水资源的自然波动，是外生不确定性，没有一个经济系统可以完全避免外生不确定性；水资源的人为波动，是内生不确定性，来源于经济行为者的决策，与经济系统本身的运行有关，是可以控制和避免的。在水资源波动过程中，外生不确定性和内生不确定性可以相互作用，应以内生确定性来平衡外生不确定性，用科学的决策、合理的规划、优质的水资源工程使水资源波动性降至

最低。

综上所述，水资源既有稀缺性，又有不可替代性，既有再生性，又有很大的波动性，因此水资源是非常宝贵的资源，人们在开发利用过程中，应该运用经济方法，在完善水资源市场的过程中，通过价格机制的作用，使之达到资源最优或次优的经济配置。水资源再生过程的波动性对供水保证率是非常不利的。为了调节需求，价格浮动也是必然的，固定不变的水价是不符合自然规律和市场规律的。

三、水资源价值的作用

（一）水资源价值是水资源可持续利用的关键之一

水资源价值在持续利用水资源的过程中具有重要的地位，它是水资源持续利用的关键内容之一，进而构成可持续发展战略的重要组成部分。水资源危机的加剧，促进了水资源高效持续利用的研究，经过深入的理论探讨和实践总结，有识之士渐渐意识到水资源价值是持续利用水资源的关键之一。尽管国内外对此没有明确论述，但在一系列文件中都不同程度地予以了确认。

我国的水资源价值理论长期受"水资源是取之不尽，用之不竭"的传统价值观念影响，水资源价格严重背离水资源价值，造成了水资源长期被无偿地开发利用，不仅形成了巨大的水资源浪费，同时对人类的生存及国民经济的健康发展产生了严重的威胁。尽管这几年来对此有所认识，采取了相应的行政或法律手段干预，但是由于人们对水资源价值缺乏足够的认识，致使所采取的措施缺乏广泛的经济社会基础，最终结果是政府干预行为过于集中和强硬，市场行为和经济杠杆的作用又过于薄弱，导致期望与现实相差甚远。

（二）水资源价值是水资源宏观管理的关键

水资源管理手段是多样的，其中水资源核算是水资源管理的重要手段，也是将其纳入国民经济核算体系之中的前提。国民经济核算是指对一定范围和一定时间内的人力、物力、财力所进行的计量，对生产、分配、交换、消费所进行的计量，对经济运行中所形成的总量、速度、比例、效益所进行的计量，其主要功能体现在它是衡量社会发展的"四大系统"，即社会经济发展的测量系统、科学管理和决策的信息系统、社会经济运行的报警系统和国际经济技术交流的语言系统。由于无论是西方的国民经济核算体系，还是我国现行的国民经济核算体系，皆未包括水资源等资源环境部分，缺乏对水资源等自然资源的核算，因此导致了严重的后果。其主要表现为：水资源等资源环境的变化，在国民账户中没有得到反映，一方面经济不断增长，另一方面环境资源不断减少，形成经济增长过程中的"资源空心化"现象，其实质就是以消耗资源推动国民经济发展的"泡沫式"的虚假繁荣假象，可见，开展水资源核算是非常重要的。

（三）水资源价值是社会主义市场经济的需要

我国法律规定，水资源等自然资源归国家或集体所有，这是法律所赋予的权利。仅从法律条文上来看，水资源具有明确的所有权。但在现实的经济生活中如何实现这个权利，是无偿转让、征收资源税还是定价转让，这是一个值得研究的问题，究竟采取何种方式，取决于经济发展对水资源的需求程度、市场发育程度、政府管理水资源的水平及认识水平。国家作为人民大众的利益代表者，具有管理水资源的权利和义务，并且使水资源所有权在经济上得以实现。其中的重要手段是有偿转让水资源，水资源使用者通过交换的方式获得使用权，国家将所得到的资金返投于水资源有关建设中，服务于大众。从时间上来看，由于客观上存在着水资源所有权与经营权、使用权的分离，导致了水资源产权的模糊，因而产生了一系列问题。因此，应明确水资源产权对资源配置具有根本影响，是影响资源配置的决定性因素之一。

（四）水资源价值是水资源经济管理的核心内容之一

水资源价格是水资源价值的外在表现，在水资源管理中占有重要地位，它不仅是水利经济的循环连接者，也是水利经济与其他部门经济连接的纽带；通过水资源价值可以掌握水利经济运动规律，反映国家水利产业政策及调整水利产业与其他产业的经济关系，合理分配水利产业既得利益。适宜的水资源价值不仅能够促进节约用水，提高用水效率，实现水资源在各部门间的有效配置，而且对地区间水资源合理调配具有重要意义。

四、水价和水资源费

由于水资源本身具有价值，可以利用的水就具有商品属性，也就具有价格。在市场经济条件下，一般商品的价格是依据成本和市场供需情况而定的。但由于水市场的垄断性，水资源商品的定价依据主要是成本。这个成本应当包括在水资源开发及运行全过程中的总成本，包括前期工作、规划设计、施工、管理运行等费用，也包括污水处理的费用，并由此确定需要由用户支付的总成本。由于水的用户要求各不相同，例如对水质的要求和对水量的保证程度等要求因用户的性质差别很大，通常将用户分为不同等级，结合考虑用户从水的利用获得的利润、用户的支付能力和公众利益等方面制定不同等级的用水成本。从长远观点考虑，还应考虑为保证社会的可持续发展和促进水资源保护以及使用后水的再利用可能性，以确定综合水价。但影响水价制定的因素很多，有经济因素，也有各种非经济因素，但这些因素的影响，对不同地区各不相同，必须针对具体情况进行分析。

（一）水价的几个基本概念

1. 成本水价

成本水价应是商品价格的下限。若商品价格低于它，生产者或经营者就要亏损。成本水价是制定其他价格的基础和依据。当前我们制定的在正常条件下的灌溉用水的价格就是成本价格，即成本水价。

2. 理论价格

理论价格又叫理想价格或合理价格。理论价格可能不是马上可以实施的，但它能为调整不合理的价格指明方向。在理论价格的基础上，参照供求状况和国家政策制定实际价格。

3. 生产水价

根据会计学核算，生产水价应等于产品的社会成本加按社会平均资金盈利率计算的盈利额。所以，实质上，生产水价是一种比较现实的理论价格。

4. 目标水价

目标水价也叫决策水价，它是以理论价格为基础，考虑其他经济、政治等因素而制定的价格。目标水价可促进生产和流通，鼓励合理利用各种资源，调节生产比例和效益分析，指导消费，使国民经济取得最大经济效益。在水利工程供水中，许多水价都是目标水价。例如，为了促进经济落后地区的工农业发展，降低该地区的供水价格，甚至免费供水；为了鼓励某一事业的发展，给以优惠水价；为了节约和高效利用水资源，在缺水地区或一般地区的干旱年或干旱季节，实行高价供水；为了使多余水资源发挥效用，在多水地区或丰水年及丰水季节，即供大于需的情况下，实行低价供水；为了合理地分配经济效益，对于经济效益较低的用水户，如一般作物的灌溉用水，采用低水价；对经济效益较好的用水户，如经济作物、养殖用水等采用高水价。由于水质不同，也可制定不同的价格。实质上，灌溉水采用的是成本价格，工业用水采用的成本加盈利的水价是目标水价。

5. 影子水价

影子水价指的是在一定的区域内和一定的供水水平下，由于多年平均有效供水增加（或减少）一个单位而造成的区域国民收入相应增加（或减少）的量。从供水单位的角度看，影子水价反映了区域内水的一种平均临界价格，即当区域内某个供水工程的实际供水成本低于该临界价格时，供水是有利的；反之，则应采用节水，由其他供水工程供水或采用外调供水方案。但供水的影子价格并不能代表供水的国民经济效益；在水资源短缺的情况下，水资源成为国民经济发展的制约因素，每减少一单位的供水量，便造成相应量的经济损失；但每增加一单位的供水量，所形成的国民收入的相应增加量，不仅取决于水的新增投入，还取决于相应的新增固定资产、新增中间投入以及新增劳务量，故新增供水的贡献仅占新增国民收入的一部分。由于影子水价是市场条件下供需动态均衡时的重要价格信号，为实际水价的制定提供了理论依据。

6. 均衡水价

理论上，均衡水价是指在市场经济条件下，水资源供需达到动态均衡状态下的水市场供水价格。按照经济学定义，在均衡价格下，水资源供需市场是出清的。若市场水价大于均衡价格，将使水市场存在一定的稀缺，供应过少，将刺激供应增加，导致价格下降，市场重新处于出清；反之，若低于均衡价格，则水市场存在一定的剩余，供应过多，将减少供应，致使价格上升，市场也将处于均衡。因此若市场发展完善，市场具有趋于均衡的内在机制，高价抑制消费，低价鼓励消费。由于价格直接反映生产者的收入，对生产也起着调节作用，高价鼓励增加生产，而低价抑制生产。一般来讲，若政府由于某种理由试图把水商品价格维持在均衡水平之上或之下，都要付出代价。若维持在均衡价格之上，用户将采取节约用水或减少用水，或用其他污水处理、海水利用或雨水利用等方法代替，从而减少地表和地下水资源的需求量，将使供水工程不能发挥其正常的能力，供水能力过剩，影响经济效益；若把价格维持在均衡价格之下，政府将对水企业提供补助，以维持水利工程或供水企业的正常运行，否则水企业将承担亏损，长此下去，将给政府和企业造成沉重的负担。因此，在市场经济条件下，均衡水价应是明确体现水资源供求关系的合理价格。但由于水商品具有不同于其他商品的市场运行规律，如垄断性、区域性和公益性等，目前均衡价格仅仅是重要的区域水价制定的参考。

（二）水价制定原则

水资源属于可分的非专有物。可分是指可供水量在供给任何一个用户使用后，都将减少；而非专有是指水资源不为某个人或团体所拥有。但非专有性将削弱财产权，导致低效率。水资源非专有性的结果也必然导致水资源供应量、服务和舒适供应不足，有害物和不舒适供应的数量过多；相应于低效率的开发，资源开发过度，以及在资源的管理、保护和生产能力方面投入不足。对于水资源的定价，为了防止水资源非专有性的分配结果的发生，促进水资源的可持续开发利用和提供可靠的供水，水价的制定应遵循以下四项原则：

1. 公平性和平等性原则

水是人类生产和生活必需的要素，是人类生存和发展的基础，人人都享有拥有一份干净水的权利，以满足其基本的生活需求。因此，水价的制定必须使所有人，无论是低收入者，还是高收入者，都有能力承担支付生活必需用水的费用。在强调减轻绝对贫困、满足基本需要的同时，水价制定的公平性和平等性原则还必须注意水资源商品定价的社会方面的问题，即水定价将影响社会收入分配等。

除了保证人人都能使用外，价格的公平性和平等性也必须体现在不同的用户之间，即保证用户的投入与其所享用的水服务相当。一般来讲，随着供水量的变化，其成本是变化的，不同用水量的用户间的价格也应存在差异，必须在价格中体现。在社会主义市场经济的条件下，这种公平性和平等性原则还必须区别发达地区和贫困地区、工业和农业用水、城市和农村之间的差别。

2. 水资源高效配置原则

水资源是稀缺资源，其定价必须把水资源的高效配置放在十分重要的位置。只有水资源高效配置，才能更好地促进国民经济的发展。即只有当水价真正反映生产水的经济成本时，水才能在不同用户之间进行有效分配。换一句话说，如果水被真正定价，水将流向价值最高的地区或用户。

水资源的高效配置要求采用边际成本定价法则，即边际成本等于价格。但在某些条件下，边际成本定价并不能实施。当规模经济效益未能充分发挥时，平均成本趋于递减，边际成本低于平均总成本，供水企业将亏损。公平性和平等性原则也限制按边际成本定价。

从效率方面考虑，在市场经济条件下，若存在完全竞争，水资源商品（以供水为例）的价格，将由市场的供需关系确定，供需平衡时的价格，即均衡价格为水价。但如前所述，水资源商品的供给完全为供方市场。由于垄断，在不加管制的条件下，水资源商品生产企业将追求超额利润。在完全竞争下，商品价格应等于边际收益，等于边际成本。但在不完全竞争条件下，价格将不会等于边际成本，生产者追求利润最大化，使边际成本等于边际收益，限制生产，使市场处于稀缺状态，价格高于边际成本，导致资源的低效配置。政府机构等单位为了限制垄断者追求超额利润，有必要对像供水等自然垄断的行业进行管制，以防止垄断的定价制度。按传统的做法，管制就是对受管制的厂商企业实施平均成本定价。但这样将偏离边际成本定价，影响资源的配置效率，因此在某些情况下寻求一个次优的策略，对价格需求弹性小的商品，价格可以偏离边际成本大一些；对价格需求弹性大的商品，价格偏离边际成本要小一些，以尽量促进资源的高效配置。

3. 成本回收原则

成本回收是保证水企业不仅具有清偿债务的能力，而且也有能力创造利润，以债务和股权投资的形式筹措扩大企业所需的资金。只有水价收益能保证水资源项目的投资回收，维持水经营单位的正常运行，才能促进水投资单位的投资积极性；同时也鼓励其他资金对水资源开发利用的投入，否则将无法保证水资源的可持续开发利用。但目前我国的水价制定中，这条原则往往不能满足，水价明显偏低，水生产企业不能回收成本，难以正常运行，价格也不能向用户传递正确的成本信号。

4. 可持续发展原则

相对于以上水价制定原则而言，水价必须保证水资源的可持续开发利用。尽管水资源是可再生的，可以循环往复，不断利用，但水资源所赋存的环境和以水为基础的环境是不一定可再生的，必须加以保护。因此，可持续发展的水价中应包含水资源开发利用的外部成本。在部分城市征收的水费中包含的排污费或污水处理费，就是其中一个方面的体现。

总之，水资源作为一种特殊商品，其定价是十分复杂的。水价的制定不仅应考虑公平性和平等性原则，促进资源的高效配置和可持续开发利用，还应顾及成本回收，并且这四个原则还互相矛盾。在具体的实施中，应考虑不同情况区别对待。由于水资源开发利用活动的多目标综合性，水价制定应区别对待各种不同用途之间定价原则的轻重缓急。对于诸如生活用水等公益性较强的用途，首先需要考虑的是公平性和平等性原则，在此基础上，再考虑成本回收及资源的高效配置；对于农业用水，由于国家产业政策的倾斜等原因，农业用水定价首先要考虑的是资源的高效配置，其次才是成本回收，而对于公平性原则一般可不予考虑；对于工业用水，由于水是一种生产资料，将计入生产成本，转嫁于商品的购买者，因此工业用水首先应是资源的高效配置和成本回收，同时还必须考虑利用。以上的定价原则也说明了水资源管理体制的两个方面：政府干预和市场机制的功能，为建立可持续发展的水资源管理清晰界定了管理范围。在以上的四项原则中，资源高效配置是市场的职能，不在政府的职能之内，但作为水资源这种特殊的商品，政府应通过立法，建立合适的体制和提供有效的经济手段，保证市场发挥资源配置的能力。公平性和平等性及可持续性则是政府的职责所在，市场经济不能解决这两个问题，政府需要干预市场，保证这两个原则的实现。成本回收是政府在水价制定中应替企业着想的问题。

（三）水资源费及其内涵

从水资源费的实践效果来看，水资源费的性质就是水资源具有本身的价值，或者说水权的价值。在我国，水资源费实际上是一种稀缺资源（使用权）租金，是当水资源短缺时国家凭借对水资源的所有权收取的产权收益。水权的价值与通常所讲的水价是两个不同的概念。水价是指水资源使用者或使用单位所付出的价格。合理的水价与单位水权价值的关系，可用下式表示：

$$水价 = 水权价值 + 成本 + 利润 + 排污费$$

从国家的有关规定到水资源的实际使用，证明水资源是具有价值的珍贵资源，因此在实际生产、生活中必须考虑水资源的成本问题，应当将水资源纳入生产、生活成本效益核算体系，在经济上真正实现水资源的价值。然而，由于水资源费数学模型设定上的误差，加上数据获取和计算的复杂情况等的存在，使得在现实情况中很少通过利用价值模型来估算水资源价值。比较可行的做法是通过水价中的水资源费来确保水资源价值的实现。水资源费不同于水价，它包含在水价之中，体现水资源在参与生产和生活过程中的水资源成本。

（四）征收水资源费的理论依据

水资源费是水资源管理中普遍采用的经济手段。水资源费与日常生活中所讲的水费不同，水费是对水服务支付的费用，而水资源费则是由于取水而征收的费用，大多数是资源稀缺租金的表现。征收水资源费的理论依据，主要是出于受益原则、公平原则、补偿原则和效率原则。

1. 受益原则

受益原则是指纳税人以从政府公共支出的受益程度的大小来分担税收。《中华人民共和国宪法》中规定：矿藏、水流、森林、山岭、草原、荒地、滩涂等自然资源，都属于国家所有，即全民所有。新的《中华人民共和国水法》中也指出：水资源属于国家所有。在我国法律规定水资源属于国家所有的情况下，资源的开发利用者将因利用而受益，因此从受益的方面考虑，有责任向国家支付一定的补偿，即缴纳相应的水资源费。实质上，水资源费是国家所有的水资源在使用和受益转让过程中的一种经济体现。

2. 公平原则

由于水资源存在着多来源性和水质的不同，因此，开发利用量相同的水资源其成本有较大差别。为了平衡市场的价格和产品，保护不同水源和水质的水资源开发利用者的利益，国家有必要对水资源开发利用中存在的差别进行调节，这样水资源费就成为国家调节水资源开发利用的必要手段。

由于我国水资源还存在着时空分布不均，不同的地区和季节，水资源的稀缺程度、水量大小是不同的。如果不对水资源的这种天然差异进行调节，将严重影响水资源开发利用者之间的公平性。从公平性的角度出发，水资源费不仅是调节水资源数量和质量差异的一个重要手段，而且是促进市场公平竞争的手段。

3. 补偿原则

水资源在开发利用过程中，需要进行大量的基础性和前期工作，如水资源开发效益论证、水文和水质的监测、水资源开发利用规划及水资源管理等。

为了有利于水资源的开发利用，水资源所有者需要对其所拥有的资源进行必要的各种前期工作和管理，而这些前期工作和管理必然花费一定的费用。对于水资源的所有者，这些费用应当由水资源开发利用者给以适当的补偿。而水资源费正是这样一种形式，可以补偿水资源在前期工作和管理活动中的开支。

4. 效率原则

从经济学资源配置效率角度分析，稀缺资源应由效率高的利用者开采，对资源开采中出现的掠夺和浪费行为，国家除采用法律和行政手段外，用经济手段加以限制也是有效的。对于人类稀缺的水资源来说，除了保证人的基本生活需求外，更应当配置在利用效率高的方面，这样才能促进水资源的高效配置。

目前，我国仍然存在着水资源浪费、低效配置和严重污染等现象，为了彻底改变水资源的这种状态，促进水资源的高效利用、高效配置和保护，水资源管理者有必要对水资源的开发利用运用经济手段加以管制。如对于水资源条件较差的区域，为了促进水资源高效配置，应征收高水资源费；限制高需水和耗水工业企业或行业的发展，使之迁移至水资源丰富地区；在水资源缺乏地区，对农业灌溉用水适当收费，以限制大量耗水作物的种植面积等。

第二章　水资源开发利用

第一节　地表水资源开发利用

一、地表水资源的利用途径

（一）地表水资源的特点

地表水源包括江、河、湖泊、水库和海水。大部分地区的地表水源流量较大，由于受地面各种因素的影响，地表水资源表现出以下特点：①地表水多为河川径流，因此径流量大，矿化度和硬度低。②地表水资源受季节性影响较大，水量时空分布不均。③地表水水量一般较为充沛，能满足大流量的需水要求，因此城市、工业企业常利用地表水作为供水水源。④地表水水质容易受到污染，浊度相对较高，有机物和细菌含量高，一般均须常规处理后才能使用。⑤采用地表水源时，在地形、地质、水文、卫生防护等方面均较复杂。

（二）地表水资源开发利用途径及主要工程

为满足经济社会用水要求，人们需要从地表水体取水，并通过各种输水措施传送给用户，除在地表水附近，大多数地表水体无法直接供给人类使用，需修建相应的水资源开发利用工程对水进行利用，也就是说，一般的地表水开发利用途径是通过一定的水利工程，从地表取水再输送到用户。

1. 河岸引水工程

由于河流的种类、性质和取水条件各不相同，从河道中引水通常有两种方式：一是自流引水；二是提水引水。自流引水可采用有坝与无坝两种方式。

（1）无坝引水

当小城镇或农业灌区附近的河流水位、流量在一定的设计保证率条件下，能够满足用水要求时，即可选择适宜的位置作为引水口，直接从河道侧面引水，这种引水方式就是无坝引水。

在丘陵山区，若灌区和城镇位置较高，水源水位不能满足灌溉要求时，亦可从河流上游水位较高地点筑渠引水。

无坝引水渠首一般由进水闸、冲沙闸和导流堤三部分组成，进水闸的主要作用是控制入渠流量，冲沙闸的主要作用为冲走淤积在进水口前的泥沙，而导流堤一般修建在中小河流上，平时发挥导流引水和防沙作用，枯水期可以截断河流，保证引水。总之，渠首工程各部分的位置应统一考虑，以利于防沙取水为原则。

（2）有坝引水

当天然河道的水位、流量不能满足自流引水要求时，须在河道上修建壅水建筑物（坝或闸），抬高水位以便自流引水，保证所需的水量，这种取水形式就是有坝引水。有坝引水枢纽主要由拦河坝（闸）、进水闸、冲沙闸及防洪堤等建筑物组成。

①拦河坝的作用为横拦河道、抬高水位，以满足自流引水对水位的要求，汛期则在溢流坝顶溢流，泄流河道洪水。因此，坝顶应有足够的溢流宽度，在宽度受到限制或上游不允许壅水过高时，可降低坝顶高程，改为带闸门的溢流坝或拦河闸，以增加泄洪能力。

②进水闸的作用是控制引水流量。其平面布置主要有两种形式：一是正面排沙，侧面引水，这种布置形式防止泥沙进入渠道的效果较差，一般只用于清水河道；二是正面引水，侧面排沙，采用这种取水方式，能在引水口前激起横向环流，促进水流分层，表面清水进入进水闸，而底层含沙水流则涌向冲沙闸排出。

③冲沙闸的过水能力一般应大于进水闸的过水能力，能将取水口前的淤沙冲往下游河道。冲沙闸底板高程应低于进水闸底板高程，以保证较好的冲沙效果。

④为减少拦河坝上游的淹没损失，在洪水期保护上游城镇、交通的安全，可以在拦河坝上游沿河修筑防洪堤。此外，若有通航、过鱼、过木和水力发电等要求时，尚要设置船闸、鱼道、筏道及水电站等建筑物。

（3）提水引水

提水引水就是利用机电提水设备（水泵）等，将水位较低的水体中的水提到较高处，满足引水需要。

2. 扬水工程

扬水是指将水由高程较低的地点输送到高程较高的地点，或给输水管道增加工作压力的过程。扬水工程主要是指泵站工程，是利用机电提水设备（水泵）及其配套建筑物，给水增加能量，使其满足兴利除害要求的综合性系统工程。水泵与其配套的动力设备、附属设备、管路系统和相应的建筑物组成的总体工程设施称为水泵站，亦称扬水站或抽水站。扬水的工作程序为高压电流——变电站——开关设备——电动机——水泵——吸水（从水井或水池吸水）——扬水。

用以提升、压送水的泵称为水泵，按其工作原理可分为两类：动力式泵和容积式泵。动力式泵是靠泵的动力作用使液体的动能及压能增加和转换完成的，属于这一类的有离心泵、轴流泵和旋涡泵等；容积式水泵对水流的压送是靠泵体工作室容积的变动来完成的，属于这一类的有活塞式往复泵、柱塞式往复泵等。

目前，在城市给排水和农田灌溉中，最常用的是离心泵。离心泵的工作原理是利用泵体中的叶轮在动力机（电动机或内燃机）的带动下高速旋转，由于水的内聚力和叶片与水之间的摩擦力不足以形成维持水流旋转运动的向心力，使泵内的水不断地被叶轮甩向水泵出口处，而在水泵进口处造成负压，进水池中的水在大气压的作用下经过底阀、进水管流向水泵进口。离心泵按其转轴的立卧可分为卧式离心泵和立式离心泵；按其轴上叶轮数目多少可分为单级离心泵和多级离心泵两类；按水流进入叶轮的方式可分为单侧进水式泵和双侧进水式泵。离心泵的技术性能由流量（输水量）、扬程（总扬程）、轴功率、效率、转速、允许吸上真空高度 6 个工作参数表示。

泵站主要由设有机组的吸水井、泵房和配电设备三部分组成：①吸水井的作用是保证水泵有良好的吸水条件，同时也可以当作水量调节建筑物；②设有机组的泵房包括吸水管路、管路、控制闸门及计量设备等，低压配电与控制起动设备一般也设在泵房内，各水管之间的联络管可根据具体情况设置在室内或室外；③配电设备包括高压配电、变压器、低压配电及控制起动设备，变压器可以设在室外，但应有防护设施。除此之外，泵房内还应有起重等附属设备。

根据泵站在给水系统中的作用，泵站可以分为取水泵站、送水泵站、加压泵站和循环泵站四类。取水泵站也称一级泵站，它直接从水源处取水，将水输送到净化建筑物或配水管网、水塔等建筑物中。送水泵站设在净水厂内，将净化后的水输送给用户，又叫清水泵站。加压泵站也称中途泵站，主要用于某一地区对水压要求较高或输水距离过长、供水对象所在地势较高的用户。循环泵站是将处理过的生产排水抽升后，再输入车间加以重复使用。

3. 输水工程

在开发利用地表水的实践活动中，水源与用水户之间往往存在着一定的距离，这就需要修建输水工程。输水工程主要采用渠道输水和管道输水两种方式。其中，渠道输水主要应用于农田灌溉；管道输水主要用于城市生产和生活用水。

二、地表水取水构筑物介绍

由于地表水水源的种类、性质和取水条件各不相同，因而地表水取水构筑物有多种形式。按水源的种类分，地表水取水构筑物可分为河流、湖泊、水库、海水取水构筑物；按取水构筑物的构造形式分，地表水取水构筑物可分为固定式（岸边式、河床式、斗槽式）和移动式（浮船式、缆车式）两种。在山区河流上，则有带低坝的取水构筑物和底栏栅式取水构筑物。

（一）固定式取水构筑物

固定式取水构筑物是地表水取水构筑物中较常用的类型，它包含种类较多，与移动式取水构筑物相比，它具有取水可靠、维护方便、管理简单以及适用范围广的优点，但具有投资较大、水下工程量较大、施工期长等缺点。

固定式取水构筑物有多种分类方式，按位置分岸边式、河床式和斗槽式。其中，岸边式和河床式应用较为普遍，而斗槽式目前使用较少。

1. 岸边式取水构筑物

直接从岸边进水口取水的构筑物称为岸边式取水构筑物，它由进水间和泵房两部分组成。岸边式取水构筑物无须在江河上建坝，适用于当河岸较陡，主流近岸，岸边水深足够，水质和地质条件都较好，且水位变幅较稳定的情况，但水下施工工程量较大，且须在枯水期或冰冻期施工完毕。根据进水间与泵房是否合建，岸边式取水构筑物可分为合建式和分建式两种。

（1）合建式岸边取水构筑物

合建式岸边取水构筑物的进水间和泵房合建在一起，设在岸边。水经进水孔进入进水室，再经格网进入吸水室，然后由水泵抽送至水厂或用户。进水孔上的格栅用以拦截水中粗大的漂浮物，进水间中的格网用以拦截水中细小的漂浮物。

合建式岸边取水构筑物的特点是设备布置紧凑，总建筑面积较小，水泵吸水管路短，运行安全，管理和维护方便，应用范围较广。但合建式土建结构复杂，施工较为困难，只有在岸边水深较大、河岸较陡、河岸地质条件良好、水位变幅和流速较大的河流才采用。

合建式岸边取水构筑物的结构类型通常有以下几种：①进水室与泵房基础处于不同的标高上，呈阶梯式布置。这种布置形式的合建式岸边取水构筑物适用于河岸地质条件较好的地方。②进水室与泵房基础处于相同的标高上，呈水平式布置。当岸边地质条件较差，为避免不均匀沉降或供水安全性要求较高，水泵需自灌启动时，宜采用此布置形式。这种形式的取水构筑物多用卧式泵。③将②中的卧式泵改为立式泵或轴流泵，且吸水间在泵房下面。

（2）分建式岸边取水构筑物

当岸边地质条件较差，进水室不宜与泵房合建时，或者分建对结构和施工有利时，宜采用分建式。分建式进水间设于岸边，泵房建于岸内地质条件较好的地点，但不宜距进水间太远，以免吸水管过长。分建式取水构筑物土建结构简单，易于施工，但水泵吸水管路长，水头损失大，运行安全性较差，且对吸水管及吸水底阀的检修较困难。

2. 河床式取水构筑物

从河心进水口取水的构筑物称为河床式取水构筑物。河床式取水构筑物与岸边式基本相同，但用伸入江河中的进水管（其末端设有取水头部）来代替岸边式进水间的进水孔，它主要由泵房、集水间、进水管和取水头部组成。其中，泵房和集水间的构造与岸边式取水构筑物的泵房和进水间基本相同。当主流离岸边较远、河床稳定、河岸较缓、岸边水深不足或水质较差，但河心有足够水深或较好水质时，适宜采用河床式取水构筑物。

河床式取水构筑物根据集水井与泵房间的联系，可分为合建式与分建式。河床式取水构筑物按照进水管形式的不同，可以分为四种基本形式，即自流管取水式、虹吸管取水式、水泵直接取水式和江心桥墩取水式。

（1）自流管取水式

河水在重力作用下，从取水头部流入集水井，经格网后进入水泵吸水间。这种引水方法由于自流管淹没在水中，河水依靠重力自流，安全可靠，但敷设自流管时土方开挖量较大，适用于自流管埋深不大或在河岸可以开挖隧道时的情况。淤积、河水主流游荡不定等情况下，最好不用自流管引水。

在水位变幅较大、洪水期历时较长、水中含沙量较高的河流取水时，集水井中常沉积大量的泥沙，不易清除，影响取水水质，因此可在集水井进水间前壁上开设高位进水孔或设置高位自流管实现分层取水。正常水位时利用下层自流管取得主流区的河水，洪水期则可利用上层进水口或自流管取得含沙量较小的表层水。

（2）虹吸管取水式

河水进入取水头部后经虹吸管流入集水井的取水构筑物称虹吸管式取水构筑物。当枯水期主流远离取水岸、水位又很低、河流水位变幅大，河滩宽阔、河岸高、自流管埋深很大或河岸为坚硬岩石以及管道需穿越防洪堤时，宜采用虹吸管式取水构筑物。由于虹吸高度最大可达 7 m，故可大大减少水下施工工作量和土石方量，缩短工期，节约投资。但是虹吸管必须保证严密、不漏气，因此对管材及施工质量要求较高。否则，一旦渗漏，虹吸管不能正常工作，使供水可靠性受到影响。当虹吸管管径较大、管路较长时，启动时间长，运行不方便。由此可见，虹吸管式取水构筑物工作的可靠性比自流管式差。

（3）水泵直接取水式

这种形式的取水构筑物不设集水间，河水由伸入河中的水泵吸水管直接取水。在取水量小、河水水质较好、河中漂浮物较少、水位变幅不大、不需设格网时，可采用此种引水方式。由于利用水泵的吸水高度使泵房埋深减小，且不设集水井，因此施工简单，造价低，可在中小型取水工程中采用。但要求施工质量高，不允许吸水管漏气；在河流泥沙颗粒粒径较大时，水泵叶轮磨损较快；且由于没有集水井和格网，漂浮物易堵塞取水头部和水泵。

（4）江心桥墩取水式

桥墩式取水构筑物也称江心式或岛式取水构筑物，整个取水构筑物建在江心，在集水井进水间的井壁上开设进水孔，从江心取水，构筑物与岸之间架设引桥。桥墩式取水构筑物适用于含沙量高、主流远离岸边、岸坡较缓、无法设取水头部、取水安全性要求很高的情况。由于桥墩式取水构筑物位于河中，缩小了水流断面，造成附近河床冲刷，故基础埋设较深，施工复杂，造价高，维护管理不便，且影响航运，非特殊情况一般不采用。

（二）移动式取水构筑物

在水源水位变幅大、供水要求急和取水量不大时，可考虑采用移动式取水构筑物，其分为浮船式和缆车式。

1. 浮船式取水构筑物

浮船式取水构筑物是将取水设备直接安置在浮船上，由浮船、锚固设备、联络管及输水斜管等部分组成。它的特点是构造简单，便于移动，适应性强，灵活性大，能经常取得含沙量较小的表层水，且无水下工程，投资省，上马快，浮船式取水需随水位的涨落拆换接头，移动船位，紧固缆绳，收放电线电缆，尤其水位变化幅度大的洪水期，操作管理更为频繁。浮船必须定期维护，且工作量大。浮船在改换接头时，也需暂时停止供水，且船体怕碰撞，受风浪、航运、漂木及浮筏、河流流量、水位的急剧变化影响大，安全可靠性较差。

浮船式取水构筑物的适用条件为河床稳定，岸坡适宜，有适当倾角，河流水位变幅在 10 ～ 35 m 或更大，水位变化速度不大于 2 m/h，枯水期水深不小于 1.5 m，水流平稳、流速和风浪较小、停泊条件好的河段。在我国西南、中南等地区应用较广泛。

2. 缆车式取水构筑物

缆车式取水构筑物由泵车、坡道或斜桥、输水管和牵引设备等部分组成。缆车式取水构筑物是用卷扬机绞动钢丝绳牵引泵车，使其沿坡道上升或下降，以适应河水的涨落，因此受风浪的影响小，能取得较好水质的水。

缆车式取水构筑物具有施工简单、水下工程量小、基建费用低、供水安全可靠等优点，适用于河流水位变幅为 10 ～ 15 m，枯水位时能保证一定的水深，涨落速度小于 2 m/h，无冰凌和漂浮物较少的情况。其位置宜选择在河岸岸坡稳定、地质条件好、岸坡倾角适宜的地段，如果河岸太陡，所需牵引设备过大，移车较困难；如果河岸太缓，则吸水管架太长，容易发生事故。

（三）山区浅水河流取水构筑物

1. 山区浅水河流的特点

①河床多为粗颗粒的卵石、砾石或基岩，稳定性较好。

②河床坡降大、河狭流急，洪水期流速大，洪水期推移质多，有时可挟带直径 1 m以上的大滚石。

③水位和流量变化幅度大。雨后水位猛涨、流量猛增，但历时很短。枯水期的径流量和水位均较小，甚至出现多股细流和局部地表断流现象。洪、枯水期径流量之比常达数十倍、数百倍甚至更大。

④水质变化剧烈。枯水期水质较好，清澈见底；洪水期水质变浑，含沙量大，漂浮物多。

⑤北方某些山区河流潜冰（水内冰）期较长。

2. 取水的特点

山区河流枯水期河流流量很小，因此取水量常常占河水枯水径流量的比重很大，有时高达70%～90%；平枯水期水层浅薄，不能满足取水深度要求，需要修筑低坝抬高水位或采用底部进水的方式解决；洪水期推移质多，粒径大，因此在山区浅水河流的开发利用中，既要考虑到使河水中的推移质能顺利排除，不致大量堆积，又要考虑到使取水构筑物不被大颗粒推移质损坏。适合于山区浅水河流的取水构筑物形式有低坝取水、底栏栅取水、渗渠取水以及开渠引水等。

3. 低坝取水构筑物

当山区河流水量特别小、取水深度不足时，或者取水量占枯水流量的比重较大（30%～50%）时，在不通航、不放筏、推移质不多的情况下，可在河流上修筑低坝以抬高水位和拦截足够的水量。低坝位置应选择在稳定河段上，坝的设置不应影响原河床的稳定性，取水口宜布置在坝前河床凹岸处。当无天然稳定的凹岸时，可通过修建弧形引水渠造成类似的水流条件。

低坝有固定式和活动式两种。固定式低坝取水构筑物通常由拦河低坝、冲沙闸、进水闸或取水泵站等部分组成。

活动式低坝在洪水期可以开启，减少上游淹没的面积，并能冲走坝前沉积的泥沙，枯水期能挡水和抬高上游的水位，因此采用较多，但维护管理较复杂。近些年来广泛采用的新型活动坝有橡胶坝、浮体闸等。

橡胶坝用表面塑以橡胶的合成纤维（锦纶、维纶等）制成袋形或片状，锚固在闸底板和闸墙上，封闭的袋形橡胶坝，在充水或充气时胀高形成坝体，拦截河水而使水位升高。当需泄水时，只要排出气体或水即可。橡胶坝坝体重量轻，施工安装方便，工期短，投资省，止水效果好，操作灵活简便，可根据需要随时调节坝高，抗震性能好。但其坚固性及耐久性差，易损坏，寿命短。

浮体闸有一块可以绕底部固定铰旋转的空心主闸板，在水的浮力作用下可以上浮一定高度起到拦水作用。另外，还有两块副闸板相互铰接，可以折叠，并同时与主闸板铰接起来。当闸腔内充水时，主闸板上浮，低坝形成；当闸腔内的水放出时，主闸板回落，以便泄水。

4. 底栏栅取水构筑物

通过坝顶带栏栅的引水廊道取水，称为底栏栅取水构筑物，它由拦河低坝、底栏栅、引水廊道、沉沙池、取水泵站等部分组成。在河床较窄、水深较浅、河床纵坡降较大、大颗粒推移质特别多的山溪河流，且取水量占河水总量比例较大时采用。

（四）湖泊和水库取水构筑物

1. 湖泊和水库特征

①湖泊和水库的水位与其蓄水量和来水量有关，其年变化规律基本上属于周期性变化。以地表径流为主要补给来源的湖泊或水库，夏秋季节出现最高水位，冬末春初则为最低水位。水位变化除与蓄水量有关外，还会受风向与风速的影响。在风的作用下，向风岸水位上升，而背风岸水位下降。

②湖泊和水库具有良好的沉淀作用，水中泥沙含量较低，浊度变化不大。但在河流入口处，由于水流突然变缓，易形成大量淤积。

③不同的湖泊或水库，水的化学成分不同。对同一湖泊或水库，位置不同，水的化学成分和含盐量也不一样。湖泊、水库的水质与补给水水源的水质、水量流入和流出的平衡关系、蒸发量的大小、蓄水构造的岩性等有关。

④湖泊、水库中的水流动缓慢，浮游生物较多，多分布于水体上层 10 m 深度以内的水域；浮游生物的种类和数量，近岸处比湖中心多，浅水处比深水处多，无水草处比有水草处多。

2. 取水构筑物位置选择

①不宜选择在湖岸芦苇丛生处附近。一般在这些湖区有机物丰富，水生物较多，水质较差，尤其是水底动物较多。螺丝等软体动物吸附力强，若被水泵吸入后将会产生堵塞现象。

②夏季主风向的向风面的凹岸处有大量的浮游生物集聚并死亡，腐烂后产生异味，水质恶化，且一旦藻类被吸入水泵提升至水厂后，会在沉淀池和滤池的滤料内滋生，增大滤料阻力，因此应避免选择在该处修建取水构筑物。

③应选择靠近大坝或远离支流的汇入口，这样可以防止泥沙淤积取水头部。

④应建在稳定的湖岸或库岸处，可以避免大风浪和水流对湖岸、库岸的冲击和冲刷，减少对取水构筑物的危害。

3. 取水构筑物类型

（1）隧洞式取水和引水明渠取水

在水深大于 10 m 的湖泊或水库中取水可采用引水隧洞或引水明渠。隧洞式取水构筑物可采用水下岩塞爆破法施工。

（2）分层取水的取水构筑物

为避免水生生物及泥沙的影响，应在取水构筑物不同高度设置取水窗。这种取水方式适宜于深水湖泊或水库。例如，在夏秋季节，表层水藻类较多，在秋末这些漂浮生物死亡沉积于库底或湖底，因腐烂而使水质恶化发臭。在汛期，暴雨后的地表径流带有大量泥沙流入湖泊水库，使水的浊度骤增。采用分层取水的方式，可以根据不同水深的水质情况，取得低浊度、低色度、无臭的水。

（3）自流管式取水构筑物

在浅水湖泊和水库取水，一般采用自流管或虹吸管把水引入岸边深挖的吸水井内，然后水泵的吸水管直接从吸水井内抽水，泵房与吸水管可以合建也可分建。

上述几种取水构筑物与河道上的取水构筑物并无太大区别，在选用时，应综合考虑湖泊或水库具体的水文特征、地形、地貌、气象、地质等条件，经技术经济比较后确定，力求取水安全可靠，水量充沛，水质良好且施工、运行、管理、维修方便。

（五）海水取水构筑物

1. 海水取水特点

（1）海水含盐量高，腐蚀性强

海水含有较高的盐分，一般为3.5%，如不经处理，一般只宜作为工业冷却水。海水中主要含有氯化钠、氯化镁和少量的硫酸钠、硫酸钙，具有较强的腐蚀性和较高的硬度。

防止海水腐蚀的主要措施有：①采用耐腐蚀的材料及设备，如采用青铜、镍铜、铸铁、铁合金以及非金属材料制作的管道、管件、阀件、泵体、叶轮等。②表面涂敷防护，如管内壁涂防腐涂料，采用有内衬防腐材料的管件、阀件等。③采用阴极保护。④宜采用标号较高的抗硫酸盐水泥及制品或采用混凝土表面涂敷防腐技术。

（2）海生生物的影响与防治

海生生物的大量繁殖常堵塞取水头部、格网和管道，且不易清除，对取水安全可靠性构成极大威胁。防治和清除的方法有加氯法、加碱法、加热法、机械刮除、密封窒息、含毒涂料、电极保护等，其中以加氯法采用较多，效果较好。

（3）潮汐和波浪

潮汐现象是指海水在天体（主要是月球和太阳）引潮力作用下所产生的周期性运动，习惯上把海面铅直向涨落称为潮汐，而海水在水平方向的流动称为潮流。

海浪则是由于风力引起的。当风力大、历时长时，往往会产生巨浪，且具有很大的冲击力和破坏力。取水构筑物应设在避风的位置，对潮汐和海浪的破坏力给予充分考虑。

（4）泥沙淤积

在海滨地区，潮汐运动往往使泥沙移动和淤积，在泥质海滩地区，这种现象更为明显。因此，取水口应避开泥沙可能淤积的地方，最好设在岩石海岸、海湾或防波堤内。

2. 海水取水构筑物分类

（1）引水管渠取水

当海滩比较平缓时，可采用自流管或引水管渠取水。

（2）岸边式取水

在深水海岸，若地质条件及水质良好，可考虑设置岸边式取水，直接从岸边取水。

（3）潮汐式取水

在海边围堤修建蓄水池，在靠海岸的池壁上设置若干潮门。涨潮时，海水推开潮门，进入蓄水池。退潮时，潮门自动关闭，泵站从蓄水池取水。利用潮汐蓄水，可以节省投资和电耗。

三、地表水取水构筑物的设计

（一）地表水水源资料及其收集

在进行地表水取水构筑物设计之前，应调查和收集有关水源资料。

1. 水文资料

水位、流量、流速等是江河径流的重要水文特征，是取水构筑物设计的重要依据，必须对这些资料进行详细调查和收集。水文资料应具有 10 ～ 15 年的实测资料。

（1）水位

历年逐日平均水位、最高水位和最低水位及相应持续的时间、逐月平均水位和年平均水位、潮汐时最高水位、水库水位容积曲线、死库容水位等。

（2）流量

历年逐日平均流量、最大洪水流量、最小枯水流量及持续时间、逐月平均流量和年平均流量等。

（3）流速

历年逐日平均流速、洪水期最大流速、枯水期最小流速、年平均水流速度以及各种情况下的河流流速分布等。

（4）波浪

波浪高、波长及相应的风向、风速、吹程等。

2. 水质资料

①历年逐月水质分析资料。②泥沙颗粒组成及运动规律。③河流断面含沙量分布，包括沿水深分布和水流的挟沙能力。④历年逐日平均含沙量及含沙量特征值统计资料。⑤洪水期杂物及平时河流中漂浮物情况，包括漂浮物的种类、数量和分布等。⑥河流冰冻期阶段及持续时间，冰冻种类及分布、变化规律。

3. 河床资料

①工程所在河段的河道纵横剖面图。②河段来沙量及组成和冲淤变化、河床变形情况及河道弯曲度。③取水地区流域地形图。④取水点上、下游一定范围内的河道地形图和河床断面图。⑤取水口水下地形图。

4. 人类活动影响资料

该资料包括河流综合规划、水土保持措施、城镇化建设、水库蓄建等对取水构筑物设计有较大影响的人类活动。

5. 其他资料

①流域地质构造和水位地质资料。②年降水、蒸发和暴雨统计资料；风速、风向及

其频率统计资料。③流域内土壤和植被的类型、发育及地区分布。

（二）地表水取水位置的选择

地表水取水位置选择的是否恰当，直接影响取水的水质和水量、取水的安全可靠性、投资、运行和管理以及整个河流的综合利用。因此，在选择地表水取水位置的时候，应根据取水河段的水位、地形、地质、水质及卫生防护、河流规划及综合利用、施工管理等条件进行全面分析，综合考虑。

1. 取水点应设在水质较好的地段

①生活污水和生产废水的排放常常是河流污染的主要原因，因此供生活用水的取水构筑物应设在城市和工业企业的上游，距离污水排放口上游 100 ~ 150 m 以上。

②取水点应避开河流中的回流区和死水区，以减少水中泥沙、漂浮物。

③在沿海地区受潮汐影响的河流上设置取水构筑物时，应考虑咸潮的影响。

④避免农田污水灌溉、果园杀虫剂等有害物质污染水源。

⑤避开河流中含沙量较多的河段。

⑥电厂冷却水要求取得温度尽可能低的河水，应从底层（含沙少时）和河心取水。

2. 取水点应设在具有稳定的河床、靠近主流和有足够水深的地段

（1）弯曲河段

取水口宜设置在凹岸，但取水点应避开凹岸主流的顶冲点（即主流最初靠近凹岸的部位），一般可设在顶冲点下游同时冰水分层的河段。

（2）顺直河段

取水点应选在主流靠近岸边、河床稳定、水深较大、流速较快的地段，通常也就是河流较窄处。在取水口处的水深一般要求不小于 2.5 ~ 3.0 m。

（3）有边滩、沙洲的河段

不宜将取水点设在可移动的边滩、沙洲的下游附近，以免被泥沙堵塞。一般应将取水点设在上游距沙洲 500 m 以上远处。

（4）有支流入口的河段

取水口应离开支流入口处上、下游有足够的距离，一般取水口多设在汇入口干流的上游河段。

3. 取水点应具有良好的地质、地形及施工条件

取水构筑物应尽量设在地质构造稳定、承载力高的地基上，断层、流沙层、滑坡、风化严重的岩层、岩溶发育地段及有地震影响地区的陡坡或山脚下，不宜修建取水构筑物。

取水口应考虑选在对施工有利的地段，不仅要交通运输方便，有足够的施工场地，而且要有较少的土石方量和水下工程量。水下施工不仅困难，而且费用甚高，所以应充分利用地形，尽量减少水下施工量，以节省投资、缩短工期。

4. 取水点应靠近主要用水地区

取水点位置应与工业布局和城市规划相适应，为保证取水安全，应尽可能靠近主要用水地区，且输水管的铺设应尽量减少穿过天然或人工障碍物。

5. 取水点应避开人工构筑物和天然障碍物的影响

河流上的人工构筑物和天然障碍物会改变河流的水流条件，使河床产生冲刷或淤积，必须对此注意。具体要求有以下几个方面。

（1）桥梁

避开桥前水流滞缓段和桥后冲刷、落淤段。取水构筑物一般设在桥前 0.5 ~ 1.0 km 或桥后 1.0 km 以外的地方。

（2）丁坝

取水口应设在本岸丁坝的上游或对岸，在丁坝同岸的下游不宜设取水口。

（3）码头

应将取水口设在距码头边缘至少 100 m 外，并应征求航运部门的意见。

（4）拦河闸坝

当取水口设在上游时，应选在闸坝附近、距坝底防渗铺砌起点 100 ~ 200 m 处。当取水口设在闸坝下游时，取水口不宜与闸坝靠得太近，应设在其影响范围以外。

（5）陡崖、石嘴

陡崖、石嘴其上、下游附近容易出现泥沙沉积区，因此在此区内不宜设置取水口。

（三）地表水取水构筑物设计原则

在地表水取水构筑物的设计中，应遵守以下原则：

第一，从江河取水的大型取水构筑物，在下列情况下应在设计前进行水工模型实验：①当大型取水构筑物的取水量占河道最枯流量的比例较大时；②由于河道及水文条件复杂，需采取复杂的河道整治措施时；③设置壅水构筑物的情况复杂时；④拟建的取水构筑物对河道会产生影响，需采取相应的有效措施时。

第二，城市供水水源的设计枯水流量保证率一般可采用 90% ~ 97%；设计最高水位一般按 1% 的频率确定，设计枯水位的保证率一般可采用 90% ~ 99%。

第三，取水构筑物应根据水源情况，采取防止和清除漂浮物、泥沙、冰凌、冰絮和水生生物的阻塞的措施，以及采取防止冰凌、木筏和船只的撞击的保护措施，同时还要防止洪水冲刷、淤积、冰冻层挤压和雷击的破坏。

第四，江河取水构筑物的防洪标准不应低于城市防洪标准，其设计洪水重现期不得低于 100 年。

第五，取水构筑物的冲刷深度应通过调查与计算确定，并应考虑汛期高含沙水流对河床的局部冲刷和"揭底"问题。

第六，在通航河道上，应根据航运部门的要求在取水构筑物处设置标志。

第七，在高含沙河流下游淤积河段设置的取水构筑物，应预留设计使用年限内的总淤积高度，并考虑淤积引起的水位变化。

第八，水源、取水点和取水量的确定，应取得有关部门（如河务管理部门）的同意。

四、地表水输水工程的选择与设计

（一）给水管网系统

给水管网系统是保证城市、工矿企业等用水的各项构筑物和输配水管网组成的系统。其基本任务是安全合理地供应城乡人民生活、工业生产、保安防火、交通运输等各项用水，保证满足各项用水对水量、水质和水压的供水要求。

给水管网系统一般由输水管（渠）、配水管网、水压调节设施（泵站、减压阀）及水量调节设施（清水池、水塔、高地水池）等构成。

①输水管（渠），是指在较长距离内输送水量的管道或渠道，一般不沿线向外供水。

②配水管网，是指分布在供水区域内的配水管道网络，其功能是将来自于较集中点（如输水管渠的末端或储水设施等）的水量分配输送到整个供水区域，使用户能从近处接管用水。

③泵站，是输配水系统中的加压设施，可分抽取原水的一级泵站、输送清水的二级泵站和设于管网中的增压泵站等。

④减压阀，是一种自动降低管路工作压力的专门装置，它可将阀前管路较高的水压减少至阀后管路所需的水压。

⑤水量调节设施，包括清水池、水塔和高地水池等，其中清水池位于水厂内，水塔和高地水池位于给水管网中。水量调节设施的主要作用是调节供水和用水的流量差，也用于储备用水量。

给水管网有多种类型，包括统一给水系统，即采用同一系统供应生活、生产和消防等各种用水；当用户对水质或水压有不同的要求时（通常是工业对水质和水压有特殊的要求），可采用分质或分压供水系统；分区供水系统是将给水范围分成不同的区域，每区都有泵站和管网等，各区之间有适当的联系。另外还有区域供水系统、工业供水系统等。

（二）给水管网的布置

城市给水管网由直径大小不等的管道组成，担负着城镇的输水和配水任务。给水管网布置得合理与否关系到供水是否安全、工程投资和管网运行费用是否经济。

1. 管网布置的原则

①根据城市规划布置管网时，应考虑管网分期建设的需要，留出充分发展的余地。
②保证供水有足够的安全可靠性，当局部管线发生事故时，断水范围最小。
③管线应遍布整个供水区内，保证用户有足够的水量和水压。
④管线敷设应尽可能短，以降低管网造价和供水能量费用。

2. 管网布置形式

给水管网主要有两种形式：树状网和环状网。树状网是指从水厂泵站到用户的管线布置呈树枝状。适用于小城市和小型工矿企业供水,这种管网的供水可靠性较差,但其造价低。环状网中,管线连接成环状,当其中一段管线损坏时,损坏部分可以通过附近的阀门切断,而水仍然可以通过其他管线输送至以后的管网,因而断水的范围小,供水可靠性高,还可大大减轻因水锤作用产生的危害,但其造价较高,一般在城市初期可采用树状管网,以后逐步连成环状管网。

3. 管网布置要点

城市管网布置取决于城镇平面布置,供水区地形、水源和调节构筑物位置,街区和用户特别是大用水户分布,河流、铁路、桥梁等位置以及供水可靠性要求,主要遵循以下几点:①干管延伸方向应与主要供水方向一致,当供水区中无用水大户和调节构筑物时,主要供水方向取决于用水中心区所在的位置。②干管布设应遵循水流方向,尽可能沿最短距离达到主要用水户。干管的间距,可根据街区情况采用 500 ~ 800 m。③对城镇边缘地区或郊区用户,通常采用树状管线供水;对个别用水量大、供水可靠性要求高的边远地区用户也可采用双管供水。④若干管之间形成环状管网,则连接管的间距可根据街区大小和供水可靠性要求,采用 800 ~ 1000 m。⑤干管一般按城市规划道路定线,并要考虑发展和分期建设的需要。⑥管网的布置还应考虑一系列关于施工和经营管理上的问题。

第二节　地下水资源开发利用

一、地下取水构筑物的类型

因为水文地质条件的差异,开发地下水的形式有很大不同,开发利用地下水的形式大致可分为垂直集水系统、水平集水系统、联合集水系统和引泉工程等四种类型。常见的地下水取水构筑物按构造情况可分为:管井、大口井、坎儿井、渗渠、辐射井等多种类型。应选用何种类型,要依据含水层埋深、厚度、富水性以及地下水位埋深等因素,并结合技术经济条件具体确定。

(一)垂直系统

因汲取地下水的主要建筑物的延伸方向基本与地表面垂直,故称为垂直系统。如管井、筒井、大口井、轻型井等各种类型的水井,都属于此种系统。

1. 管井

管井由其井壁和含水层中进水部分均为管状结构而得名。它是地下取水构筑物中应用最为广泛的一种形式。管井直径为 $\phi 50 \sim 1000$ mm,通常为 $\phi 150 \sim 600$ mm。$\phi 100 \sim 150$ mm 的管井除临时性或勘探井外,一般较少采用;在农业生产中多为

φ200～300 mm，超过 φ350～500 mm者是比较少见的。在农业灌溉中或排水都需要大的出水量，因此在条件许可情况下，应尽量采用大直径的管井。

管井的深度，应按当地的水文地质条件来确定。目前，管井的深度范围为20～1000 m，通常为300 m以内。随着凿井技术的发展和浅层地下水枯竭和污染，直径在1000 mm以上，井深在1000 m以上的管井已有使用。但在农业生产中，多系大面积开采浅层含水层，故当前深度多为100～300 m，少数也有深达400～500 m。

管井适应性强，能用于基岩山区和平原，河谷区的砂层、卵石层、砾石层、构造裂隙、岩溶裂隙等含水层。在抽水设备满足条件下，管井具有不受井深和地下水埋藏深度限制，单井出水量可以较大。管井的施工机械化程度高、成井快、占地少、管理方便。但管井的不足之处在于它不适合弱渗透性的含水层和厚度甚小且产状陡立的基岩含水层（带），一般要求含水层产状较缓（小于45°），厚度一般在5 m以上或有几层含水层。只能机械化施工，缺水地区施工用水往往困难。因此，在选用管井时，应充分考虑管井的这些特点及其适用条件。

2. 筒井和大口井

大口井一般是指由机械或人工开挖的井深较浅，井径较大，用以开采浅层地下水的一种常用井型。直径为1～1.5 m的为筒井，1.5 m以上的为大口井。大口井井径一般3～10 m，井深一般小于20 m。大口井适用于山谷河床沿岸或平原河渠两旁以及山前冲洪积扇缘泉水溢出带等地下水位埋深较浅的地区。大口井具有出水量大，施工简单，就地取材，检修容易，使用年限较长等优点。但由于浅层地下水水位变幅较大，对一些井深较浅的大口井来说，常会因此而影响井的出水量，另外，由于大口井的井径较大，建井所需劳力和材料也较多。

3. 轻型井

轻型井直径小，最小仅75 mm；深度不大为30～50 m，塑料管等轻质材料加固，适用于黄土地区。

（二）水平系统

在我国农田水利工程中，开发利用地下水的水平集水工程的种类有多种，这里介绍常见的坎儿井和截潜流工程。

1. 坎儿井

坎儿井是干旱地区开发利用山前冲洪积扇地下潜水为农田灌溉和人畜饮用的一种古老式的水平集水工程。世界上的坎儿井大多分布在中亚、西亚、北非等具有干旱沙漠地带的一些国家。例如伊朗、阿富汗、伊拉克、叙利亚、土耳其、埃及、利比亚、阿尔及利亚、摩洛哥、阿曼、哈萨克斯坦、乌兹别克斯坦、塔吉克斯坦和中国等，新疆是我国唯一有坎儿井的地区，主要分布在吐鲁番盆地和哈密盆地一带，约占全新疆坎儿井总数的95%以上。

坎儿井主要由竖井、暗斜井（廊道）、明渠、蓄水池（涝坝）四大部分组成。

（1）竖井

为坎儿井挖掘时贯通暗斜井及用作疏通坎儿井排土和自然通风的通道，坎儿井建成后，用作检查、清淤、维修的通道，其规格以长方形为宜，以便于人工挖掘的最小尺寸即可，竖井的间距一般在 50～80 m，且上游疏下游密。

（2）暗斜井

暗斜井是坎儿井的主体，既为集水廊道，又是输水通道。暗斜井方向一般顺地下水流向或垂直方向。其方向视能获截最大地下水为宜。暗斜井的断面为拱形，规格尺寸以便于一人能进行挖掘施工即可，其目的为尽量减少工程量，又能增大水面积，一般高为 1.3～1.5 m，宽度为 0.6～0.7 m。暗斜井的挖掘一般由地势低处开口与水平略有夹角（正向夹角 3°～5°）。近直线向前挖掘，（如遇有较大直径砾石时，可迂回前进）直通含水层内，其长度视其出水量得以满足为止。一般暗斜井愈长，揭露含水层断面积愈大，截获地下水量也就愈多。

暗斜井按其自身作用又分为聚水暗斜井和输水暗斜井两部分。聚水暗斜井处在含水层内，截聚地下水并输送地下水至输水暗斜井。输水暗斜井是在地下水位线以上至地表出口处。只为输送地下水到地表明渠中。暗斜井在建造时应尽量靠近含水层底部。

（3）明渠

连接暗斜井和储水池，在地面开挖的输水渠道。其作用是把地下水输送至储水池中。

（4）蓄水池

明渠一端修建一座能储存由明渠引出的地下水，便于集中利用。

坎儿井的施工适于人工挖掘，挖掘时可用轻便的机械提升，挖掘时应选好出水口位置和暗斜井的大概方向，从出水口开始按与水平面正向夹角 3°～5° 的坡度向前掘进，当暗斜井向前掘进，施工人员有感通风不畅或运输土石方不便时，可上方开掘一竖井。如此渐继前进至达到要求为止。

2. 卧管井

一般在平原区，含水层薄而浅的条件下所采用的井型。

结构组成：水平卧管和垂直的集水井组成。

尺寸：直径 25～50 mm，长 100～200 m，间距 300～400 m。

适用：只适用在特定的水文地质条件，或有渠水或人工补给地下水源地区。

3. 截潜流工程

（1）截潜流

截潜流是在干旱半干旱地区的山谷或山前中小型间歇性河流潜水位较高的地方，通过修建地下坝（截水墙）截取地下潜流的一种水平集水工程，一般称为截潜流工程。

（2）结构

截潜流工程是由以下几部分组成：①进水部分。主要作用是集取地下潜流，多用当地材料（砖、石等）砌筑的廊道或管道构成。在其进水部分留有进水孔眼，周围填以合格的砾石滤料。②输水部分。将进水部分汇集的水输送往明渠或集水井，以便自流引水或集中抽水输水管道一般不进水，铺设有一定的坡度。③集水井。用于储存输送来的地下水，通过提水机具，将地下水提到地面上来。若地形条件允许自流时可不设置集水井，直接自流引入田间，进行农田灌溉。或引入抽水站的集水井内，然后扬水灌溉较高的田地。④检查井。当输水部分过长时，则应每隔 50 ~ 70 m 或在管道转弯处与变径处设置检查井，以供通风、清淤、检修和观测之用。⑤截水墙又称暗坝、地下坝。当含水层较薄（一般小于 10 ~ 15 m）、不透水层浅时，为了增大截潜水量，用当地材料（黏土、砌石等），或灌浆方法，拦河设置不透水墙，将集水管道或廊道埋设于墙角迎水面一侧，建成完整式截潜工程。如冲积物厚度较大，用截水墙不易截断潜流时，可视具体条件，不设截水墙或部分设置截水墙，构成不完整式截潜工程。

（3）截潜流工程的类型

如按照截流工程的完整情况的不同可分为：①完整式。适用于砂砾层厚度不大的河床地区。②非完整式。适用于砂砾层厚度较大的河床地区。

（三）联合系统

将垂直与水平系统结合在一起，或将同系统中的几种联合成一体，即为联合系统，如联井、辐射井、虹吸井、筒管井、水柜等。

1. 联井

用水平管道将几个竖井连接起来，便形成联井。联井多用于地下水埋深小，含水层富水性差，单井出水量小的浅井。优点：可增大抽水流量，减少抽水设备。

2. 筒管井

含水层埋深大，井的深度大，节约管材而采用。

3. 水柜

水平渠道或水池内打管井，适于潜水埋藏浅，有压力水头的承压含水层。

4. 辐射井

辐射井是由垂直集水井和水平集水管（辐射管）联合构成的一种井型。因其水平集水管呈辐射状，故将这种井型称为辐射井。

（1）适用条件

辐射井主要适用于含水层埋深较浅且透水性较差、管井（大口井）出水量较小的地区。

（2）优点

辐射井具有占地省，管理集中，便于卫生防护等优点。

由于扩大了进水面积，其单井出水量为各类地下水取水构筑物之首，高产井日产量 10 万 m³ 以上。因此也可作为旧井改造和增大出水量的措施。

（3）结构

①垂直集水井。集水井在形状上与普通大口井相似。由于集水一般不需要直接从含水层中取水，所以它的井壁和井底一般都是密封的，以便清淤和管理。集水井的主要用

途，在施工中是为开凿辐射管提供工作场所，井建成后主要用来汇集辐射管的来水，同时也便于安装水泵。

集水井的直径，主要取决于对辐射管施工的需要和安装水泵的要求，而与其出水量大小无关。按当前水平钻机尺寸和施工条件的要求，集水井的最小直径为 2.5 ~ 3.0 m。

集水井的深度，可根据含水层的埋深及辐射管的布置位置和层数而定。一般情况下，井深可达 30 m。

②辐射管。辐射管是用以引取地下水的主要设备。对一般松散含水层来说，常采用 φ50 ~ 150 mm 的带有进水孔缝的钢管。但对于坚硬的裂隙岩层来说，只要将含水层钻成水平集水孔就可以了，不需要再安装任何管材。

辐射管的直径和长度，视水文地质条件和施工条件而定。辐射管直径一般为 75 ~ 300 mm，当含水层补给条件好，透水性强，宜采用大管径。辐射管长度一般在 30 m 以内，当在无压含水层时，迎地下水流方向可长一些，而在黄土类含水层中多为 100 ~ 120 m。

辐射管在垂直方向上层数和在水平方向上集水管数目，直接影响着辐射井出水量的大小和建井费用的高低。因此，设计时必须充分考虑水文地质条件，地表水与地下水的补给关系以及用户的要求。

剖面布置上，当含水层较薄且富水性较强时，一般应在集水井底以上 1 ~ 1.5 m 处布设一层集水管。当含水层较厚且富水性较差时，则可布置 2 ~ 3 层，每层间隔 3 ~ 5 m 为宜。顶上一层集水管应保持在动水位以下最少应有 3 m 水头。辐射管尽量布置在集水井底部，以保证在大水位降深条件下取得最大的出水量。

在水平布置上，对平原地区可均匀对称布设 6 ~ 8 根，对地下水坡度较陡的地区，在下游的集水管可以减少甚至可以不予设置。对汇水洼地、河床弯道以及河流侧岸等地区，则应向补给水源的一面延长，并加密集水管，以便充分集取地下水。

（四）引泉工程

依据泉水出露特点，进行调节、收集、保护。必须在有地下水天然露头条件下采用。

二、管井设计与施工

管井由其井壁和含水层中进水部分均为管状结构而得名。它是地下取水构筑物中应用最为广泛的一种形式。管井通常采用各种机械施工和水泵抽水，为了与人工掏挖的水井相区别，故习惯称为机井。又将用于农业灌排和供水的机井，称为农用机井。

（一）管井的结构

管井的结构因其水文地质条件、施工条件、提水机具和用途不同，其结构形式也是各种各样的。管井的结构一般分为井头、井身、进水部分和沉砂管四部分。

1. 井头

（1）定义

通常将管井上端接近地表的一部分称为井头。

（2）井室

为了保护井口免受污染和进行维护管理方便，通常井头与机械设备同设于一个泵房内，亦即井室内。

井室的构造应满足室内设备的正常运行要求，为此井室应有一定的采光、采暖、通风、防水、防潮设施。井室内安装抽水设备，因此井室的类型在很大程度上取决于所选用的抽水设备。

（3）井头设计时应注意的问题

井头相对来说，并非管井的主要结构部分，但如设计施工不当，不仅会给管理工作带来很多不便，甚至还会影响整个井的质量和寿命，所以在设计与施工时，应注意以下几点：

①管井出口的井管应与水泵的泵管联结紧密，以防污水或杂物进入，同时又要便于安装和拆卸。通常井管口高出井室底板 0.3 ~ 0.5 m，以便加套一段直径略大于井管外径的护管。护管宜选用钢管或铸铁管，以能承受震动或附加载荷。

在安装潜水泵和离心泵的情况下，护管上端应焊连接法兰盘，以便于泵管上的法兰盘连接于一起。护管下端亦应设置套环或法兰盘，并与混凝土底板接牢。护管与井管之间的空隙应填入柔性填嵌材料，如石棉水泥、沥青砂浆等。

在安装各种长轴深井泵时，护管通过法兰盘要紧密与混凝土泵座相连，同时护管要与井管脱开；水泵基座通过螺栓固定安装于混凝土泵座上。在护管与井管之间空隙中仍以填筑柔性填嵌材料。通过以上设计安装，可以使水泵基座密盖井口，同时又使电机和水泵的重量不至于传递于井管上，有利于井管的正常工作。

对于井管，如果不设护管，则混凝土泵座与井管相连，井管要承受电机和水泵的重量以及在管井运行时机械振动等的影响。这对管井的正常工作是不利的。对脆性非金属井管是不允许在这样环境条件下工作的。

②井头段的岩土层应具有足够的坚固性和稳定性，以防因承受电动机和水泵等的重量以及管井运行时机械振动的影响而产生过大沉降或不均匀沉降。为此，通常对井口周围（直径不大于 2.0 ~ 3.0 m）较软土层进行加固处理，可将原土挖掉并回填黏土或灰土分层夯实，然后在其上按要求浇筑混凝土泵座。

③设置孔测孔眼。设置孔眼目的是用来量测管井的静动水位的变化，孔眼一般设置于井管封盖法兰盘上，或在泵座的一侧，孔眼大小为 30 ~ 50 mm，孔眼要用专门的盖帽保护，防止杂物掉入，以防卡死失效。

2. 井身

井身是指位于井口以下至进水部分的一段井柱。如果管井是从多层含水层中取水，则井身应为对应的各隔水层部分的分段井柱。井身部位通常设置井管，用于加固井壁、隔离不良水质或水头较低的含水层。井管要求应具有足够强度，使其能够承受井壁岩土层和人工填充物产生的侧压力。井身虽非管井的主要部分，但其长度所占比例较大，一般约占井深的2/3～4/5，甚至更大。故在管井中的设计和施工中是不容忽视的。

如果井身处于坚固稳定的基岩或其他岩层中，井身也可不设置井管加固。但如果要求隔离有害的或不计划开采的含水层时，仍需要井管严密封闭。井身部分要求其轴线相当端直，尽可能保持不弯曲，以利于安装抽水设备和井的清洗、维护。

3. 进水部分

管井的进水部分是使所开采的含水层中的水，通过泵进入管井的结构部分。因此，它是管井的心脏，它的结构合理与否，直接影响着管井的出水量、含砂量和使用寿命。工程生产中，对其设计和施工给予特别关注与重视。

进水部分设有滤水管，又称为过滤器。它的作用是集水和保持填砾与含水层的稳定性。适宜的滤水管能够防止疏松和破碎的颗粒进入井中，从而保护井壁，防止井淤，以及防止井附近地面下沉或坍塌，保证管井的正常使用。对于坚固的裂隙岩层，也可不设滤水管。

滤水管的长度，应根据当地水文地质条件和总体规划中计划开采的含水层厚度而定。如含水层集中，开采一层含水层时，可装设一整段。如同时开采数层含水层且各层含水层之间相隔较远时，则滤水管应对应着含水层分段设置。

在完整井中，对于承压含水层，应对计划开采的含水层全部厚度装设滤水管；而对于集中开采的潜水含水层，则设计的动水位以下的含水层厚度装设滤水管。而在非完整井中，对于承压含水层，按钻入含水层的深度装设滤水管；对潜水含水层则应按设计动水位至井底（除沉砂管外）一段装设滤水管。

4. 沉砂管

沉砂管设置于井的下部，与滤水管相接。

（1）作用

其作用是沉淀进入井中的砂砾（未能随水抽出的部分）和地下水中析出的沉淀物，已被定期清理。对于管井，如不设置沉砂管，便有可能使沉淀的砂砾逐渐淤积滤水管，减少了滤水管的进水面积，从而增大了管井进水流速和水头流失，同时也会使得管井出水量减少。

（2）直径

一般与滤水管相同。

（3）长度

其长度是根据井深和含水层厚度及可能出砂量大小确定。如果管井所开采的含水层的颗粒较细且厚度较大时，可能出砂量就会较大，则沉砂管可取长一些，反之则取短一些。一般含水层的厚度在30 m以上且为细粒时，其沉砂管的长度不应小于5 m。

（4）位置

当含水层较薄时，为了增大管井的储水量，应将沉砂管设置于下部的不透水层内，使其不占有含水层的厚度。如果将沉砂管设置于含水层内，便会使得滤水管的有效长度降低，影响出水量。

（二）井管的类型

管井在结构中使用的井管，可分为两种：不允许进水的井壁管和用以进水的滤水管。现在说的是井壁管。

井管的类型十分广泛，一些发达国家采用各种掺碳钢管、涂料面普通钢管、不锈钢管、铜管、铝管、塑料管以及玻璃钢管等。我国城市、工矿企业、冶金建筑、交通运输等部门的供水井管，多采用各种钢管或铸铁管；对于广大的农村灌溉排水管井，大多采用各种非金属材料的井管，如混凝土和钢筋混凝土井管、石棉水泥井管、塑料井管等。

井管虽然种类繁多，强度和特性不一，但均需符合下列条件：①单根井管保证不弯曲，连接成管柱后也能保证端正。以使井管能顺利安装下井和在井管中装设各种水泵。②井管内壁应平滑、圆整，以利于安装抽水设备和井的清洗、维护，同时又可减少管内水头损失。③井管的强度要适应在使用深度内，能承受岩层的外侧压力，施工下管时的抗拉、抗压及抗冲击等。

井管的类型有钢管、铸铁管、混凝土管、塑料管、石棉水泥管等。其中混凝土管是我国当前机井建设中，使用最为广泛的。

1. 钢管

钢管分为焊接钢管和无缝钢管两种。而在焊接钢管中，又可分为直缝和螺旋缝焊接两种。钢管的优点是强度高、耐振动、重量轻、单节钢管长度大、接头少及加工接口方便等。缺点是易生锈、不耐腐蚀且造价也高。因此必须采取防腐措施，如外壁作防腐层，可使使用寿命大大提高。

对钢管的要求：长度一般 5 ~ 10 m，管径 100 ~ 800 mm；弯曲公差每米不超过 1/1000；外径公差：无缝钢管不大于 ±1% ~ 1.5%，焊接钢管不大于 ±2%。其连接方式可采用管箍丝扣或对口焊接。

2. 铸铁管

铸铁管是管井中常用的井管。它的抗腐蚀性好，锈蚀缓慢，使用寿命比钢管长。但质脆，不耐振动和弯折，工作压力较钢管低，制作时耗用金属比钢管多，重量大，一般比同规格的钢管重 1.5 ~ 2.5 倍。故其使用深度受到一定限制。目前使用多在 300 m 范围之内。但其价格仅约为钢管的 1/2，所以目前我国管井的建造中，是应用较为广泛的井管之一。

对铸铁管几何尺寸和质量的要求：铸铁管管径一般为 75 ~ 1000 mm，长度 3 ~ 6 m；弯曲公差每米不大于 2.0 mm；内外径公差不超过 ±3 mm；长度公差 ±5 mm（管长 3 ~ 4 m）；管壁厚度公差不超过 2.5 mm，或 -2.0 mm；管子和联结管箍的椭圆度不超过 0.15 mm。要求管子不允许有任何裂透的裂纹，未裂透但裂纹大于 0.5 mm 者，也不得使用。

每端丝扣上，允许的砂眼不宜多于两个，且两砂眼之间的间距不小于 20 mm。砂眼的直径不得大于 15 mm，深度不得大于 5 mm。如砂眼数超过 2 个，但孔径很小，其总面积应不大于 3 cm2，管壁的铸瘤，内壁铸瘤不得高于 4 mm，超过时必须铲除，井壁内壁的沟槽，其深度不得大于 4 mm，外壁的重皮，其深度应控制在 4 mm 以下。

3. 混凝土管

混凝土管是我国当前机井建设中，使用最为广泛的一种。其生产方法大致分为离心法和振捣法两种。由于各地原料、生产条件和工艺的不同，所以产品的质量和规格还不统一。

混凝土井管壁厚一般为 30 ~ 50 mm，管径 300 ~ 1000 mm；长度 1 ~ 3 m，个别也有达 6 m 者。混凝土井管，一般加有细钢筋网以增加其强度。通常在使用、装卸和搬运过程中，其损失率均较低。通常纵筋多采用 $\phi 5 ~ \phi 6$ 的钢筋 6 ~ 8 根，螺旋环筋多采用 $\phi 3 ~ \phi 4$ mm 的低碳冷拉钢丝，每米约 8 圈，螺距为 120 ~ 150 mm。

关于混凝土井管强度检验，由于金属井管的强度很高且综合性能好，所以在限定的适用范围内的管井中使用，设计时一般不做强度校核。但混凝土井管由于其本身强度较低，所以使用前应作必要的抽样检验；同时根据具体施工条件、使用情况，还应作必要的应力校核。实验和生产实践表明：混凝土井管主要受轴向自重压力和冲击力作用，在一般情况下，施工下管安装是安全的，强度亦能满足要求。

4. 石棉水泥管

石棉水泥管由水泥和石棉纤维滚压卷制而成。由于所用的原材料和生产工艺不同，其配置比例也不同。大致水泥占 80% ~ 85%，石棉纤维占 15% ~ 18%，其余附加材料如玻璃纤维和纸浆约占 1.5% ~ 2.0%。石棉水泥管直径为 75 ~ 500 mm，长度 3 ~ 4 m。

石棉水泥管具有耐压力高（比混凝土管高）、表面光滑、水力性能好、质轻、耐腐蚀、价廉以及容易加工等优点。但性质较脆，不耐弯折和碰撞，所以在运输安装时，应注意不要碰撞。

石棉水泥井管的几何尺寸和技术要求：弯曲公差每米为 2 mm；内外径公差为 ±3 mm；厚度公差为 ±2 mm。井管内外壁不得有裂纹、孔洞机大块脱皮。

钢管是适用于任何井深的管井，但随着井深的增加应相应增加管壁厚度，钢管强度高，但造价也高；铸铁管适用于井身小于 250 m 的管井，价格约为钢管的一半，目前应用较多；非金属管，适用于井深小于 200 m 的管井；当水井深度较大时，则应选用抗压、抗拉强度较大的井管；对于侵蚀性和产生沉淀硬垢的地下水，应采用抗腐性塑料管、水泥管或采用涂沥青、酚醛树脂漆的铸铁管、钢管。

（三）井管的连接

由于制管设备和运输条件的限制，管井中所需要的井管只能制作成短节管。在管井的施工中将若干短节管连接起来，并保证形成一根端直的整体管柱。如果在连接处发生错口、张裂或弯折等情况，就会影响成井质量。严重者甚至还会导致涌砂、涌砾、污水（或咸水）侵入，或是井泵难以顺利装设入井中，从而使得井成为病井或废井。

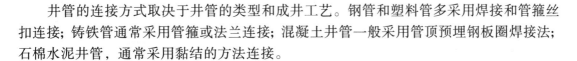

井管的连接方式取决于井管的类型和成井工艺。钢管和塑料管多采用焊接和管箍丝扣连接；铸铁管通常采用管箍或法兰连接；混凝土井管一般采用管顶预埋钢板圈焊接法；石棉水泥井管，通常采用黏结的方法连接。

（四）滤水管的结构与设计

1. 滤水管设计的基本要求

滤水管的结构既要满足高透水性，同时还需满足强的拦砂能力的要求。因此，设计时应根据所开采含水层的特征，具体确定其结构形式。

通常管井滤水管的设计应综合考虑下列要求：①防止产生涌砂。滤水管的结构孔隙大小，必须充分考虑含水层的颗粒大小及分选程度，这是防止涌砂的首要条件。②滤水管的结构要能有效地防止机械和化学堵塞。③滤水管应具有适合含水层的最大可能的透水性和最小的阻力，其进水管道尽可能地均匀分布。④滤水管应具有足够的强度和耐久性，以防止在施工中和管理中破坏。⑤滤水管的材料应具有抗地下水腐蚀能力。⑥滤水管的结构应力求简单、易于制作且造价尽可能的低廉。

2. 滤水管的透水性

滤水管的透水性，是指滤水管在正常工作状态下（设计出水量和相应抽降），满足不产生管涌性的涌砂以及含水层中的地下水以最小的阻力渗入井内的性能。

关于滤水管透水性的强弱，通常用渗透系数值的大小来衡量。但应注意，滤水管的透水性是与含水层的特征密切相关，决不能离开它所适应的含水层来孤立衡量。

（五）管井施工

管井施工包括钻进成孔、安装井管、管外填封、洗井及抽水试验等工序。

（六）成井验收

管井竣工后，应进行验收工作，验收合格的管井方可投产使用。管井的验收一般由设计、施工和使用单位共同进行，作为饮用水源的管井，应经过当地卫生防疫部门对水质检验合格后，方可投入使用。验收的依据主要是管井设计图纸和管井验收规范。

1. 检验的项目

（1）井斜

井斜指井管安装完毕后，其中心线对铅直线的偏斜度。泵段以内顶角倾斜度：对安装深井泵不得超过 1°；对安装潜水泵不得超过 2°。

（2）滤水管的位置

滤水管安装的位置应与开采含水层相对应，其深度偏差不能超过 0.5 ~ 1.0 m。

（3）滤料及封闭材料围填

检查滤料与填料质量是否符合要求，检查围填数量与设计用量是否相符。一般要求填入数量不应少于设计用量的 95%。

（4）出水量

当设计资料与井孔钻进资料相符时，井的出水量不应低于设计出水量。

（5）含砂量

井水的含砂量应符合要求。对于供水井来说，含砂量在 1/50000 ～ 1/20000 以下，其中井水含砂量 1/50000 以下适用于粗砂、砾石、卵石含水层；井水含砂量 1/20000 以下适用于中、细砂含水层。对于农用灌溉井来说，井水含砂量，在粗砂、砾石、卵石含水层中，应小于 1/5000；在细砂、中砂含水层中含砂量应小于 1/5000 ～ 1/10000。

（6）含盐量

对灌溉井来说，如在咸水区建井，其井水的总含盐量不应超过 3 g/L。对生活饮用水及加工副业用水的水质要求，除水的物理性质应是无色、无味、无嗅，化学成分应与附近勘探孔或附近生产井近似外，并应结合设计用水对象的要求验收。

2. 水井验收的主要文件资料

（1）水井竣工说明书

水井竣工说明书是综合性施工技术文件，主要包括：水文地质柱状图、水文地质剖面图及水文地质条件说明；管井的井位坐标及标高；管井的井深、井径以及结构型式；滤水管结构类型及填砾规格；井孔钻进、井管安装、填砾、封闭等施工记录；抽水试验记录及水质分析资料。

（2）管井使用说明书

管井使用说明书着重介绍管井出水量、水位降落值情况以及选用的抽水设备类型、规格；管井使用中可能出现的问题即使用中应注意的事项；管井的维修和维护建议。

（七）管井的维护

管井在使用过程中，会出现管井的腐蚀、结垢和堵塞等"病害"，它们会使管井的出水量逐渐减少以至完全废弃。因此，对管井的"病害"应及时防治。

①对于因滤水管结构、尺寸不当造成的堵塞，应更换滤水管。在粉细砂或中砂含水层中取水时，应尽量选用孔隙率和缠丝间隙比较大的滤水管；对于细粒含水层以及地下水腐蚀强烈的地区，尽量不用包网，而用加厚的填砾滤水管。

②当滤水管是因细菌作用而堵塞时，一般可用向孔内输送氯气灭菌方法或采用输送氯气与酸化处理相结合的方法加以处理。

③滤水管及周围填砾、含水层被细小泥沙颗粒堵塞时，可用安装于钻杆上的钢丝刷，在滤水管内上下拉动，清除滤水管表面的泥沙；根据堵塞程度，也可以用活塞洗井或压缩空气洗井。

④当滤水管因化学作用堵塞时，一般可用酸洗法清除，如滤水管被碳酸盐类沉淀或胶结堵塞时，一般用盐酸作为酸化处理液；堵塞物为硅酸盐类时，则需用盐酸与氢氟酸混合液处理。

⑤地下水位区域性下降，使管井出水量减少。区域性水位下降多是由于长期超量开采造成的，对此类问题应在管井设计时充分估计到地下水位可能降低的幅度而采取相应

的措施。在区域水文地质条件发生变化时，为了仍发挥管井的作用，还可以根据具体条件调整或改建管井。

⑥含水层中的地下水流失。地下水的流失原因比较复杂，可能是地震原因，也可能是矿山开采或其他自然与人为因素造成的。含水层地下水的流失，导致管井出水量降低，严重的会导致井水枯竭，管井报废。因此，在生产实践中，应具体结合水文地质工程地质条件，采取相应对策。

（八）管井设计步骤

一般情况下，管井（管井群）的设计可按下列步骤进行：①搜集设计所需的资料及现场勘察。设计资料是设计的基础和依据，充分而可靠的资料是保证设计质量的先决条件。收集资料主要有：水文地质勘察报告、地下水位的变化幅度和规律性，地下水的开采现状和动态、当地已有地下水设施的运行状况等。②设计进行之前要进行现场调查，其目的是了解和核对现有水文地质条件、地形、地貌及物理地质现象等资料；初步选定井位及泵站位置。根据含水层的埋藏条件、厚度、岩性、水力状况及施工条件，初步确定管井的形式与构造。③按有关理论或经验公式确定管井的出水量和对应的水位降。结合技术要求、材料设备和施工条件，确定取水设备容量。管井数量确定时，应考虑设置备用井，一般按生产井数 10% ~ 20% 来考虑。④根据上述计算结果进行管井结构构造设计。管井结构构造设计内容包括：井口井身结构、滤水管、沉砂管、填砾等构造、尺寸及规格选择。

三、井灌区规划

水是人类维持生命和发展经济不可缺少的宝贵自然资源。地下水的开发利用在水资源利用中占有重要地位，为人类社会进步、国民经济发展提供了必要的基本物质保证。地下水的开发利用规划是确保地下水资源可持续利用的前提。因此，加强井灌区的地下水开发利用规划显得尤为重要。

（一）规划的基本原则

①井灌区规划应在农业区规划和水利规划的基础上进行，以免顾此失彼，考虑不周。

②规划应本着完全利用当地的地表水，合理开采与涵养地下水，统筹兼顾各种用水，旱、涝、碱综合治理。

③优先开采浅层潜水，严格控制深层承压水的开采。

④灌溉用水，在水质上要符合农田灌溉水质标准，在水量上要以供定需，确保供需平衡。

⑤规划时应作出多套方案，进行技术经济分析后，优选出最佳方案。（6）地下水动态监测网的布设应纳入井灌工程规划。

（二）基本资料及其分析整理

足够数量和精度的基本资料是做好切合实际行之有效的井灌规划的前提。

井灌规划所需要的资料，除一部分与地表水灌溉规划基本相同的资料外，更大量的是有关地质和水文地质资料。这里有三种情况：一种是规划区由水文地质部门专为开发利用地下水已作出了详细勘察报告，对于这种情况基本资料已全，根据需要只要再作少许补充工作即可。另一种是只作了普查工作，虽具有部分轮廓资料，但用作井灌规划还是很不够的。这就需要在此基础上，进一步详细勘察。

不论已有资料的详细和精度如何，为了熟悉、鉴别和补充资料，规划者在规划前仍须对整个规划区进行必要的查勘、访问调查和对重点地方的观测试验工作，还要对目前利用地表水灌溉（自流或抽灌）情况，井灌情况和打井经验以及建筑材料与机电供应情况等作周密详细的调查。只有当规划者对全规划区的特征掌握清楚，具体规划也就好确定。因此，规划的过程，也就是不断调查研究和充实资料的过程。一定要给予足够的重视。通常井灌规划所需要的基本资料包括以下几个方面。

1. 自然地理概况

①地形和地貌特征。②区内河流、库塘、湖泊等地表水体的分布和特点。③规划区的总面积，耕地的特点和面积。④土壤的类别性质和分布情况。

2. 水文和气象概况

①历年降水量和蒸发量情况。②历年旱涝灾害情况。③历年气温、霜期等的特征。

3. 水文地质条件

①地质构造和地层岩性特征，包括规划区内整个地层中各隔水层和含水层的成因和分布规律，层数、产状、埋深以及各含水层的水力状态和富水性。②地下水的补给，径流和排泄条件。③地下水的水化学规律和水质评价。④地下水的动态特征。⑤地下水的资源评价。⑥主要水文地质参数。

4. 农业生产情况和水利现状

①农业生产特点及发展计划。②各种农作物的种类和种植面积、复种指数和单位面积的产量等。③当地和附近的灌溉和排水等的经验，包括灌水技术和方法，灌溉制度、灌溉定额、排水、盐改等。

5. 社会经济情况

社会经济情况包括整个规划区内城镇、厂矿企业、交通、环保等，以及与规划有关的其他简要情况。

6. 经济技术条件

①打井专业组织和技术情况，钻机设备的性能和辅助修配工厂等的情况。②井管和其他主要建筑材料的生产和供应情况。③提水机具的生产和供应情况。④能源情况。

以上这些资料其中一部分或大部分可通过向地质部门和有关单位收集，但缺少的部分必须经过亲自调查和试验获得。收集资料素材固然重要，但对收集来的资料，还得有一个去粗取精、弃伪存真的分析整理过程。然后编绘和编制成各种实用的图件与图表（并附必要的说明），即上升为符合当地实际情况的规律性的材料。再根据这些材料进行规划和设计，才比较切合实际。

一般对井灌规划所需要的图件和图表最基本的有下列几种：①第四纪地质地貌图；②水文地质分区图；③地质剖面图；④典型年和季节地下水（主要指潜水）等水位线或埋深图；⑤承压水（分层或组）等水压线图；⑥典型观测孔潜水动态图（包括与降水关系图）；⑦分区典型钻孔柱状图；⑧分区抽水试验图和有关水文地质参数汇总表（包括单井和群井抽水试验，单位出水量和单井出水量，含水层的给水度、渗透系数、影响半径、干扰系数等）。

（三）井灌区的灌溉工程规划

1. 井型选择

井型选择主要根据区内各分区的水文地质条件和技术经济条件来确定，一般考虑下列条件进行选择。

①如含水层埋深在 50 m 以内，且多系潜水含水层，可采用直径为 0.5 ~ 1.5 m 筒井开采。如含水层厚度较大或富水性较强时，宜采用大口井开采，其井径可根据需要，常为 2.0 ~ 3.0 m，最大可达 10 m。视具体情况，采用完整井型或非完整井型。

②如含水层埋深大于 50 m 时，不论是潜水还是承压水，均宜用管井井型。管井直径通常为 0.2 ~ 0.4 m。

③如上层潜水层的富水性较差或较薄，而下部有较好的承压含水层且水压较低，为了增大井的出水量可混合开采。如下部承压水的水头很高，而富水性较差，则上部可建成不透水的大口井，以蓄积承压水，对于这两种情况，均可采用大口井与管井的联合井型。

④对于埋藏浅、厚度薄、透水性强、有补给水源的砂砾石含水层；裂隙发育，厚度大（大于 20 m）的黄土含水层；富水性弱，厚度不大（10 m 以内）的砂层及黏土裂隙含水层，以选用辐射井为宜。

其他类型开采地下水的建筑物，如截潜流、坎儿井等，均有其适宜的水文地质条件。

2. 单井灌溉面积的确定

单井的灌溉面积，在井灌区规划中是个最基本的技术指标或参数，过大不能满足灌溉要求，过小造成浪费，不能充分发挥井灌效益。影响单井灌溉面积的因素很多，如：单井的出水量、灌溉技术和方法、作物种植情况、土壤类型、土地平整情况、管理与农业耕作水平等。

3. 井群与井网的布置

（1）井群布置

根据不同的水文地质条件和地貌条件，井群的布置形式通常有：①直线型。适于布置在河流岸边、古河道和山前溢出带的附近。其布置方向多与地下水流向垂直或高角度斜交，以加大其补给带的宽度。②三角形或环形。适用于池塘和洼地周围，以便增加诱发补给而增加井群的出水量。

（2）井网布置

对于地形平坦且含水层分布比较广阔的大型井灌区，机井的布置一般呈梅花形井网。在井网中，机井多独立自成体系，少数也有数井汇流者。

井网布置，所涉及的因素很多。正确的井网布置，不仅有利于合理开发利用地下水，充分发挥机井的效益和节约投资，且便于管理和降低管理费用等。因此，井网布置应以前述的机井间距作为基本参数，但决不能机械地作为唯一依据，而是要结合当地农田基本建设规划和其他具体因素作适当修正。

4. 渠道系统布置

井灌区渠道系统虽与渠灌区的田间系统有某种程度的相似，但由于机井的出水量通常较小，常常是一眼井独立一套渠系，所以不能与渠灌区的田间系统完全相同。

在渠道系统布置时，必须首先考虑与农田基本建设相结合，即与井网、方田，条田（小方）、道路、林带、电网等相互配合在一起，同时要考虑农业机械作业、农业耕作条件和管理体制。

按各地经验，如当单井灌溉面积在 200 亩以下者，渠道系统多采用两级渠道，即相当于渠灌区的农、毛渠。而当单井灌溉面积大致 200～500 亩，甚至更大时，则宜采用三级渠道，即相当于渠灌区的斗、农、毛渠。

当灌区地形坡度比较平缓，约在 1/300～1/1000 时，一般多采用纵向布置形式（最末一级固定渠道与灌水方向相一致）。如地面相当平坦，为了减少输水渠道，宜尽量采取双向输水和灌水。当灌区地形坡度较陡，甚至达 1/300 以上时，则多宜改为横向布置形式，即最末一级固定渠道与灌水方向相反。

5. 道路与林网布置

井灌区的道路网，主要指构成园田化的生产道路网，该网是为了便于农业生产和管理（包括喷灌）而布设的。有时也多同乡镇之间的交通公路结合起来。道路网必须紧密与渠系和方田相配合，其宽度应按当地使用的拖拉机、农机具和运输车辆等的规格大小而定。一般中小型者可采用 3～5 m（净）。为了尽量节约土地便于生产和减少桥涵，通常多将道路布于方田的下端。

井灌区的林网，主要用于农田防护，保护道路与渠道，调节田间小气候，兼顾绿化、用材和采果等。在规划时应密切考虑当地的气候条件。如 6～7 级大风较多，则应按主要风向布置护田林网。在一般情况下，林网多布于方田周围的渠边路旁。其规格与树种应选适宜当地条件和造林计划统一考虑。并与当地林业和农业单位密切配合，共同作好规划。

关于井网渠道系统、道路网和林网的布置，各分区之间要尽量互相呼应与配合，统一与全面考虑。而方田内的布置，则应视具体要求，灵活掌握。

6. 电网规划与布置

在采用电力作为抽水能源的井灌区，其电网主要指 10 kV 的高压干、支线和 400 V 的低压线路所构成的线网。

电网的规划与布置，也应与井网、渠道系统、道路网和林网等相互配合，务使线路短，变压器位置适中，损耗小而经济效益高，又便于管理而整齐划一。

一般高压线路宜沿井网排线布置；低压线路宜沿渠系或道路布置。且低压线路不宜过长（不超过 1 km），且其末端电压不宜降至 340 V。由于井灌区的井点比较分散，除集中开采的井群外，一般不适宜采用大容量的变压器（多在 100 kVA 以下）。对于井距近的小泵机井，一台变压器可控制 4～6 眼机井即足；而对于大泵机井，多则控制 2～3 眼机井，甚至一眼机井需专门配设一台变压器。

关于电网规划的输配系统，一定要与当地电管部门密切配合，务使充分发挥其经济适用，又要安全可靠。

7. 辅助工程

为了提高井灌工程的效率，便于科学管理，从而能充分发挥其经济效益，在规划时，还应配设必要的辅助工程和设备。常用者有下列两种：

（1）井边调蓄池

在规划井灌区中，对部分富水性较差的分区或地段，一般其单井出水量较小，因此不仅单井灌溉面积少，而且灌水效率也低。如能在井旁的适当位置，规划合适容积的调节蓄水池，便可零蓄整用，从而增大了单井的灌溉面积，也充分发挥了机井的效益。如果条件许可，也可与周围居民点的用水相结合。井边修建调蓄池的结构要注意防止渗漏和蒸发损失，还应考虑尽可能不需要二次提水。

在有些高寒地区，如地下水温过低（低于 16 ℃），对某些作物不适于直接灌溉时，特别在夏季，也须在井边规划调蓄池，备以将从井中抽出水的温度增高后再行灌溉。

（2）回灌工程

在供需水量平衡计算中，已显出规划区地下水的可开采量难以满足规划需要，或保证程度不高。为了弥补差额水量或增大补给水量使地下水源可靠，在规划时就应充分考虑到地下水的人工补给（或称回灌）问题。如对集中开采的井群地区，机井密布的地区和贫水地段，要尽可能利用规划区内外，一切可资利用的闲余水源和自然地形进行回灌。有些国家或地区，目前已将地下水人工补给，列入土地利用规划的一部分。

8. 规划成果的整编

规划成果通常以规划报告和规划图件来反映，必要时还应附某些单项计算、设计及其说明书。

规划报告内容一般包括：①序言（或前言）。②灌区基本情况（包括自然地理、水文地质、社会经济等）。③地下水资源计算与评价（包括水质、水量两个方面）。④供需水量平衡计算。⑤井灌工程规划。⑥投资概算。⑦经济效益分析及实施方案。⑧附件（包括附图、附表及某些专门问题的文字说明等）。

第三节　水资源合理开发利用

一、水资源合理开发利用的含义

人类开发利用水资源已有数千年的历史，在长期实践中，人们通过不断探索，已越来越多地掌握了水资源开发利用的各种技术，并使之日臻完善。与之相比，合理开发利用水资源理念的形成在时间上则晚得多，即使在水资源短缺、环境恶化问题已成为现代社会人们所关注的焦点时，如何实现水资源开发利用的可持续发展，仍存在许多实际问题有待探索。

在过去相当长的历史时期中，社会生产力较低，人口少且居住分散，开发利用水资源的技术水平不高，水资源的社会需求量和开发利用规模都较小。尽管当时各种水事活动基本处于无组织状态，一般仍不会对一个大型流域或地下水系统的水资源天然分布格局造成过大冲击。人类可通过被动地顺应自然条件的生产、生活方式——迁徙，解决水资源短缺问题。然而在经济高速发展，人口不断增加和城市化进程加快的今天，特别是水资源与人口配置不适当的国家，已不能再采取古人的做法。当现代科学技术使人们拥有大规模开发利用水资源的能力而且经济实力允许的情况下，为满足社会对水的需求，通常做法就是不断加大开发利用力度。其结果是一些人口稠密的经济较发达地区取用的水量超过当地水资源系统的承受能力，可再生的水资源难以得到养息，长期消耗储存资源反倒使水资源状况进一步恶化。与此同时，过量开采造成的区域地下水位持续大幅度下降，又在一定程度上破坏了各种自然平衡（水与岩土的力学平衡，水、盐平衡，生态平衡等），从而引发各种环境问题。实践使人们认识到，地球上的淡水资源量是有限的，而不是"取之不尽，用之不竭"的。水资源的开发只有在不超过其循环、更新速度的前提下才能持久。此外，水作为一种活跃的环境因子，在自然界中发挥着维持地球四大层圈物能平衡的重要作用。水资源开发利用得当，可以改善环境，而过量无序的开发则会引发各种环境问题，使人类反受其害。因此，在当今条件下，水资源的开发利用一定要谨慎，做到合理、科学。

合理开发利用水资源是人类可持续发展概念在水资源问题上的体现。它是指在兼顾经济社会水需求和环境保护的同时，充分有效地开发利用水资源，并能使这种活动得以永续进行。具体地说，可以包括以下几个方面。

（一）水资源的开发力度必须加以限定

在当今技术条件下，人类还做不到完全按人的意志调控整个水资源系统，而不产生不良的后果。因此，开发利用量一般不得超过当地水资源系统补给资源量，即现代水循环所能提供的可再生的水量，方可使水资源利用得以持久。

（二）水资源的开发利用应尽可能满足经济社会发展的需要

各种开发利用方案的制订应紧密结合经济规划，不仅应与现时的需水结构、用水结构相协调，而且应为今后的发展和需用水结构的调整保留一定的余地。此外，在整个开采规划中，既要保证宏观层次用水目标的实现、又要尽可能照顾到各低层次的局部用水权益。

（三）尽可能避免水资源开发利用所造成的各种环境问题

大规模的水资源开发利用是天然水资源系统结构调整，水量、水位在空间上重新分配的过程。这一过程会使环境发生变化，特别是地下水位的变化往往可以引发地面沉降、海水入侵、土壤盐渍化和生态退化等问题。因此，水资源的利用不仅要注意水量的科学分配，水质的保护，也要密切注意因水位的变异而带来的不良环境问题，对一些环境脆弱地区，尤其要注意对水位加以控制。

（四）本着经济合理、技术可行的原则开发利用水资源

水资源的开发利用既要考虑供水的需要，又要考虑经济效益问题，包括水资源开发工程的投入 —— 产出效率，水的原位价值和附加值。尽可能做到以最小的投入换取最大的经济回报。水资源的利用应在经济条件允许的前提下，尽可能做到"物尽其用"，充分发挥水资源的潜力提高水的重复利用率，节约用水。

此外，水资源的开发利用所使用的技术、工程布设方案，也同样有个因地制宜，合理使用的问题。为此，应深入了解开发区的水文、气象规律和水文地质条件。这些工作的好坏往往是决定开发成效的关键所在。

二、水资源合理开发利用的途径

以地表水和地下水为其主要组成部分的水资源系统是一个复杂的动态系统。对其进行开发利用不仅仅是水资源本身质与量的重新分配问题，而且涉及技术条件、经济效益和环境保护等诸多问题，所以，一个合理的，或者说可以被采纳的水资源开发利用方案必定是在权衡各种利弊关系之后，得出的可使经济——水资源——环境得以协调发展的一种模式。这种运筹过程通常反映在水资源规划制定和水资源管理方案之中。

水资源规划和水资源管理是实现水资源合理开发利用的重要途径。为了使规划合理、科学，管理工作有的放矢，《中华人民共和国水法》及一些水资源法规均明确指出，开发利用水资源必须事先进行综合考察和调查研究，根据水资源勘察、评价结果制定开发利用规划。规划是对水资源实行综合开发、合理利用、科学调度的基础和依据，具有纲领性的意义。

按照传统的提法，水资源规划是指根据社会发展和国民经济各部门对水的需求，制定流域或地区的水资源开发和河流治理的总体方案。包括确定开发治理目标、选定实施方案、拟定开发程序等工作。而水资源管理则是指水资源开发利用的组织、协调、监督

和调度。包括运用行政、法律、经济、技术和教育等手段，组织各种社会力量开发、保护水资源；协调经济社会发展与水资源开发利用之间的关系；处理各地区、各部门之间的用水矛盾；监督、限制不合理地开发水资源和危害水源的行为；制定供水系统和水资源开发工程的优化调度方案，科学分配水量。可以看出，上述内容基本覆盖了合理开发利用水资源所需考虑的各个方面。

三、水资源开发利用的影响评价

水资源的利用评价是对如何合理进行水资源的综合开发利用和保护规划的基础性前期工作，其目的是增强在进行具体的流域或区域水资源规划时的全局观念和宏观指导思想，是水资源评价工作中的重要组成部分。主要包括以下几个方面。

（一）供水基础设施及供水能力调查统计分析

以现状水平年为基准年，分别调查统计地表水源、地下水源和其他水源供水工程的数量和供水能力，以反映供水基础设施的现状情况。供水能力是指现状条件下相应供水保证率的可供水量。

地表水源工程分蓄水、引水、提水和调水工程，按供水系统统计，注意避免重复计算。蓄水工程指水库和塘坝，调水工程指跨水资源一级区之间的调水工程。地下水源工程指水井工程，按浅层地下水和深层承压水分别统计。其他水源工程包括集雨工程、污水处理回用和海水利用等供水工程。在统计工作的基础上，应分类分析它们的现状情况、主要作用及存在的主要问题。

（二）供水量调查统计分析

供水量是指各种水源工程为用水户提供的包括输水损失在内的毛供水水量。对跨流域跨省区的长距离地表水调水工程，以省（自治区、直辖市）收水口作为毛供水量的计算点。

在受水区内，按取水水源对地表水源供水量、地下水源供水量分别进行统计。地表水源供水量以实测引水量或提水量作为统计依据，无实测水量资料时可根据灌溉面积、工业产值、实际毛用水定额等资料进行估算。地下水源供水量是指水井工程的开采量，按浅层淡水、深层承压水和微咸水分别统计。

另外，其他水源供水量的统计，包括污水处理回用、集雨工程、海水淡化等。供水量统计工作，是分析水资源开发利用的关键环节，也是水资源供需平衡分析计算的基础。

（三）供水水质调查统计分析

供水水量评价计算仅仅是其中的一方面，还应该对供水的水质进行评价。原则上，地表水供水水质按《地面水环境质量标准》评价，地下水水质按《地下水质量标准》评价。

（四）水资源开发程度调查分析

水资源开发程度的调查分析是指对评价区域内已有的各类水利工程及措施情况进行

调查了解，包括各种类型及功能的水库、塘坝、引水渠首及渠系、水泵站、水厂、水井等，包括其数量和分布。对水库要调查其设立的防洪库容、兴利库容、泄洪能力、设计年供水能力及正常或不能正常运转情况，对各类供水工程措施要了解其设计供水能力和有效供水能力，对于有调节能力的蓄水工程，应调查其对天然河川径流经调节后的改变情况。有效供水能力是指当天然来水条件不能适应工程设计要求时实际供水量比设计条件有所降低的实际运行情况，也包括因地下水位下降而导致井出水能力降低的情况。

各种工程的开发程度常指其现有的供出能力与其可能提供能力的比值。如供水开发程度是指当地通过各种取水引水措施可能提供的水量和当地天然水资源总量的比值，水力发电的开发程度是指区域内已建的各种类型水电站的总装机容量和年发电量，与这个区域内的可能开发的水电装机容量和可能的水电年发电量之比，等等。

通过水资源开发情况的现状调查，可以对评价区域范围内未来可能安排的工程布局中重要工程的位置大致心中有数，以为进一步开发利用水资源准备条件。

（五）用水量调查统计及用水效率分析

用水量，是指分配给用水户包括输水损失在内的毛用水量。按照农业、工业、生活三大类进行统计，并把城（镇）乡分开。

在用水调查统计的基础上，计算农业用水指标、工业用水指标、生活用水指标以及综合用水指标，以评价用水效率。

农业用水指标包括净灌溉定额、综合毛灌溉定额、灌溉水利用系数等。工业用水指标包括水的重复利用率、万元产值用水量、单位产品用水量。生活用水指标包括城镇生活和农村生活用水指标，城镇生活用水指标用"人均日用水量"表示，农村生活用水指标分别按农村居民"人均日用水量"和牲畜"标准头日用水量"计算。

（六）实际消耗水量计算

实际消耗水量，是指毛用水量在输水、用水过程中，通过蒸腾蒸发、土壤吸收、产品带走、居民和牲畜饮用等多种途径消耗掉而不能回归到地表水体或地下水体的水量。

农业灌溉耗水量包括作物蒸腾、棵间蒸散发、渠系水面蒸发和浸润损失等水量。可以通过灌区水量平衡分析方法进行推求，也可以采用耗水机理建立水量模型进行计算。

工业耗水量包括输水和生产过程中的蒸发损失量、产品带走水量、厂区生活耗水量等。可以用工业取水量减去废污水排放量来计算，也可以用万元产值耗水量来估算。

生活耗水量包括城镇、农村生活用水消耗量，牲畜饮水量以及输水过程中的消耗量。可以采用引水量减去污水排放量来计算，也可以采用人均或牲畜标准头日用水量来推求。

（七）供需水分析

通过供需现状分析以了解在现实情况下水资源是富余还是短缺，以及水资源的供水潜力如何。在分析水的供需现状时，应注意水的重复利用，包括在同一用户内部的循环用水及不同用户间的重复使用，如上游用水户的排水经过处理或不需处理，又供下游用水户使用。

在用水和供水情况调查中，应当对现有各类用水方式是否合理，有无节水潜力以及各类用水定额作出评价，以作为进行供需形势展望的基础。

对水资源供需情况的展望分析，应当包括用水增长预测和可能增加的供水能力预估。

用水增长的预测方法通常有趋势法外延和参照国民经济和社会发展的长远预计目标进行估计的两种途径。前一种是以已经出现的用水增长趋势进行外延，特别应注意最近几年的增长速度进行外延。这种方法比较简便易行，适用于经济增长比较平稳地发展，不受政策性变化影响的情况。后一种途径是以人口的增长及城市和农村人口比例的变化、国民经济的增长速度进行用水量预估，并参照可能的政策性措施分项进行的方法。在用水增长预测中，人口的增长是一些国家中最主要的因素。

用水预测是基于各行各业的需水预计的要求。在供需平衡分析中，必须对各行业提出的需水预计要求进行分析，使其能建立在节约用水、合理用水的基础上。在用水预测中，考虑节水措施是必要的，但节水措施是需要一定的投入才能实现的。此外，用水的增长是否会按预期的设想实现，还决定于在这个预测期中各种工程供水能力的增加的可能性，这又是受经济发展情况所制约的。因此，对未来水资源供需关系的展望需要在可能的经济发展条件下，不断调整供水能力的增加与用水需求增长间的关系后，才能最后确定。对于有些地区，如果水资源已成为经济发展的制约因素，则有必要进一步采取特殊措施，包括调整经济发展速度，以求得水的供求关系的平衡。关于这个问题的具体解决，还要在水资源规划阶段统筹全局来寻求解决办法，在水资源评价阶段，只能提出轮廓性的意见。

（八）水资源开发利用引起不良后果的调查与分析

天然状态的水资源系统，是未经污染和人类破坏影响的天然系统。而在人类活动影响后，或多或少对水资源系统产生一定影响。这种影响可能是负面的，也可能是正面的，影响的程度也有大有小。如果人类对水资源的开发不当或过度开发，必然导致一定的不良后果。例如，废污水的排放导致水体污染，地下水过度开发导致水位下降、地面沉降、海水入侵，生产生活用水挤占生态用水导致生态破坏等。

因此，在水资源开发利用现状分析过程中，要对水资源开发利用导致的不良后果进行全面的调查与分析。

第三章 水资源规划及再生利用

第一节 水资源规划与配置

一、水资源规划的基本内容

水资源规划的概念形成由来已久，它是人类长期水事活动的产物，是人类在漫长的历史长河中通过防洪、抗旱、开源、供水等一系列的水利活动逐步形成的理论成果，并且随着人类认识的提高和科技的进步而不断得以充实和发展。

（一）水资源规划的概念

水资源规划是以水资源利用、调配为对象，在一定区域内为开发水资源、防治水患、保护生态环境、提高水资源综合利用效益而制定的总体措施、计划与安排。

水资源规划为将来的水资源开发利用提供指导性建议，它小到江河湖泊、城镇乡村的水资源供需分配，大到流域、国家范围内的水资源综合规划、配置，具有广泛的应用价值和重要的指导意义。

（二）水资源规划的目的、任务和内容

水资源规划的目的是合理评价、分配和调度水资源，支持经济社会发展，提高生态环境质量，以做到有计划地开发利用水资源，并实现水资源开发、经济社会发展及生态

环境保护相互协调的良好效果。

水资源规划的基本任务是：根据国家或地区的经济发展计划、生态环境保护要求以及各行各业对水资源的需求，结合区域内或区域间水资源条件和特点，选定规划目标，拟定水资源开发治理方案，提出工程规模和开发次序方案，并对生态环境保护、社会发展规模、经济发展速度与经济结构调整提出建议。其规划成果将作为区域内各项水利工程设计的基础和编制国家水利建设长远计划的依据。

水资源规划的主要内容包括：水资源量与质的计算与评估、水功能区划分与保护目标确定、水资源的供需平衡分析与水量合理分配、水资源保护与水灾害防治规划以及相应的水利工程规划方案设计及论证等。水资源规划涉及的内容包括水文学、水资源学、社会学、经济学、环境科学、管理学以及水利经济学等多门学科，涉及国家或地区范围内一切与水有关的行政管理部门。因此，如何使水资源规划方案既科学合理，又能被各级政府和水行政主管部门乃至基层用水单位或个人所接受，确实是一个难题。特别是随着社会的发展，人们思想观念以及对水资源的需求在不断变化，如何面对未来变化的社会以及变化的自然环境，如何面对不断调整的区域可持续发展新需求，这都对水资源规划提出了严峻挑战。

（三）水资源规划的类型

根据规划的对象和要求不同，水资源规划可分为以下几种类型。

1. 流域水资源规划

流域水资源规划是指以整个江河流域为研究对象的水资源规划，包括大型江河流域的水资源规划和中小型河流流域的水资源规划，简称为流域规划。其研究区域一般是按照地表水系空间地理位置划分的、以流域分水岭为界线的流域水系单元或水资源分区。流域水资源规划的内容涉及国民经济发展、地区开发、自然资源与环境保护、社会福利与人民生活水平提高以及其他与水资源有关的问题，研究范畴一般包括防洪、灌溉、排涝、发电、航运、供水、养殖、旅游、水环境保护、水土保持等工作内容。针对不同的流域规划，其规划的侧重点有所不同。比如，黄河流域规划的重点是水土保持；淮河流域规划的重点是水资源保护；塔里木河流域规划的重点是水生态保护与修复。

2. 跨流域水资源规划

跨流域水资源规划是指以一个以上的流域为对象、以跨流域调水为目的的水资源规划。跨流域调水涉及多个流域的经济社会发展、水资源利用和生态环境保护等问题，因此其规划考虑的问题要比单个流域规划更广泛、更深入，既需要探讨水资源的再分配可能对各个流域带来的经济社会影响、生态环境影响，又需要探讨水资源利用的可持续性以及对后代人的影响及相应对策。

3. 地区水资源规划

地区水资源规划是指以行政区或经济区、工程影响区为对象的水资源规划。其研究内容基本与流域水资源规划相近，其规划重点则视具体区域和水资源功能的差异而有所侧重。比如，有些地区是洪灾多发区，水资源规划应以防洪排涝为重点；有些地区是缺水的干旱区，则水资源规划应以水资源合理配置、实施节水措施与水资源科学管理为重点。在做地区水资源规划时，应该既要重点关注本地区实际情况，又要兼顾更大范围或流域尺度的水资源总体规划，不能只顾当地局部利益而不顾整体利益。

4. 水资源专项规划

水资源专项规划是指以流域或地区某一专项任务为对象或某一行业所做的水资源规划。比如，防洪规划、抗旱规划、节水规划、水力发电规划、水资源保护规划、生态水系规划、城市供水规划、水污染防治规划以及某一重大水利工程规划（如三峡工程规划、小浪底工程规划）等。这类规划针对性比较强，就是针对某一专项问题，但在规划时不能只盯住要研究解决的专项问题，还要考虑对区域（或流域）的影响以及区域（或流域）水资源利用总体战略。

5. 水资源综合规划

水资源综合规划是指以流域或地区水资源综合开发利用和保护为对象的水资源规划。与水资源专项规划不同，水资源综合规划的任务不是单一的，而是针对水资源开发利用和保护的各个方面，是为水资源综合管理和可持续利用提供技术指导的有效手段。水资源综合规划是在查清水资源及其开发利用现状、分析和评价水资源承载能力的基础上，根据经济社会可持续发展和生态系统保护对水资源的要求，提出水资源合理开发、高效利用、有效节约、优化配置、积极保护和综合治理的总体布局及实施方案，促进流域或区域人口、资源、环境和经济的协调发展，以水资源的可持续利用支持经济社会的可持续发展。

（四）水资源规划的原则

水资源规划是根据国家的经济社会、资源、环境发展计划、战略目标和任务，同时结合研究区域的水文水资源状况来开展工作的。这是关系着国计民生、社会稳定和人类长远发展的一件大事。在制订水资源规划时，水行政主管部门一定要给予高度的重视，在力所能及的范围内，尽可能充分考虑经济社会发展、水资源开发利用和生态环境保护的相互协调；尽可能满足各方面的需求，以最小的投入获取最满意的社会效益、经济效益和环境效益。水资源规划一般应遵守以下原则。

1. 全局统筹、兼顾局部的原则

水资源规划实际上是对水资源本身的一次人为再分配，因此，只有把水资源看成一个系统，从整体的高度、全局的观点来分析水资源系统、评价水资源系统，才能保证总体最优的目标。一切片面追求某一地区、某一方面作用的规划都是不可取的。当然，"从全局出发"并不是不考虑某些局部要求的特殊性，而应是从全局出发，统筹兼顾某些局部需求，使全局与局部辩证统一。

2. 系统分析与综合利用的原则

如前所述，水资源规划涉及多个方面、多个部门和多个行业。同时，由于客观因素的制约导致水资源供与需很难完全一致。这就要求在做水资源规划时，既要对问题进行系统分析，又要采取综合措施，尽可能做到一水多用、一库多用、一物多能，最大限度地满足各方面的需求，让水资源创造更多的效益，为人类做更多的贡献。

3. 因时因地制定规划方案的原则

水资源系统不是一个孤立的系统，它不断受到人类活动、社会进步、科技发展等外部环境要素的作用和影响，因此它是一个动态的、变化的系统，具有较强的适应性。在做水资源规划时，要考虑到水资源的这些特性，既要因时因地合理选择开发方案，又要留出适当的余地，考虑各种可能的新情况的出现，让方案具有一定"应对"变化的能力。同时，要采用"发展"的观点，随时吸收新的资料和科学技术，发现新出现的问题，及时调整水资源规划方案，以满足不同时间、不同地点对水资源规划的需要。

4. 实施的可行性原则

无论是什么类型的水资源规划，在最终选择水资源规划方案时，都既要考虑所选方案的经济效益，又要考虑方案实施的可行性，包括技术上可行、经济上可行、时间上可行。如果不考虑"实施的可行性"这一原则，往往制订出来的方案不可操作，成为一纸空文，毫无意义。

（五）水资源规划方法

1. 水资源规划方案比选

规划方案的选取及最终方案的制订，是水资源规划工作的最终要求。规划方案多种多样，其产生的效益及优缺点也各不相同，到底采用哪种方式，需要综合分析并根据实际情况而定。因此，水资源规划方案比选是一项十分重要而又复杂的工作。至少需要考虑以下几种因素：

（1）要能够满足不同发展阶段经济发展的需要

水是经济发展的重要资源，水利是重要的基础产业，水资源往往制约着经济发展。因此，在制订水资源规划方案时，要针对具体问题采用不同的措施。工程性缺水，主要解决工程问题，把水资源转化为生产部门可以利用的可供水源。资源性缺水，主要解决资源问题，如建设跨流域调水工程，以增加本区域水资源量。

（2）要协调好水资源系统空间分布与水资源配置空间不协调之间的矛盾

水资源系统在空间分布上随着地形、地貌和水文气象等条件的变化有较大差异。而经济社会发展状况在地域分布上往往又与水资源空间分布不一致。这时，在制订水资源配置方案时，必然会出现两者不协调的矛盾。这在水资源规划方案制订时需要给予考虑。

（3）要满足技术可行的要求

方案中的各项工程必须能够实施，才能获得规划方案的效益。如果其中某一项工程在技术上不可行，以至于不能实施，那么，必然会影响整个规划方案的效益，从而导致规划方案不成立。

（4）要满足经济可行的要求，使工程投资在社会可承受能力范围内

规划方案只有满足以上各种要求，才能保证该方案经济合理、技术可行，综合效益也在可接受的范围内。但在众多的规划方案中，到底推荐哪个方案，要认真推敲、分析、研究。关于水资源规划方案比选，主要有两类方法：

一类是对拟定的多个可选择规划方案进行对比分析。采用的方法，可以是定性与定量结合的综合分析；也可以是采用综合评价方法，通过综合评价计算，得到最佳的方案。综合评价方法很多，比如，模糊综合评价法、主成分分析法、层次分析法、综合指数法等。

另一类可以依据介绍的水资源优化配置模型，各个选择方案需要满足优化配置模型的约束条件，在此基础上选择综合效益最大的方案。可以通过水资源优化配置模型求解，得到水资源规划方案；也可以通过计算机模拟技术，把水资源优化配置模型编制成计算机程序，通过模拟不同配水方案，选择模型约束条件范围内的最佳综合效益的方案，以此为依据选择最佳配水方案。

2. 水资源配置方法

水资源配置是指在流域或特定的区域范围内，遵循高效、公平和可持续的原则，通过各种工程与非工程措施，考虑市场经济的规律和资源配置准则，通过合理抑制需求、有效增加供水、积极保护生态环境等手段和措施，对多种可利用的水源在区域间和各用水部门间进行调配。

水资源配置应通过对区域之间、用水目标之间、用水部门之间进行水量和水环境容量的合理调配，实现水资源开发利用、流域和区域经济社会发展与生态环境保护的协调，促进水资源的高效利用，提高水资源的承载能力，缓解水资源供需矛盾，遏制生态环境恶化的趋势，支持经济社会的可持续发展。

水资源配置以水资源供需分析为手段，在现状供需分析和对各种合理抑制需求、有效增加供水、积极保护生态环境的可能措施进行组合及分析的基础上，对各种可行的水资源配置方案进行生成、评价和比选，提出推荐方案。提出的推荐方案应作为制定总体布局与实施方案的基础。在分析计算中，数据的分类口径和数值应保持协调，成果互为输入与反馈，方案与各项规划措施相互协调。水资源配置的主要内容包括基准年供需分析、方案生成、规划水平年供需分析、方案比选和评价、特殊干旱期应急对策制定等。

水资源配置应对不同组合方案或某一确定方案的水资源需求、投资、综合管理措施（如水价、结构调整）等因素的变化进行风险和不确定性分析。在对各种工程与非工程等措施所组成的供需分析方案集进行技术、经济、社会、环境等指标比较的基础上，对各项措施的投资规模及其组成进行分析，提出推荐方案。推荐方案应考虑市场对资源配置的基础性作用，如提高水价对需水的抑制作用、产业结构调整及其对需水的影响等，根据水资源承载能力和水环境容量，最终实现水资源供需的基本平衡。

3. 水资源供需分析方法

（1）水资源供需分析概念、目的和主要内容

水资源供需分析，是指在一定区域、一定时段内，对某一水平年（如现状或规划水

平年）及某一保证率的各部门供水量和需水量平衡关系的分析。水资源供需分析的实质是对水的供给和需求进行平衡计算，揭示现状水平年和规划水平年不同保证率时水资源供需盈亏的形势，这对水资源紧缺或出现水危机的地区具有十分重要的意义。

水资源供需分析的目的，是通过对水资源的供需情况进行综合评价，明确水资源的当前状况和变化趋势，分析导致水资源危机和产生生态环境问题的主要原因，揭示水资源在供、用、排环节中存在的主要问题，以便找出解决问题的办法和措施，使有限的水资源能发挥更大的经济社会效益。

水资源供需分析的内容包括：①分析水资源供需现状，查找当前存在的各类水问题；②针对不同水平年，进行水资源供需状况分析，寻求在将来实现水资源供需平衡的目标和问题；③最终找出实现水资源可持续利用的方法和措施。

（2）现状水平年供需分析

现状水平年水资源供需分析是指对一个地区当年及近几年水资源的实际供水量与需水量的确定和均衡状况的分析，是开展水资源规划与管理工作的基础。现状供需分析一般包括两部分内容：一是现状实际情况下的水资源供需分析；二是现状水平（包括供水水平、用水水平、经济社会水平）不同保证率下典型年的水资源供需分析。

通过实际典型年的现状分析，不仅可以了解到不同水源的来水情况、各类水利工程设施的实际供水能力和供水量，还可以掌握各用水单位的用水需求和用水定额，为不同水平年的水资源供需分析和今后的水资源合理配置提供依据。

（3）规划水平年供需分析

在对水资源供需现状进行分析的基础上，还要对将来不同水平年的水资源供需状况进行分析，这样便于及早进行水资源规划和经济社会发展规划，使水资源的开发利用与经济社会发展相协调。不同水平年的水资源供需分析也包括两部分内容：一是分析在不同来水保证率情况下的供需情况，计算出水资源供需缺口和各项供水、用水指标，并做出相应的评价；二是在供需不平衡的条件下，通过采取提高水价、强化节水、外流域调水、污水处理再利用、调整产业结构以抑制需求等措施，进行重复的调整试算，以便找出实现供需平衡的可行性方案。

二、水资源优化配置

水资源优化配置是指在一个特定的流域或流域内，以可持续发展战略为指导，通过工程与非工程措施，统一调配水资源，并在各流域间及流域内各用水部门间进行科学分配，从而促进经济、社会、环境的协调发展。水资源优化配置基本功能包括：需水方面通过调整产业结构、调整生产力布局，积极发展高效节水产业，以适应较为不利的水资源条件；供水方面则加强管理，协调各单位竞争性用水，通过工程措施改变水资源天然时空分布使之与生产力布局相适应。配置原则如下：

（一）综合效益最大化原则

维持生态经济系统的均衡，从水资源的质、量、空间与时间上，从宏观到微观层次上，从水资源开发利用及保护生态环境的角度上，综合配置水资源及其相关资源，从而获得环境、经济和社会协调发展的最佳综合效益。

（二）可持续性原则

水资源的开发利用在近期与远期之间、当代与后代之间遵循协调发展、公平利用的原则，不能使后代人获得的水资源权利，即对水资源的开发利用要有一定的限度，必须保持在流域水资源的可承载力之内，以维持自然生态系统的更新能力和永续利用，实现水资源可持续利用。

（三）以人为本的原则，保证流域经济与环境、社会协调发展

流域水资源优化配置必须以人类的生活、生产和永恒生存为主题，紧紧围绕以人为中心的复合系统的协调发展和水资源的永续利用，才是最佳的发展方式。

（四）开源与节流并重原则

节约用水、建立节水型社会是实现水资源可持续利用的长久之策，也是社会发展的必然。只有开源与节源并重，才能不断增强可持续发展的支撑能力，保障当代人和后代人的用水需要。

三、实施水资源规划管理的意义及要求

（一）实施水资源规划与管理的意义

1. 水资源规划与管理保障经济社会可持续发展、促进生态文明建设

我国正处在经济发展和国家建设的重要阶段，经济社会的良性运转离不开水资源这个关键因素。目前，我国诸多地区的经济发展正面临着水问题的严重制约，如防洪安全、干旱缺水、水质恶化和水污染扩散、耕地荒漠化和沙漠化、生态环境质量下降等。要解决这些问题，必须在可持续发展的思想指导下，对水资源进行系统规划、科学管理，这样才能为经济社会的发展提供供水、防洪、环境安全保障。同时，这也是我国政府提出的加强生态文明建设，实现人与自然和谐相处的重要基础工作。

2. 水资源规划与管理是发挥水资源最大综合效益的重要手段

从前面的叙述可知，我国人均水资源量很低，同时由于改革开放以来经济快速发展导致水资源需求量迅猛增加，所以，如何利用有限的水资源发挥最大的社会、经济、环境效益是当前亟须解决的重要问题之一。根据经济社会发展需求，通过水资源规划手段，分析当前所面临的主要水问题，同时提出可行的水资源优化配置方案，使得水资源分配既能维持或改善当前的生态环境，又能发挥最大的经济社会效益。同时，通过水资源管理手段，包括供水调度、排水监控、污水处理等工程管理措施和方案选择、水价调整等非工程管理措施，确保水资源优化方案能落到实处并达到预期效果。

3. 水资源规划与管理是新时期水利工作的重要环节

自 21 世纪初期以来，我国政府提出了一系列治水新思路和措施，给新时期水利工作带来了新的机遇和发展。提出的资源水利、生态水利、可持续发展水利、人水和谐、水生态文明、最严格水资源管理制度等指导思想，带动了新时期水利工作快速转变，既反映了新时期对水利工作更高的要求，也反映了人类对世界更理性的认识。水资源规划与管理正是实现新时期水利工作目标的重要工具，也是新时期水利工作的重要内容，只有在综合考虑人类社会发展、经济发展、生态环境保护、水资源可持续利用的条件下，充分运用水资源规划与管理这个重要的水利技术手段，才能早日实现水利现代化的飞跃。

4. 水资源规划与管理是巩固水务体制改革的重要方面

水务体制改革体现了精简高效和一事一部的机构设置原则，也有利于对水资源的统一调配、统一管理，使水源、供水、节水、排水和污水处理及中水回用有机结合起来，目前已取得显著的成效。可以看出，水务体制改革的一个重要方面就是加强水资源规划与管理工作的科学性、系统性和整体性，只有做到这一点，才能算真正意义上实现水务一体化管理。

（二）水资源规划与管理的转变

近年来，随着人类对世界认识的深入和环境保护意识的增强，对水资源规划与管理的认识和理解也发生了重大变化，主要表现在以下几个方面。

1. 从单一性向系统性转变

单一性包括单一部门、单一目标、单一地区和单一方法。具体地说，过去由于条件的限制，在进行水资源规划与管理时，往往由某一部门来具体负责某一方面的职责，比如规划部门负责水利规划、水利部门负责水源管理、环境部门负责污水处理、城建部门负责供水管线铺设等；水事活动的出发点也往往仅考虑某一目标或侧重考虑某一目标，特别是考虑经济目标多一些；活动范围常常以行政区域界线来划分，各地区负责自己辖区内的事务，对于跨区域的水事活动很难做到统筹安排；针对具体问题的解决方法也往往比较单一或过于简单，对水资源系统的复杂性和多变性考虑不够。水资源是一个大系统，地表水与地下水之间、水质与水量之间都存在紧密的联系，这就要求水资源规划与管理不能仅从某个方面出发，必须将水资源系统作为一个整体来研究，做到统筹兼顾、系统分析、综合决策，应站在系统整体的高度，采用系统科学的理论方法来分析问题。随着我国经济的发展和科技水平的提高，在水资源规划与管理的工作中已注意到维护水资源系统的完整性，对于水问题的处理也更理性化、系统化。

2. 从单纯追求经济效益向追求社会 —— 经济 —— 环境综合效益转变

当今社会，随着人口增长、耕地面积减少、水资源利用量逐年上涨、水环境污染日益严重，宏观上影响水资源开发利用的因素不断增加。这就造成地区与地区之间、部门与部门之间的用水矛盾日益增多，社会发展、经济增长与资源利用、生态环境保护之间的利益冲突日益尖锐，因此也对当前的水资源规划和管理工作提出了更高的要求。目前，我国的水行政主管部门已认识到这些问题的存在，在水资源规划与管理时也更突出强调对社会——经济——环境综合效益的分析。如著名的南水北调工程在做水资源规划论证时，不仅考虑了调水工程的施工问题、技术难关和经济效益，还对未知的生态环境影响进行了充分论证，并提出了相应的环境保护和水量补偿配套工程方案，从而全面地考虑了工程综合效益的发挥。

3. 从只重视当前发展向可持续发展战略转变

以往，由于受物质条件和认识水平的限制，在做水资源规划与管理时，水资源条件多以现状为基础，来讨论水资源的开发利用方案，对未来的水资源系统变化分析以及对后代人用水产生的影响考虑较少，因此往往导致一些"以大量消耗水资源，牺牲环境，来换取暂时的经济发展"的方案出现，如我国华北地区本是半干旱地区，水资源紧缺，而一些地方为了自身利益却发展水田、种植水稻。实践证明，缺乏对水资源情况深入认识的经济社会发展规划是不可能长久维持的。这就要求，在水资源规划、开发和管理中，寻求经济发展、环境保护和人类社会福利之间的最佳联系与协调，即人们常说的探求水资源开发利用和管理的良性循环。随着可持续发展战略思想融入经济社会发展的各个领域，对于水资源规划与管理也同样提出了类似的要求，需要在水利工作中积极贯彻可持续发展战略的指导思想，将其所表达的内涵和精髓融入实际工作中去。

4. 从重视水资源本身向重视人水和谐转变

由于受认识水平和现实条件的限制，过去在水资源规划与管理中较多关注水资源系统本身，重视水资源的形成、转化、开发利用与引起的问题及治理等，主要是"就水论水"，通过规划和管理，保证水资源有效开发利用和治理。然后，随着用水矛盾的突出，水问题越来越复杂。水的问题不仅是水资源本身的问题，还涉及与水资源有联系的人类社会和生态环境系统。在进行水资源规划与管理工作中，不能单纯就水论水，而要把水资源变化及其引起的生态系统变化放在流域、区域乃至全球变化系统，从自然、社会、经济多方面相互联系和系统综合的角度来开展研究，实现人水和谐的目标。

（三）现代水资源规划与管理的要求

随着当今世界人类活动加剧，对水资源开发利用规模不断扩大，地区之间、部门之间的用水矛盾将更加尖锐，经济发展与生态环境保护的冲突也日益紧张。在这种形势下，人们不得不更加注重社会、经济、环境之间的协调发展，地区、部门之间的协调用水，当代社会与未来社会之间的协调过渡。这就向传统的水资源规划与管理思想提出了挑战，具体表现在以下几个方面。

1. 必须加强水资源规划与管理的系统性研究

由于水资源系统不是独立的个体，它与人类社会、生态系统和自然环境等外部要素紧密相连，它们之间相互作用、相互影响、相互制约，因此在开展水资源规划与管理工作时，必须将它们联系起来，进行系统分析和研究。同时，就水资源本身来说，它也包含许多属性和用途，如水量和水质属性，地表水和地下水分类，生产用水、生活用水和生态用水不同用途等，因此只有把水资源的各方面都纳入一个整体来研究，才能避免出现这样或那样的不良影响和问题。

2. 必须加强多学科的基础性研究

水资源规划与管理研究的内容比较广泛，仅靠水利科学的理论知识是不能满足实际需求的，必须加强水利科学、社会经济学、生态学、环境科学、数学、化学、系统科学等多个学科的基础性研究，只有在完成这些扎实的基础工作后，制订可行的水资源规划与管理方案或措施才能有保障。同时，要加强它们之间的交叉运用和融合，借鉴其他学科的理论和思想，并运用到实际工作中去，这样才会使研究内容更全面，更具备通用性和实用性。

3. 必须加强可持续发展思想的指导作用

在进行水资源规划与管理时，应当考虑长远的效应和影响，包括对后代人用水的影响，即"当代人用水而不危及后代人用水"。这正是可持续发展的指导思想，水资源规划与管理的准则应当包括可持续发展的思想。因此，新时期水资源规划与管理工作应该坚持可持续发展的指导思想，从社会、经济、资源、环境相协调的高度来分析问题，制订水资源规划与管理的方案和措施，将可持续发展思想落到实处。

4. 必须坚持人水和谐理念，促进生态文明建设

水问题是人类共同面临的挑战，追求人水和谐是人类共同的目标。水资源规划与管理必须坚持人水和谐思想，人水和谐也成为新时期我国治水思路的核心内容，涉及"水与社会、水与经济、水与生态"等多方面，需要在包含与水和人类活动相关的社会、经济、地理、生态、环境、资源等方面及相互作用的人——水复杂系统中进行研究。

5. 必须加强新技术和新理论的应用研究

随着科技的飞速发展，新理论、新技术（如遥感技术、地理信息技术、水文信息技术、决策支持系统、数据传输技术等）已在诸多领域得到广泛运用，并推动了各学科的前进和发展。水资源规划与管理也应跟上时代前进的步伐，积极吸纳前沿的技术和方法，加强与它们之间的结合和应用，使水资源系统的研究层次和科学管理水平有所提高，以适应现代管理的需要。

第二节 水资源再生利用

一、水资源再生利用定义

水资源的再生性是指水资源存储量可以通过某种循环不断补充，且能够重复开发利用的特征，这是水资源的一个基本属性，这种特性使得水资源可以通过水文循环不断地

更新再生。而这种更新再生也是有一定限度的，国际上一致认为水资源最大利用量不能超过其再生量。北京师范大学环境学院曾维华教授从水资源可持续开发的角度提出开发度的概念，并指出水资源的开发不能超过水资源生态系统的承受能力（开发度）。法国在水资源管理中把水资源可再生性作为流域管理的主要原则之一。由此可见，水资源可再生性的研究有着重要意义。

水资源的可再生性有两方面的含义：水质恢复和水量再生。水质恢复包括自然净化引起的水质恢复和人工处理净化引起的水质恢复；水量再生包括自然循环的水资源量再生和社会循环的水资源量再生。

水资源的可再生性包括自然再生和社会再生，而水资源的可再生能力是由可再生性决定的，具有相对性、波动性和时空分布变异性的特征。水资源的自然再生能力取决于水资源的自然循环：降水、径流、蒸发、地形以及水文地质条件等。自然再生是指水资源在自然环境中通过参与自然循环而得到再生，在此，水资源的可再生性与传统的可更新性或可恢复性同义。水资源的社会再生是指水资源在城乡地区通过参与社会循环，即人类的干预而再次获得使用价值的过程。

二、水资源再生利用途径

水资源再生利用到目前为止已开展 60 多年，再生污水主要为城市污水。城市污水量与城市供水量几乎相等。在如此大量的城市污水中，只含有 0.1% 的污染物质，比海水 3.5% 少得多，其余绝大部分是可再用的清水。水在自然界中是唯一不可替代也是唯一可以重复利用不变质的资源。当今世界各国解决缺水问题时，再生水被视为"第二水源"。

不同的用水目的对水质的要求各不相同，因此，只要污水再生后能够达到相应的水质要求，就能够用于该用水目的。一般来说，污水再生利用主要针对直接饮用以外的用水目的。参照国内外水资源再生利用的实践经验，再生水的利用途径可以分为城市杂用、工业回用、农业回用、景观与环境回用、地下水回灌以及其他回用等几方面。

（一）城市杂用

污水回用于城市杂用，主要是指为以下用水提供再生水：①公园等娱乐场所、田径场、校园、运动场、高速公路中间带和路肩以及美化区周围公共场所和设施等灌溉；②住宅园区内的绿化、一般冲洗和其他维护设施等用水；③商业区、写字楼和工业开发区周围的绿化灌溉；④高尔夫球场的灌溉；⑤商业用途，如车辆冲洗、洗衣店、窗户清洗用水，用于杀虫剂、除草剂以及液态肥料的配制用水；⑥景观用水和装饰用水景，如喷泉、反射池和瀑布；⑦建筑工地扬尘和配制混凝土用水；⑧连接再生水消防栓的消防设备用水；⑨商业和工业建筑内的卫生间和便池的冲洗。

在城市杂用中，绿化用水通常是再生水利用的重点。我国的住宅区绿化用水比例虽然没有这么高，但也呈现逐年增长的趋势。在一些新开发的生态小区，绿化率可高达 40% ~ 50%，这就需要大量的绿化用水，约占小区总用水量的 1/3 或更高。

城市污水回用于生活杂用水可以减少城市污水排放量,节约资源,利于环境保护。城市杂用水的水质要求较低,因此处理工艺也相对简单,投资和运行成本低。因此,再生水城市杂用将是未来城市发展的重要依托。

(二)工业回用

自 20 世纪 90 年代以来,世界的水资源短缺和人口增长,以及关于水源保持和环境友好的一系列环境法规的颁布,使得再生水在工业方面的利用不断增加。将污水回用于工业生产,主要有以下途径。

1. 工业冷却水

对大多数工业企业来说,再生水被大量用作冷却水,如果处理好冷却水系统中再生水使用时经常出现的沉淀、腐蚀和生物繁殖等问题,再生水的使用将更加广泛。使用再生水的冷却水系统有两种基本类型:直流型和回流蒸发型。其中,回流蒸发型冷却水系统为最常用的再生水系统。直流型冷却水系统含有一条普通的冷却水通路,冷热流体流经热交换器,没有蒸发过程,因此,冷却水没有消耗或者浓缩。目前,有少数直流型冷却水系统使用再生水。回流蒸发型冷却水系统采用再生水吸收加工过程中释放的热量,然后通过蒸发转移吸收的热量。由于冷却水在回流过程中有损失,因此需要定期补充一定量的水。使用再生水的回流蒸发型系统有两种基本类型,即冷却塔和喷淋冷却池,它们有各自适宜的使用范围。

2. 锅炉用水

再生水会用于锅炉补给水和用于常规的公共用水区别不大,两者都需要附加处理措施。锅炉补给水的水质要根据锅炉运行压力而定。一般来说,压力越高,水质要求越高。超高压力(10340 kPa 或以上)的锅炉需要相应高品质的再生水。一般来说,严格的再处理措施和相对少的再生水需求量,使得再生水作为锅炉补给水的应用受到限制。

3. 工业过程用水

再生水回用于工业过程的适用性与工业企业的性质有关。例如,电子行业对水质的要求很高,要用蒸馏水冲洗电路板和其他电子器件。而与此相反,皮革厂就可以接受低品质的用水。纺织、制浆造纸以及金属制造等行业的用水水质介于上述两者之间。因此,对再生水的工业利用途径做可行性评价时,要注意不同工业对用水质量的需求条件。

4. 生产厂区绿化、消防

将再生水回用于工厂厂区内的绿化、消防等杂用,这些应用对再生水的品质要求不是很高,但也要注意降低再生水内的腐蚀性因素。

(三)农业回用

在水资源的利用中,农业灌溉用水占的比例最大,且水质要求一般也不高,因此,农业灌溉是再生水回用的主要途径之一。再生水回用于农业灌溉,已有悠久历史,到目前,是各个国家最为重视的污水回用方式。再生水回用于农灌,既解决了缺水问题,又能利用污水的肥效（城市污水中含氮、磷、有机物等），还可利用土壤——植物系统的自然净化功能减轻污染。一般城市污水要求的二级处理或城市生活污水的一级处理即可满足农灌要求。除生食蔬菜和瓜果的成熟期灌溉外，对于粮食作物、饲料、林业、纤维和种子作物的灌溉，一般不必消毒。

就回用水应用的安全可靠性而言，再生水回用于农业灌溉的安全性是最高的，对其水质的基本要求也相对容易达到。再生水回用于农业灌溉的水质要求指标主要包括含盐量、选择性离子毒性、氮、重碳酸盐、pH 值等。

（四）景观与环境回用

再生水的景观回用途径包括景观用水、高尔夫球场的水障碍区和水上娱乐设施（如再生水与人体可能发生偶然接触的垂钓、划船以及再生水与人体发生全面接触的游泳、涉水等娱乐消遣项目）。再生水在环境方面的利用途径主要包括改善和修复现有湿地，建立作为野生动物栖息地和庇护所的湿地，以及补给河流等。

虽然城市污水处理厂的处理水一般都最终排入河流等水体，也起到了补充河流水量的作用，但这里所说的景观与环境回用是指有目的地将再生水回用到景观水体、水上娱乐设施等。

再生水回用于景观娱乐水体时，其基本的水质指标是细菌数、化学物质、浊度、DO 和 pH 值等。对于人体直接接触的娱乐用水，再生水不应含有毒、有刺激性物质和病原微生物，通常要求再生水经过过滤和充分消毒后才可回用作娱乐用水。

（五）地下水回灌

地下水回灌包括天然回灌和人工回灌，回灌方式有三种：第一种是直接地表回灌，包括漫灌、塘灌、沟灌等，即在透水性较好的土层上修建沟渠、塘等蓄水建筑物，利用水的自重进行回灌，是应用最广泛的回用方式；第二种方式是直接地下回灌，即注射井回灌，它适合于地表土层透水性较差或地价昂贵，没有大片的土地用于蓄水，或要回灌承压含水层，或要解决寒冷地区冬季回灌越冬问题等情况；第三种方式是间接回灌，如通过河床利用水压实现污水的渗滤回灌，多用于被严重污染的河流。

城市污水处理后回用于地下水回灌的目的主要包括：①增加可饮用或非饮用的地下蓄水层，补充地下水供应；②控制和防止地面沉降；③防止海水及苦咸水入侵；④贮存地表水（包括雨水、洪水和再生水）；⑤利用地下水层达到污水进一步深度处理的目的。

回灌再生水可用于农业、工业以及用于建立水力屏障。当再生水回灌到均匀砂粒含水层中时，在回灌点几百米距离内，绝大部分病毒和细菌都能有效去除。但回灌于砾石形成的不均匀含水层时，即使经过相当长距离，也可能仅去除很少或不能去除微生物。

回灌的再生水预处理程度受抽取水的用途（出水水质要求）、土壤性质与地质条件（含水层性质）、地下水量与进水量（被稀释程度）、抽水量（抽取速度）以及回灌与抽取之间的平均停留时间、距离等因素影响。水在回灌前除须经生物处理（包括硝化与脱氮），还必须有效地去除有毒有机物与重金属。此外，影响再生水回灌的主要指标还有朗格利尔指数（产生结垢）、浑浊度（引起堵塞）、总细菌数（形成生物黏泥）、氧浓度（引起腐蚀）、硫化氢浓度（引起腐蚀）、悬浮物浓度（造成阻塞）、总溶解矿物质（抽取水用于灌溉时）。

污水处理后在回灌过程中通过土壤的渗滤能获得进一步的处理，最后使再生水和地下水成为一体。因此，采用直接注水到含水层需要重视公共卫生的问题，其污水处理应满足饮用水标准，而采用回灌水池，一般二级出水或增加流水线即可满足要求。用再生水回灌地下水必须注意四个水质要求，即传染病菌、矿物质总量、重金属和稳定的有机质。目前痕量有机污染物比无机或微生物污染物的威胁更大，有些化学污染物通过实验室动物试验被证明具有致癌性和致变性。

再生水回用于地下水回灌，其水质一般应满足以下一些条件：首先，要求再生水的水质不会造成地下水的水质恶化；其次，再生水不会引起注水井和含水层堵塞；最后，要求再生水的水质不腐蚀注水系统的机械和设备。

（六）其他回用

再生水除了上述几种主要的回用方式外，还有其他一些回用方式，例如建筑中水回用和饮用水源扩充。

1. 建筑中水

建筑中水是指单体建筑、局部建筑楼群或小规模区域性的建筑小区各种排水，经适当处理后循环回用于原建筑物作为杂用的给水系统。建筑中水不仅是污水回用的重要形式之一，也是城市生活节水的重要方式。建筑中水具有使用灵活、易于建设、无须长距离输水、运行管理方便等优点，是一种较有前途的污水直接再生利用方式，尤其对大型公共建筑、宾馆和新建高层住宅区而言。

在使用建筑中水时，为了确保用户的身体健康、用水方便和供水的稳定性，适应不同的用途，通常要求中水的水质条件应满足以下几点：①不产生卫生上的问题。②在利用时不产生故障。③利用时没有嗅觉和视觉上的不快感。④对管道、卫生设备等不产生腐蚀和堵塞等影响。

2. 饮用水源扩充

从自然水循环的角度，无论是经过处理还是未处理的污水，最终都会以不同的方式直接或间接排入天然水体。这些天然水体很可能也是饮用水的水源地，因此，其结果也可以被认为是饮用水源补充。但这里所讨论的饮用水源扩充不是指这种自然水循环过程，而是指有目的地利用再生水扩充饮用水源，其形式主要包括：①直接饮用水回用。②间接饮用水回用。③通过地下水回灌的饮用水回用。

三、水循环过程中的水资源再生

水循环过程实际上伴随着水的再生，包括量的再生和质的再生。人们使用过的水，不论是在设有集中排水系统的地方还是没有排水系统的地方，都会通过管渠、自然排水沟、地表径流、土壤渗透等不同方式最终流回天然水体（地表水体或地下含水层），实现水的再生。在伴随着人为用水的水再生过程中，水质的再生是由两个过程来完成的：一是城市集中排水系统中的污水处理厂，通过应用工程技术去除污水中的部分污染物；二是土壤和地下含水层、河流、湖泊等水体的自然净化过程。在没有设置污水处理厂的地区，水质的再生则仅有上述第二个过程。实际上，在人类社会长期发展的过程中，通过工程技术的应用来完成水质的部分再生仅仅是近两个世纪的事情。其主要原因是在工业革命之后，伴随着工业的集中发展、人类聚居区域的扩大和城市的发展，人为用水工程中所发生的水质变化已对这些地区的自然水体造成巨大影响，从而影响到人们用水的需求。因此，人们不得不通过工程技术的方法弥补水体自然净化能力的不足。而在此之前，自然水系的水质保障完全是通过水体的自然净化过程来完成的，其条件就是人为的污染负荷没有超过自然净化能力的界限。

随着人类对自然过程的认识不断深化，自然规律不断被掌握，从而也使工程技术得到发展。因此，了解水循环中水资源的量和质的自然再生过程对我们明确水资源再生的必要性和可行性是有益的。

第三节　水资源再生处理技术

一、物理处理法

（一）格栅

格栅是一种物理处理方法，由一组（或多组）相平行的金属栅条与框架构成，倾斜安装在格栅井内，设在集水井或调节池的进口处，用来去除可能堵塞水泵机组及管道阀门的较粗大的悬浮物及杂物，以保证后续处理设施的正常运行。

工业废水处理一般先经粗格栅后再经细格栅。粗格栅的栅条间距一般采用 10 ~ 25 mm，细格栅的栅条间距一般采用 6 ~ 8 mm。小规模废水处理可采用人工清理的格栅，较大规模或粗大悬浮物及杂物含量较多的废水处理可采用机械格栅。

人工格栅是用直钢条制成的，一般与水平面呈45° ~ 60° 倾角安放。倾角小时，清理时较省力，但占地面积较大。机械格栅的倾角一般为45° ~ 60° ，格栅栅条的断面形状有圆形、矩形及方形，目前多采用矩形断面的栅条。为了防止栅条间隙堵塞，废水通过栅条间距的流速一般采用 0.6 ~ 1.0 m/s。

有时为了进一步截留或回收废水中较大的悬浮颗粒，可在粗格栅后设置隔网。

（二）调节

在工业废水处理中，由于废水水质水量的不均匀性，一般设置调节池，进行水量和水质均衡调节，以改善废水处理系统的进水条件。

调节池的停留时间应满足调节废水水量和水质的要求。废水在调节池中的停留时间越长，均衡程度越高，但容积大，经济上不尽合理。通常根据废水排放量、排放规律和变化程度等因素，设计采用不同的调节时间，其范围可在 4 ~ 24 h 取值，一般工业废水调节池的水力停留时间为 8 h 左右。

在调节池中为了保证水质均匀，避免固体颗粒在池底部沉积，通常需要对废水进行混合。常用的混合方法有空气搅拌、机械搅拌、水泵强制循环、差流水力混合等方式。空气搅拌混合是通过所设穿孔管与鼓风机相连，用鼓风机将空气通入穿孔管进行搅拌，其曝气程度一般可取 2 m3/（m2·h）左右。采用机械搅拌混合时，为保持混合液呈悬浮状态，所需动力为 5 ~ 8 W/m3 水。机械搅拌设备有多种形式，如桨式、推进式、涡流式等。水泵强制循环混合方式是在调节池底设穿孔管，穿孔管与水泵压水管相连，用压力水进行搅拌，简单易行，混合也比较完全，但动力消耗较多。差流水力混合常采用穿孔导流槽布水进行均化，虽然无须能耗，但均化效果不够稳定，而且构筑物结构复杂，池底容易沉泥，目前还缺乏效果良好的构造形式。

空气搅拌的效果良好，能够防止水中悬浮物的沉积，且兼有预曝气及脱硫的效能，是工业废水处理中常用的混合方式。但是，这种混合方式的管路常年浸没于水中，易遭腐蚀，且有致使挥发性污染物逸散到空气中的不良后果，另外运行费用也较高。因此，在下列情况下，一般不宜采用空气搅拌：①废水中含有有害的挥发物或溶解气体。②废水中的还原性污染物有可能被氧化成有害物质。③空气中的二氧化碳能使废水中的污染物转化为沉淀物或有毒挥发物。

（三）沉淀

沉淀是利用水中悬浮颗粒的可沉降性能，在重力作用下产生下沉，以实现固液分离的过程，是废水处理中应用最广泛的物理方法。这种工艺简单易行，分离效果良好，是污水处理的重要工艺，应用非常广泛，在各种类型的污水处理系统中，沉淀几乎是不可缺少的一种工艺，而且还可能是多次采用。

在一级处理的污水处理系统中，沉淀是主要处理工艺，污水处理效果的高低，基本上是由沉淀的效果来控制的；在设有二级处理的污水处理系统中，沉淀具有多种功能，在生物处理设备前设初次沉淀池，以减轻后继处理设备的负荷，保证生物处理设备净化功能的正常发挥。在生物处理设备后设二次沉淀池，用以分离生物污泥，使处理水得到澄清；在灌溉或排入氧化塘前，污水也必须进行沉淀，以稳定水质，去除寄生虫卵和能够堵塞土壤孔隙的固体颗粒。

根据污水中可沉物质的性质、凝聚性能的强弱及其浓度的高低，沉淀可分为四种类型：

第一类是自由沉淀。污水中的悬浮固体浓度不高，而且不具有凝聚性能，在沉淀过程中，固体颗粒不改变形状、尺寸，也不互相黏合，各自独立地完成沉淀过程，颗粒在沉沙池和在初次沉淀池内的初期沉淀即属于此类。

第二类是絮凝沉淀。污水中的悬浮固体浓度也不高，但具有凝聚性能，在沉淀的过程中，互相黏合，结合成为较大的絮凝体，其沉淀速度（简称沉速）是变化的，初次沉淀池的后期、二次沉淀池的初期沉淀就属于这种类型。

第三类是集团沉淀（也称为成层沉淀）。当污水中悬浮颗粒的浓度提高到一定浓度后，每个颗粒的沉淀将受到其周围颗粒存在的干扰，沉速有所降低，如浓度进一步提高，颗粒间的干涉加剧，沉速大的颗粒也不能超越沉速小的颗粒，在聚合力的作用下，颗粒群结合成为一个整体，各自保持相对不变的位置，共同下沉。液体与颗粒群之间形成清晰的界面。沉淀的过程，实质上就是这个界面的下降过程。活性污泥在二次沉淀池的后期沉淀就属于这种类型。

第四类是压缩。这时浓度很高，固体颗粒相互接触，互相支撑，在上层颗粒的重力作用下，下层颗粒间隙中的液体被挤出界面，固体颗粒群被浓缩。活性污泥在二次沉淀池污泥斗中和在浓缩池的浓缩即属于这一过程。

在二次沉淀池中，活性污泥能够一次性经历上述四种类型的沉淀。活性污泥的自由沉淀过程是比较短促的，很快就过渡到絮凝沉淀阶段，而在沉淀池内的大部分时间都是属于集团沉淀和压缩。

沉淀池是废水处理工艺中使用最广泛的一种物理构筑物，可以应用到废水处理流程中的多个部位，如初次沉淀池、混凝沉淀池、化学沉淀池、二次沉淀池、污泥浓缩池等。沉淀池工艺设计的内容包括确定沉淀池的数量、沉淀池的类型、沉淀区尺寸、污泥区尺寸、进出水方式和排泥方式等。沉淀池常按水流方向区分为平流沉淀池、竖流沉淀池、辐流沉淀池及斜板（斜管）沉淀池四种类型。

（四）气浮

气浮是一种有效的固 —— 液和液 —— 液分离方法，常用于含油废水和颗粒密度接近或小于水的密度的细小颗粒的分离。废水的气浮法处理技术是将空气溶入水中，减压释放后产生微小气泡，与水中悬浮的颗粒黏附，形成水 —— 气 —— 颗粒三相混合体系。颗粒黏附上气泡后，由于密度小于水即浮上水面，从水中分离出来，形成浮渣层。

气浮法通常作为对含油污水隔油后的补充处理，即为二级生物处理之前的预处理。气浮能保证生物处理进水水质的相对稳定，或是放在二级生物处理之后作为二级生物处理的深度处理，确保排放出水水质符合有关标准的要求。

气浮法可以分为布气气浮法、电气浮法、生物及化学气浮法、溶气气浮法。

1. 布气气浮法（分散空气气浮法）

该法利用机械剪切刀，将混合于水中的空气粉碎成细小气泡。例如水泵吸水管吸气气浮、射流气浮、扩散板曝气气浮及叶轮气浮等，皆属此类。

2. 电气浮法（电解凝聚气浮法）

该法在水中设置正负电极，当通上直流电后，一个电极（阴极）上即产生初生态微小气泡，同时还产生电解混凝等效应。

3. 生物及化学气浮法

该法利用生物的作用或在水中投加化学药剂絮凝后放出气体。

4. 溶气气浮法（溶解空气气浮法）

该法在青铜气液混合泵内使气体和液体充分混合，一定压力下使空气溶解于水并达到饱和状态，而后达到气浮作用。根据气泡析出时所处的压力情况，溶气气浮法又分压力溶气气浮法和溶气真空气浮法两种。压力溶气气浮法比溶气真空气浮法容易实现，只有特殊情况下，才使用溶气真空气浮法。

气浮法处理工艺必须满足下列基本条件才能完成气浮处理过程，达到将污染物质从水中去除的目的：必须向水中提供足够量的微小气泡；必须使废水中的污染物质能形成悬浮状态；必须使气泡与悬浮物质产生黏附作用；气泡直径必须达到一定的尺寸（一般要求 20 μm 以下）。

（五）过滤

通过滤料介质的表面或滤层去除水体中悬浮固体和其他杂质的工艺称为过滤。城市污水二级处理出水仍含有部分悬浮颗粒及其他污染物，一般须经过混凝、沉淀和过滤工艺进行深度处理。对回用水水质要求较高时，过滤出水还须经活性炭吸附、超滤和反渗透等工艺处理。因此，过滤已成为水的再生与回用处理技术中关键的单元工艺。

一般认为，过滤有以下两方面作用：第一是进一步减少水中的悬浮物、有机物、磷、重金属和细菌等污染物；第二是为后续处理工艺创造有利条件，保证后续工艺稳定、高效、节能地进行。

过滤是一个包括多种物理化学作用的复杂过程，主要是悬浮颗粒与滤料之间黏附作用的结果。经过众多学者研究，悬浮颗粒必须经过迁移和附着两个过程才能被去除，这就是"两阶段理论"。颗粒迁移过程是悬浮颗粒去除的必要条件。被水挟带的颗粒随水流运动的过程中，悬浮颗粒脱离流线，向滤料表面迁移。

颗粒表面性质能满足黏附条件，悬浮颗粒就被滤料捕捉。颗粒一般是在范德华力、静电力、化学键和化学吸附等作用下黏附在滤料表面的。研究发现，加药混凝后的颗粒在滤料表面的附着好于未经混凝的颗粒。对于胶体脱稳凝聚的絮体，主要是界面化学作用的结果，黏附效果较好。对于非脱稳凝聚的胶体粒子，则是分子架桥作用的结果，黏附效果较差。

颗粒脱附是在水流剪切力作用下悬浮颗粒从滤料表面脱落的过程。在整个过滤过程中，黏附与脱落共存，颗粒可能会由于水流冲刷力而脱落，但它又会被下层的滤料所黏附，导致颗粒在滤层内重新分布。黏附力与水流剪切力的综合作用决定了颗粒是被黏附还是脱附。滤池冲洗时，剪切力大于黏附力，颗粒由滤料表面脱附，滤层被冲洗干净。

过滤池按作用水头分，有重力式滤池和压力式滤池两类。虹吸滤池、无阀滤池为自动冲洗滤池。各种滤池的工作原理都基本相似，主要有阻力截留或筛滤作用、重力沉降作用和接触絮凝作用。在实际过滤过程中，上述三种机理往往同时起作用，只是随条件不同而有主次之分。对粒径较大的悬浮颗粒，以阻力截留为主，因这一过程主要发生在滤料表层，通常称为表面过滤。对于细微悬浮物以发生在滤料深层的重力沉降和接触絮凝为主，称为深层过滤。

二、化学处理法

（一）氧化还原

氧化还原法是使废水中的污染物在氧化还原的过程中，改变污染物的形态，将它们变成无毒或微毒的新物质，或转变成与水容易分离的形态，从而使废水得到净化。用氧化还原法处理废水中的有机污染物 COD、BOD 以及色、臭、味等，以及还原性无机污染物如 CN^-、S^{2-}、Fe^{2+}、Mn^{2+} 等。通过化学氧化，氧化分解废水中的污染物，使有毒物质无害化。而废水中许多金属离子，如汞、铜、镉、银、金、六价铬、镍等，通过还原法以固体金属为还原剂，还原废水中污染物使其从废水中置换出来，予以去除。氧化还原法又分为化学氧化法和化学还原法。

1. 化学氧化

向废水中投加氧化剂，氧化废水中的有毒有害物质，使其转变为无毒无害的或毒性小的新物质的方法称为氧化法。根据所用氧化剂的不同，氧化法分为空气氧化法、氯氧化法、臭氧氧化法等。

（1）氯氧化

氯的标准氧化还原电位较高，为 1.359 V。次氯酸根的标准氧化还原电位也较高，为 1.2 V，因此氯有很强的氧化能力。氯可氧化废水中的氰、硫、醇、酚、醛、氨氮及去除某些染料而脱色等，同时也可杀菌、防腐。氯作为氧化剂可以有如下形态：氯气、液氯、漂白粉、漂粉精、次氯酸钠和二氧化氯等。

（2）臭氧氧化

20 世纪 50 年代臭氧氧化法开始用于城市污水和工业废水处理，70 年代臭氧氧化法和活性炭等处理技术相结合，成为污水高级处理和饮用水除去化学污染物的主要手段之一。用臭氧氧化法处理废水所使用的是含低浓度臭氧的空气或氧气。臭氧是一种不稳定、易分解的强氧化剂，因此要现场制造。臭氧氧化法水处理的工艺设施主要由臭氧发生器和气水接触设备组成。大规模生产臭氧的唯一方法是无声放电法。制造臭氧的原料气是空气或氧气。用空气制成臭氧的浓度一般为 10 ~ 20 mg/L；用氧气制成臭氧的浓度为 20 ~ 40 mg/L。这种含有 1% ~ 4%（重量比）臭氧的空气或氧气就是水处理时所使用的臭氧化气。

臭氧发生器所产生的臭氧，通过汽水接触设备扩散于待处理水中，通常是采用微孔扩散器、鼓泡塔或喷射器、涡轮混合器等。臭氧的利用率要力求达到 90% 以上，剩余臭氧随尾气外排，为避免污染空气，尾气可用活性炭或霍加拉特剂催化分解，也可用催化燃烧法使臭氧分解。

臭氧氧化法的主要优点是反应迅速，流程简单，没有二次污染问题。不过生产臭氧的电耗较高，每公斤臭氧约耗电 20 ~ 35 度，需要继续改进生产，降低电耗，同时需要加强对汽水接触方式和接触设备的研究，提高臭氧的利用率。

2. 化学还原

向废水中投加还原剂，使废水中的有毒物质转变为无毒的或毒性小的新物质的方法称为还原法。还原法常用的还原剂有硫酸亚铁、亚硫酸钠、亚硫酸氢钠、硫代硫酸钠、水合肼、二氧化硫、铁屑等。化学还原法主要用于含铬、汞废水的测定。例如含六价铬废水的处理，是在酸性条件下，利用化学还原剂将六价铬还原成三价铬，然后用碱使三价铬成为氢氧化铬沉淀而去除。

（二）中和

中和属于化学处理法。在工业废水中，酸性废水和碱性废水来源广泛，当废水酸碱度较大时，须考虑中和处理。通常可在调节池进行中和处理，或者单独设置中和反应池。

酸性废水的中和处理采用碱性中和剂，主要有石灰、石灰石、白云石、苏打、苛性钠等。碱性废水的中和处理采用酸性中和剂，主要有盐酸、硫酸和硝酸。有时烟道气也可以中和碱性废水。

（三）混凝

混凝是在混凝剂的作用下，胶体和悬浮物脱稳并相互聚集为数百微米乃至数毫米的絮凝体的过程。混凝后的絮凝体可以采用沉降、过滤或气浮等方法去除。

混凝沉淀是目前给水处理、中水处理和部分污水处理的核心工艺，它承担着水处理中 95% 以上的负荷，已有 150 余年的历史。在近代水处理技术中，混凝技术广泛用于除臭味、除藻类、除氮磷、除细菌病毒、除天然有机物、除有机有毒物等。

混凝过程是包含混合、凝聚、絮凝三种连续作用的综合过程。凝聚过程中投加的药剂称为混凝剂或絮凝剂。传统的混凝剂是铝盐和铁盐如三氯化铝、硫酸铁等。20 世纪 60 年代开始出现并流行无机高分子絮凝剂，例如聚合氯化铁、聚合氯化铝及各种复合絮凝剂，因为性价比更高，得到迅速发展，目前已在世界许多地区取代传统混凝剂。近代发展起来的聚丙烯酰胺等有机高分子絮凝剂，品种甚多而效能优良，但因价格较高且不能完全消除毒性，始终不能代替传统混凝剂，主要作为助凝剂使用。

人们对于混凝的机理至今仍未完全清楚，因为它涉及的因素很多，如水中的杂质成分和浓度、水温、pH 值、碱度、水力条件以及混凝剂种类等。但归结起来，可以认为化学混凝主要是压缩双电层作用、吸附——电性中和、吸附架桥作用和网捕、卷扫作用。

1. 压缩双电层作用机理

根据胶体化学原理，要使胶粒碰撞结合，必须消除或降低微粒间的排斥能。当 ξ 电位降至胶粒间的排斥能且小于胶粒布朗运动的动能时，胶粒便开始聚结，该 ξ 电位称为临界电位。在水中投加电解质（混凝剂），可降低或消除胶粒的 ξ 电位，胶粒因此失去稳定性，我们称之为胶粒脱稳。脱稳胶粒相互聚结，发生凝聚。这种通过投加电解质压缩扩散层，使微粒间相互聚结发生凝聚的作用，称为压缩双电层作用。

2. 吸附 —— 电性中和作用机理

异号离子、异号胶粒或高分子带异号电荷部位与胶核表面由于静电吸附，中和了胶体原来所带电荷，从而降低了胶体的与电位而使胶体脱稳的机理，称为吸附电性中和作用机理。

3. 吸附架桥作用机理

高分子物质为线性分子、网状结构，其表面积较大，吸附能力强。当高分子链的一端吸附了某一胶粒以后，另一端又吸附另一胶粒，形成"胶粒高分子 —— 胶粒"的粗大絮凝体，这时，高分子物质在胶体之间起吸附架桥作用。

架桥作用主要利用高分子本身的长链结构来进行对胶粒的连接，而形成"胶粒 —— 高分子胶粒"的絮凝体。如果高分子线性长度不够，不能起架桥作用，只能吸附单个胶体，起电性中和作用。如果是异性高分子则兼有电性中和和架桥作用；同性或中性（非离子型）高分子只能起架桥作用。

4. 沉淀物的网捕、卷扫作用机理

无机盐混凝剂投量很多时（例如铝盐、铁盐），会在水中产生大量氢氧化物沉淀，形成一张絮凝网状结构，在下沉过程中网捕、卷扫水中胶体颗粒，以致产生沉淀分离。

沉淀物的网捕、卷扫作用是一种机械作用。对于低浊度水，可以利用这个作用机理，在水中投加大量混凝剂，以达到去除胶体杂质的目的。

上述这四种混凝机理在水处理过程中不是各自孤立的现象，而往往是同时存在的。只不过随不同的药剂种类、投加量和水质条件而发挥作用的程度不同，以某一种作用机理为主。对高分子混凝剂来说，以吸附架桥为主，而无机的金属盐混凝剂则同时具有电性中和和黏结架桥作用。

三、物理化学处理法

（一）吹脱与汽提

1. 吹脱

吹脱过程是将空气通入废水中，使空气与废水充分接触，废水中的溶解气体或挥发性溶质穿过气液界面，向气相转移，从而达到脱除污染物的目的。而汽提过程则是将废水与水蒸气直接接触，使废水中的挥发性物质扩散到气相中，实现从废水中分离污染物的目的。吹脱与汽提过程常被用来脱除废水中的溶解性气体和挥发性有机物，如挥发酚、甲醛、硫化氢、氨等。

吹脱法的基本原理是：将空气通入废水中，改变有毒有害气体溶解于水中所建立的气液平衡关系，使这些易挥发物质由液相转为气相，然后予以收集或者扩散到大气中去。

吹脱过程属于传质过程，其推动力为废水中挥发物质的浓度与大气中该物质的浓度差。吹脱法既可以脱除原来就存在于水中的溶解气体，也可以脱除化学转化而形成的溶解气体。如废水中的硫化钠和氰化钠是固态盐在水中的溶解物，在酸性条件下，它们会

转化为 H2S 和 HCN，经过曝气吹脱，就可以将它们以气体形式脱除。这种吹脱曝气称为转化吹脱法。

用吹脱法处理废水的过程中，污染物不断地由液相转入气相，易引起二次污染，防止的方法有以下三类：①中等浓度的有害气体，可以导入炉内燃烧；②高浓度的有害气体应回收利用；③符合排放标准时，可以向大气排放。而第二种方法是预防大气污染和利用三废资源的重要途径。

吹脱设备一般包括吹脱池和吹脱塔（填料塔或筛板塔）。前者占地面积大，而且易污染大气。为提高吹脱效率，回收有用气体，防止有毒气体的二次污染，常采用塔式设备。

筛板塔是在塔内设一定数量的带有孔眼的塔板，水从上往下喷淋，穿过筛孔往下。

空气则从下往上流动。气体以鼓泡方式穿过筛板上液层时，互相接触而进行传质。塔内气相和液相组成沿塔高呈阶梯变化。筛板塔的优点是结构简单，制造方便，传质效率高，塔体比填料塔小，不易堵塞；缺点是操作管理要求高，筛孔容易堵塞。

2. 汽提

汽提过程的原理与吹脱过程基本相同，根据挥发性污染物的性质的不同，汽提分离污染物的原理一般可分为简单蒸馏和蒸汽蒸馏两种。

（1）简单蒸馏

对于与水互溶的挥发性物质，利用其在气液平衡条件下，在气相中的浓度大于在液相中的浓度这一特性，通过蒸汽直接加热，使其在沸点（水与挥发物两沸点之间的某一温度）下，按一定比例富集于气相。

（2）蒸汽蒸馏

对于与水互不相溶或几乎不溶的挥发性污染物。利用混合液的沸点低于任一组分沸点的特性，可将高沸点挥发物在较低温度下挥发逸出，加以分离脱除。例如：废水中的松节油、苯胺、酚、硝基苯等物质在低于 100 ℃条件下，应用蒸汽蒸馏可有效脱除。

汽提操作一般是在封闭的塔内进行，采用的汽提塔可以分为填料塔和板式塔两大类。

填料塔是在塔内装有填料，废水从塔顶喷淋而下，流经填料后由塔底部的集水槽收集后排出。蒸汽从塔底部送入，从塔顶排出，由下而上与废水逆流接触进行传质。填料可以采用瓷环、木栅、金属螺丝圈、塑料板、蚌壳等。由于通入蒸汽，塔内温度高，所以在选择塔体材料和填料时，除了考虑经济、技术等一般原则外，还应该特别注意耐腐蚀的问题。与板式塔相比，填料塔的构造较简单，便于采用耐腐蚀材料，动力损失小。但是传质效率低，且塔体积庞大。

（二）吸附

当流体与多孔固体接触时，流体中某一组分或多个组分在固体表面处产生积蓄，此现象称为吸附。吸附也指物质（主要是固体物质）表面吸住周围介质（液体或气体）中的分子或离子现象。

吸附过程是一种界面现象，其作用在两个相的界面上进行。吸附可分为化学吸附和物理吸附。化学吸附是吸附剂和吸附质之间发生的化学作用，由化学键力作用所致。物理吸附是吸附剂和吸附质之间发生的物理作用，由范德华力作用所致。

吸附过程是吸附质从水溶液中被吸附到吸附剂表面上或进而进行化学结合的过程。已被吸附在吸附剂表面的吸附质又会离开吸附剂表面而返回到水溶液中去，这就是解析过程。当吸附速度与解析速度相等时，溶液中被吸附物质的浓度和单位重量吸附剂的吸附量不再发生变化，吸附与解析达到动态平衡。

目前废水处理中常用的吸附剂有活性炭、磺化煤、活性白土、硅藻土、活性氧化铝、活性沸石、焦炭、树脂吸附剂、炉渣、木屑、煤灰、腐殖酸等。对吸附剂性能的要求是吸附能力强，吸附选择性好，吸附容量大，吸附平衡的浓度低，机械强度高，化学性质稳定，容易再生和再利用，制作原料来源广，价格低廉。目前很多学者实验研究了一些新型或改性的吸附剂，如改性高铝水泥吸附剂、氧化铝负载氧化镧吸附剂等，这些新型吸附剂对废水中一些污染物的吸附具有吸附性强、吸附量大、不易造成二次污染等优点，在未来的废水处理中将有广泛的应用前景。

由于吸附法对水的预处理要求高，吸附剂的价格昂贵，因此在废水处理中，吸附法主要用来去除废水中的微量污染物，达到深度净化的目的，或是从高浓度的废水中吸附某些物质达到资源回收和治理目的。如废水中少量重金属离子的去除、有害的生物难降解有机物的去除、脱色除臭等。

吸附操作可分为静态操作和动态操作。常用的吸附设备有固定床吸附装置。根据用水水量、原水水质及处理要求，固定床可分为单床和多床系统，一般单床仅在处理规模较小时采用。多床又有并联和串联两种，前者适用于大规模处理，出水要求低，后者适用于处理流量较小、出水要求较高的场合。

（三）离子交换

废水离子交换处理法是废水物理化学处理法之一种借助于离子交换剂中的交换离子同废水中的离子进行交换而去除废水中有害离子的方法。

离子交换的原理是被处理溶液中的某离子迁移到附着在离子交换剂颗粒表面的液膜中，然后该离子通过液膜扩散（简称膜扩散）进入颗粒中，并在颗粒的孔道中扩散而到达离子交换剂的交换基团的部位上（简称颗粒内扩散），在此部位上该离子同离子交换剂上的离子进行交换，被交换下来的离子沿相反途径转移到被处理的溶液中。离子交换反应是瞬间完成的，而交换过程的速度主要取决于历时最长的膜扩散或颗粒内扩散。

凡能够与溶液中的阳离子或阴离子具有交换能力的物质都称为离子交换剂。离子交换剂的种类很多，有无机质和有机质两类。前者如天然物质海绿砂或合成沸石；后者如磺化煤和树脂，目前常用合成的离子交换树脂。

离子交换法的运行方式有静态运行和动态运行两种。静态运行是在待处理废水中加入适量的树脂进行混合，直至交换反应达到平衡状态。这种运行除非树脂对所需去除的同性离子有很高的选择性，否则由于反应的可逆性只能利用树脂交换容量的一部分。为了减弱交换时的逆反应，离子交换操作以动态运行为主，即置交换剂于圆柱形床中，废水连续通过床内交换。

离子交换法中的交换设备有固定床、移动床、流动床等形式。在离子交换一个周期内的四个过程（交换、反洗、再生、淋洗）中，树脂均固定在固定床内。移动床则是在交换过程中将部分饱和树脂移出床外再生，同时将再生的树脂送回床内使用。流动床则是树脂处于流动状态下完成上述四个过程。移动床称半连续装置，流动床则称全连续装置。

离子交换法处理废水具有广阔的前景，进展很快。当前研究的主要方向，一是合成适用于处理各种废水的树脂，以获得交换容量大、洗脱率高、洗脱峰集中、抗污染能力强的树脂；二是使离子交换设备小型化、系列化，并向生产装置连续化、操作自动化发展，以降低投资、减少用地、简化管理。

（四）电化学处理

20世纪60年代初期，随着电力工业的迅速发展，电化学水处理技术开始引起人们的注意。电化学水处理技术的基本原理是使污染物在电极上发生直接电化学反应或间接电化学转化，即直接电解和间接电解。

1. 直接电解

直接电解是指污染物在电极上直接被氧化或还原而从废水中去除。直接电解可分为阳极过程和阴极过程。阳极过程就是污染物在阳极表面氧化而转化成毒性较小的物质或易生物降解的物质，甚至发生有机物无机化，从而达到削减、去除污染物的目的。阴极过程就是污染物在阴极表面还原而得以去除，主要用于卤代烃的还原脱卤和重金属的回收。

2. 间接电解

间接电解是指利用电化学产生的氧化还原物质作为反应剂或催化剂，使污染物转化成毒性更小的物质。间接电解分为可逆过程和不可逆过程。可逆过程（媒介电化学氧化）是指氧化还原物在电解过程中可电化学再生和循环使用。不可逆过程是指利用不可逆电化学反应产生的物质，如具有强氧化性的氯酸盐、次氯酸盐、H_2O_2 和 O_3 等氧化有机物的过程，还可以利用电化学反应产生强氧化性的中间体，包括溶剂化电子、$\cdot HO$、$\cdot HO_2$、O_2 等自由基。另外根据具体的使用方法还可分为：

（1）电凝聚电气浮法

电压作用下，可溶性阳极（铁或铝）被氧化产生大量阳离子继而形成胶体使废水中的污染物凝聚，同时在阴极上产生的大量氢气形成微气泡与絮粒黏附在一起上浮，这种方法称为电凝聚电气浮。在电凝聚中，常常用铁铝做阳极材料。

（2）电沉积法

电解液中不同金属组分的电势差，使自由态或结合态的溶解性金属在阴极析出。适宜的电势是电沉积发生的关键。无论金属处于何种状态，均可根据溶液中离子活度的大小，由能斯特方程确定电势的高低，同时溶液组成、温度、超电势和电极材料等也会影

响电沉积过程。

（3）电化学氧化

电化学氧化分为直接氧化和间接氧化两种，属于阳极过程。直接氧化是通过阳极氧化使污染物直接转化为无害物质；间接氧化则是通过阳极反应产生具有强氧化作用的中间物质或发生阳极反应之外的中间反应，使被处理污染物氧化，最终转化为无害物质。对阳极直接氧化而言，如反应物浓度过低会导致电化学表面反应受传质步骤限制；对于间接氧化，则不存在这种限制。在直接或间接氧化过程中，一般都伴有析出 H_2 或 O_2 的副反应，但通过电极材料的选择和电势控制可使副反应得到抑制。

（4）光电化学氧化

半导体材料吸收可见光和紫外线的能量，产生"电子 —— 空穴"对，并储存多余的能量，使得半导体粒子能够克服热动力学反应的屏障，作为催化剂使用，进行一些催化反应。

（5）电渗析

在电场作用下选择性透过膜的独特功能，使离子从一种溶液进入另一种溶液中，达到对离子化污染物的分离和浓缩。利用电渗析处理金属离子时并不能直接回收到固体金属，但能得到浓缩的盐溶液，并使出水水质得到明显改善。目前研究最多的是单阳膜电渗析法。

（6）电化学膜分离

膜两侧的电势差进行的分离过程。常用于气态污染物的分离。

电化学水处理技术的优点是过程中产生的·OH 自由基可以直接与废水中的有机污染物反应，将其降解为二氧化碳、水和简单有机物，没有或很少产生二次污染，是一种环境友好技术；电化学过程一般在常温常压下就可进行，因此能量效率很高；电化学方法既可以单独使用，又可以与其他处理方法结合使用，如作为前处理方法，可以提高废水的生物降解性；再有，电解设备及其操作一般比较简单，费用较低。

四、生物处理法

（一）生物膜法

生物膜法是一种固定膜法，是利用附着生长于某些固体物表面的微生物（即生物膜）进行有机污水处理的方法，主要用于去除废水中溶解性的和胶体状的有机污染物。因微生物群体沿固体表面生长成黏膜状，故名生物膜法。废水和生物膜接触时，污染物从水中转移到膜上，从而得到去除。生物膜是由高度密集的好氧菌、厌氧菌、真菌、原生动物以及藻类等组成的生态系统，其附着的固体介质称为滤料或载体。生物膜自滤料向外可分为厌气层、好气层、附着水层、运动水层。生物膜法的原理是，生物膜首先吸附附着水层有机物，由好气层的好气菌将其分解，再进入厌气层进行厌气分解，流动水层则将老化的生物膜冲掉以生长新的生物膜，如此往复以达到净化污水的目的。

生物膜法依据所使用的生物器的不同可进一步分为生物滤池、生物转盘、曝气生物滤池或厌氧生物滤池。前三种用于需氧生物处理过程，后一种用于厌氧过程。

1. 生物滤池

生物膜法中最常用的一种生物器。使用的生物载体是小块料（如碎石块、塑料填料）或塑料型块，堆放或叠放成滤床，故常称滤料。与水处理中的一般滤池不同，生物滤池的滤床暴露在空气中，废水洒到滤床上。工作时，废水沿载体表面从上向下流过滤床，和生长在载体表面上的大量微生物和附着水密切接触进行物质交换。污染物进入生物膜，代谢产物进入水流。出水并带有剥落的生物膜碎屑，须用沉淀池分离。生物膜所需要的溶解氧直接或通过水流从空气中取得。

2. 生物转盘

是随着塑料的普及而出现的。数十片、近百片塑料或玻璃钢圆盘用轴贯串，平放在一个断面呈半圆形的条形槽的槽面上。盘径一般不超过 4 m，槽径几厘米。有电动机和减速装置转动盘轴，转速 1.5 ~ 3 转 /min 左右，决定于盘径，盘的周边线速度在 15 m/min 左右。

废水从槽的一端流向另一端。盘轴高出水面，盘面约 40% 浸在水中，约 60% 暴露在空气中。盘轴转动时，盘面交替与废水和空气接触。盘面为微生物生长形成的膜状物所覆盖，生物膜交替地与废水和空气充分接触，不断地取得污染物和氧气，净化废水。膜和盘面之间因转动而产生切应力，随着膜的厚度的增加而增大，到一定程度，膜从盘面脱落，随水流走。

同生物滤池相比，生物转盘法中废水和生物膜的接触时间比较长，而且有一定的可控性。水槽常分段，转盘常分组，既可防止短流，又有助于负荷率和出水水质的提高，因负荷率是逐级下降的。生物转盘如果产生臭味，可以加盖。生物转盘一般用于水量不大时。

3. 曝气生物滤池

设置了塑料型块的曝气池。按其过程也称生物接触氧化法。它的工作类似活性污泥法中的曝气池，但是不要回流污泥，曝气方法也不能沿用，一般采用全池气泡曝气，池中生物量远高于活性污泥法，故曝气时间可以缩短。运行较稳定，不会出现污泥膨胀问题。

也有采用粒料（如砂子、活性炭）的。这时水流向上，滤床膨胀、不会堵塞。因为表面积大、生物量多，接触又充分，曝气时间可缩短，处理效率可提高。

4. 厌氧生物滤池

构造和曝气生物滤池雷同，只是不要曝气系统。因生物量高，和污泥消化池相比，处理时间可以大大缩短（污泥消化池的停留时间一般在 10 d 以上），处理城市污水等浓度较低的废水时有可能采用。

（二）活性污泥法

活性污泥法是使用最广泛的废水处理方法。它能从废水中去除溶解的和形成胶体的可生物降解的有机物，以及能被活性污泥吸附的悬浮固体和其他一些物质。无机盐类（氮和磷的化合物）也能部分地被去除。

活性污泥法是向废水中连续通入空气，经一定时间后因好氧性微生物繁殖而形成的污泥状絮凝物，其上栖息着以菌胶团为主的微生物群，具有很强的吸附与氧化有机物的能力。利用此吸附和氧化作用，以分解去除污水中的有机污染物，然后使污泥与水分离，大部分污泥再回流到曝气池，多余部分则排出活性污泥系统。

典型的活性污泥法是由曝气池、沉淀池、污泥回流系统和剩余污泥排除系统组成，其工艺流程为将污水和回流的活性污泥一起进入曝气池形成混合液。从空气压缩机站送来的压缩空气，通过铺设在曝气池底部的空气扩散装置，以细小气泡的形式进入污水中，目的是增加污水中的溶解氧含量，还使混合液处于剧烈搅动的状态，呈悬浮状态。溶解氧、活性污泥与污水互相混合、充分接触，使活性污泥反应得以正常进行。上述过程分两个阶段：

第一阶段：污水中的有机污染物被活性污泥颗粒吸附在菌胶团的表面上，这是由于其巨大的比表面积和多糖类黏性物质。同时一些大分子有机物在细菌胞外酶作用下分解成小分子有机物。

第二阶段：微生物在氧气充足的条件下，吸收这些有机物，并氧化分解，形成二氧化碳和水，一部分供给自身的增殖繁衍。活性污泥反应进行的结果，污水中有机污染物得到降解而去除，活性污泥本身得以繁衍增长，污水则达到净化处理。

活性污泥法的主要类型有推流式活性污泥法（CAS）、短时曝气法、阶段曝气法（SAAS）、生物吸附法（AB）、完全混合式活性污泥法（CMAS）、序批式间歇反应器（SBR）、深水曝气活性污泥法、氧化沟（氧化塘），各具有不同的使用特点。

五、其他处理法

（一）膜生物反应器（MBR）

膜生物反应器工艺是集合了传统污水处理技术与膜过滤技术的新型污水处理工艺，它是利用高效分离膜组件取代传统生物处理技术末端的二沉池，与生物处理中的生物单元组合形成的一套有机水净化再生技术。该方法首先利用生化技术降解水中的有机物，驯养优势菌类、阻隔细菌，然后利用膜技术过滤悬浮物和水溶性大分子物质，降低水浊度，达到排放标准。

膜生物反应器法与传统的生化水处理技术相比，具有处理效率高、出水水质好、设备紧凑、占地面积小、易实现自动控制、运行管理简单的特点。国内外研究和实际应用结果表明，MBR 是最理想的污水回用处理装置，处理水能够满足市政回用、景观与环境回用以及某些工业回用的水质要求。

膜生物反应器研究的重要内容是在保证出水水质的前提下，膜通量应尽可能大，这样减少膜的使用面积，降低膜生物反应器的基建费用和运行费用，这些都是由膜生物反应器参数决定的。

膜生物反应器的材料分为有机膜和无机膜两种。膜生物反应器曾普遍采用有机膜，常用的膜材料为聚乙烯、聚丙烯等。分离式膜生物反应器通常采用超滤膜组件，截留分子量一般在 2 万 ~ 30 万。膜生物反应器截留分子量越大，初始膜通量越大，但长期运行膜通量未必越大。当膜选定后，其物化性质也就确定了，因此，操作方式就成为影响膜生物反应器膜污染的主要因素。不仅污泥浓度、混合液黏度等影响膜通量，混合液本身的过滤性能，如活性污泥性状、生物相也影响膜生物反应器膜通量的衰减。改善膜面附近料液的流体力学条件也很重要，如提高流体的进水流速，减少浓差极化，能使被截留的溶质及时被带走。分离式膜生物反应器中，一般均采用错流过滤的方式，而一体式膜生物反应器实质上是一种死端过滤方式。与死端过滤相比，错流过滤更有助于防止膜面沉积污染。因此设计合理的流道结构，提高膜间液体上升流速，使较大的暖气量起到冲刷膜表面的错流过滤效果对于淹没式膜生物反应器显得尤为重要。

膜生物反应器技术以其优质的出水水质被认为是具有较好经济、社会和环境效益的节水技术而备受关注。尽管还存在较高的运行费用问题，但随着膜制造技术的进步，膜质量提高和膜制造成本降低，MBR 的投资也会随之降低，如聚乙烯中空纤维膜、新型陶瓷膜的开发等已使其成本比以往有很大降低。另一方面，各种新型膜生物反应器的开发也使其运行费用大大降低，如在低压下运行的重力淹没式 MBR、厌氧 MBR 等与传统的好氧加压膜生物反应器相比，其运行费用大幅度下降。因此，从长远的观点来看，膜生物反应器在水处理中应用范围必将越来越广。

（二）消毒

再生水在使用过程中，除了与设备、生物和环境直接接触外，与使用者和公众也会不可避免地发生直接或间接的接触。因此，再生水除满足各种使用条件和用途的水质要求外，其卫生学问题关系到社会的公共安全，一直是各管理部门所关注的焦点。

消毒作为再生水处理的最后一个环节，是再生水安全的最后一道屏障，是安全利用再生水的关键。消毒剂的作用包括两方面：在水进入输送管网前，消除水中病原体的致病作用；从水进入管网起到用水点前，维持水中消毒剂的持续作用，以防止可能出现的病原体危害或再增殖。

消毒是通过消毒剂或其他方法、手段对水中的致病微生物进行灭活，减少对人和生产活动的危害，通常采用化学试剂做消毒剂，但有时也采用物理方法。物理法采用热、紫外线照射、超声波辐射等方法破坏微生物的蛋白质或遗传物质，最终导致其死亡或停止繁殖。化学法则是利用化学药剂使微生物的酶失活，或通过剧烈的氧化反应使微生物灭活。

1. 液氯消毒

液氯具有强氧化性，是我国目前最常用的水处理消毒方法。用于城市水消毒时，氯主要以两种形态使用，即以气态元素，或以固态或液态含氯化合物（次氯酸盐）使用。气态氯通常被认为是能在大型设施中使用的氯的最经济形态。次氯酸盐形态主要一直用于小型再生水厂（人数少于 5000 人），或在大型再生水厂中对气态操作安全问题的考虑超过经济考虑时也可采用。

　　氯气溶解在水中后水解为 HCl 和次氯酸 HClO，次氯酸再离解为 H^+ 和 OCL^-。消毒主要是 HClO 的作用。因为它是体积很小的中性分子，能扩散到带有负电荷的细菌表面，具有较强的渗透力，能穿透细胞壁进入细菌内部。氯对细菌的作用是破坏其酶系统，导致细菌死亡。而氯对病毒的作用，主要是对核酸破坏的致死性作用。pH 值高和温度低时，HClO 含量高，消毒效果好。pH<6 时，HClO 含量接近 100%，pH=7.5 时，HClO 和 OCL^- 大致相等，因此氯的杀菌作用在酸性水中比碱性水中更有效。

　　液氯消毒的优点是工艺成熟、消毒效果稳定可靠、成本低廉，且消毒后的余氯有持续的消毒能力，能防止残余细菌在管道内继续繁殖增生。然而不足之处是液氯消毒需要较长的接触时间（一般要求不少于 30 min），因此需要建造容积较大的接触池。

2. 次氯酸钠消毒

　　次氯酸钠属于强碱弱酸盐，有较强的漂白作用，对金属器械有腐蚀作用。次氯酸钠的消毒原理与氯相同。次氯酸钠水解生成次氯酸，次氯酸再进一步分解生成新生态氧[O]，新生态氧具有极强氧化性。次氯酸钠水解生成的次氯酸不仅可以与细胞壁发生作用且因分子小，不带电荷故易侵入细胞内与蛋白质发生氧化作用或破坏其磷酸脱氢酶，使糖代谢失调而导致细菌死亡。次氯酸分解生成的新生态氧将菌体蛋白质氧化。

　　次氯酸钠同氨可以发生反应，在水中生成微量的带有气味的氨氮化合物，但这种化合物也是一种安全的药剂。次氯酸钠不存在液氯等的安全隐患，且其消毒效果被公认与氯气相当，因此它的应用也比较广泛。

3. 二氧化氯消毒

　　二氧化氯是一种广谱性消毒剂，通过渗入细菌细胞内，将核酸（RNA 或 DNA）氧化后，从而阻止细胞的合成代谢，并使细菌死亡。由于 ClO2 在水中 100% 以分子形态存在，所以易穿透细胞膜。二氧化氯在水中极易挥发，因此不能储存，必须在现场边生产边使用。

　　二氧化氯一般只起氧化作用，不起氯化作用，因此它与水中杂质形成的三氯甲烷等要比氯消毒少得多。二氧化氯在碱性条件下仍具有很好的杀菌能力，也不与氨起作用，因此在高 pH 值的含氯系统中可发挥极好的杀菌作用。二氧化氯的消毒作用与氯相近，但对含酚和污染严重的原水特别有效。

　　二氧化氯也是一种强氧化剂，消毒能力仅次于臭氧，高于液氯。但是，随着 ClO_2 的广泛应用，ClO_2 及其消毒副产物如亚氯酸盐、氯酸盐等对人体健康的影响日益被人们关注。低剂量的 ClO_2 对人体不会产生有害影响。由于 ClO_2 必须在现场边生产边使用，它的制备和运行成本很高，是次氯酸钠运行成本的 5 倍以上。

4. 其他药剂消毒

　　漂白粉 Ca（ClO）$_2$ 为白色粉末，有氯的气味，含有效氯 20% ~ 25%。漂粉精 Ca（OCl）$_2$ 含有效氯 60% ~ 70%。两者的消毒作用和氯相同，适用于小水量的消毒。

　　加氯到含氨氮的水中，或氯与氨（液氨、硫酸铵等）以一定重量比投加时，都可生成氯胺而起消毒作用。氯胺消毒的特点是，可减小氯仿生成量，避免加氯时生成的臭味。其杀菌作用虽比氯差，但杀菌持续时间较长，因此可控制管网中的细菌再繁殖。适用于原水中有机物较多、管网延伸较长时。氯胺的杀菌效果差，不宜单独作为饮用水的消毒剂使用。但若将其与氯结合使用，既可以保证消毒效果，又可以减少三卤甲烷的产生，且可以延长在配水管网中的作用时间。

5. 臭氧消毒

臭氧是一种高活性的气体。臭氧可杀菌消毒的作用主要与它的高氧化电位和容易通过微生物细胞膜扩散有关。臭氧能氧化微生物细胞的有机物或破坏有机体链状结构而导致细胞死亡。

臭氧是一种强氧化剂，既有消毒作用也有氧化作用，杀菌和除病毒效果好，接触时间短，能除臭、去色、除酚，可氧化有机物、铁、锰、氰化物、硫化物、亚硝酸盐等。臭氧加入水中后，不会生成有机氯化物，无二次污染。

臭氧的半衰期很短，仅为 20 min，因臭氧不易溶于水，且不稳定，故其无持续消毒功能，应设置氯消毒与其配合使用。臭氧运行、管理有一定的危险性，臭氧可引发中毒，操作复杂；制取臭氧的产率低；臭氧消毒法设备费用高、耗电大。这些都是限制或影响臭氧消毒广泛推广使用的主要原因。

6. 紫外消毒

紫外线应用于再生水消毒主要采用的是 C 波段紫外线（UV-C），又称灭菌紫外线。波长范围为 275 ~ 200 nm，即 C 波段紫外线会使细菌、病毒、芽孢以及其他病原菌的 DNA 丧失活性，从而破坏它们的复制和传播疾病的能力。

紫外线消毒法是一种物理消毒方法，与化学法相比具有不产生有毒有害副产物、消毒速度快、设备操作简单、消毒成本低等优点。化学消毒法固然在目前的水处理领域占有重要的地位，但是随着人们对水质标准要求的提高和消毒副产物研究的不断深入，以及对紫外线消毒机理的深入揭示、紫外线技术的不断发展、消毒装置在设计上的日益完善，紫外线消毒法有望成为代替传统化学消毒法的主要物理消毒方法之一。

（三）再生水回用的方式与经济分析

1. 再生水回用的方式

再生水回用是指城市污水于工厂内部，以及工业用水的循序使用等。再生水回用分为直接回用和间接回用两种。分经处理后再用于农业、工业、娱乐设施、补充地下水与城市给水，或工业废水经处理后再用两种形式。

（1）直接回用

直接回用是指再生水厂通过输水管道直接将再生水送给用户使用，通常有三种模式。

①实行双管道系统供水，即在再生水厂系统铺设再生供水管网，与城市供水管网并行向用户输送再生水。再生水系统的运行、维护和管理方式与饮用水系统相似。

②由再生水厂铺设专用管道供大工厂使用。这种方式用途单一，比较实用，在国外应用比较普遍。

③大型公共建筑和住宅楼群的污水，就地处理、回收、循环再用。

（2）间接回用

间接回用是指水经过一次或多次使用后成为生活污水或工业废水，经处理后排入天然水体，经水体自然净化，包括较长时间的储存、沉淀、稀释、日光照射、曝气、生物降解、热作用等，然后再次使用。间接回用又分为补给地表水和人工补给地下水两种方式。

①补给地表水污水经处理后排入地表水体，经过水体的自净作用再进入给水系统。

②人工补给地下水污水经处理后人工补给地下水，经过净化后再抽取上来送入给水系统。

直接回用和间接回用的主要区别在于，间接回用中包括了天然水体的缓冲、净化作用，而直接回用则没有任何天然净化作用。

2. 再生水回用的经济分析

一项再生水回用工程的上马使用，需要大量的资金投入。从输配管线的设计、建造，到再生水设备的运行使用，每一环节都需要耗费大量的人力、物力资源。一般农业、工业及娱乐景观等使用再生水的地点若离再生水的水源较近，则可以节省一部分资金，否则需要在再生水厂与使用者之间建造新的输配设施，这样成本就会更高一些。

除管线建造、设备购置需要投入大量资金外，设备运行、维护及更换都需要资金投入。因此，再生水系统实际支出往往高于预算成本，这些成本一般被计入再生水的使用费中，通常以用水量或按月定额计算。但考虑污水处理的需求，一些地区仍鼓励消费者低价或免费使用再生水。此外，影响成本的因素还有再生水系统运行后有可能出现的用水量减少导致的生产规模缩小，且当饮用水或再生水给水系统隶属于不同运营部门，将大大降低收入。因此，投资再生水系统之前，应该对各种经济因素进行全面的调研。

（1）再生水回用的经济性

①再生水回用给水系统建设费用低廉。与远距离引水相比，输水管路方面具有绝对优势。跨流域调水是一项耗资巨大的给水工程，是从丰水流域向缺水流域调节，对环境破坏严重。对污水再生回用而言，水源的获得基本上是就地取水，既不需要远距离引水的巨额工程投资，也无须支付大笔的水资源费用，省却了大笔输水管道建设费用和输水电费，水源成本较低。

②再生水给水系统运行费用经济。再生水厂与污水处理厂相结合，省去了许多相关的附属建筑物，如变配电系统、机修车间、化验室等。同时，再生水厂的反冲洗系统和污泥处理也可并入二级处理厂的系统之内，从而大大降低了日常运行费用。再生水厂与二级处理厂合作办公，可以节约许多管理人员，减轻了经济上的负担，提高了人力资源的有效利用率。

③再生水被视为"第二水源"。再生水可以适当收取费用，从而带动污水处理厂的良好运行和维持财政收支平衡。长期以来，不仅是我国，即使是在发达国家，污水处理

费用也是相当昂贵的。如何有效、经济地提高污水处理的质量和效率，污水再生回用是被世界公认的唯一途径。从市场经济的角度考虑，污水再生回用时的污水变成"产品"或"商品"，使得公益事业开始向经营单位转变，可大大激发污水处理厂的活力。通过出售"再生水"这一产品，得到一部分收益，用于补贴污水处理的部分费用，使得污水这一资源进入市场，污水处理厂的运行进入生产 —— 销售 —— 生产的良性循环。

④再生水回用的潜在经济效益。污水回用提供了新水源，减少了新鲜水的取用量和市政管道的污水量，这样可以改善城市排水设施的投资运行环境和自然水环境，从而使整个城市的生态环境都趋于更加健康，带动旅游业、房地产业逐步升温，由此带来不可估量的经济效益。

（2）建设实施再生水回用工程的可行性分析

计划投资再生水系统时，首先要进行成本效益分析，比较使用再生水与新鲜淡水之间的成本与收益的差异。如将每年特质水的生产量换算为需求减少或者供应增加，根据所得的结果再次考查各种方案的优劣，做出正确选择。这些方案也包含部分反映生活质量、环境等的影响因素。

成本效益分析的重点是考察工程对各种用户类型（如工业、商业、居民、农业）的经济影响。其重要性在于，从终端利用的角度分析对多个再生水工程备选方案的市场销售情况，具体考察备选方案中再生水供应的成本与新鲜淡水供应的成本，在水资源充裕和匮乏时水需求与价格之间的关系，以评价项目是否经济可行。作为百年供水工程的一部分，随着供水量的增加，再生水系统比传统的污水处理更为经济。

此外，还须考虑利益分配问题。使用再生水能延缓或取消给水系统和污水处理系统的扩建。当用户从延缓扩建给水系统中受益时，现有和将来的用户都将共同承担部分再生水成本。相似的分析方式也适用于其他问题，如采用较为严格的污水排放标准时，用户可以从延缓或取消污水处理系统的扩建中受益，部分再生水成本同样也被要求由现有和将来用户共同承担。最后对建造和运行所需的再生水设备是否有充足的经济来源进行可行性分析。

第四章 农业水资源保护利用

第一节 水资源保护

一、水污染特征分析

（一）水体中污染物的来源

依据《中华人民共和国水污染防治法》，水污染是指水体因某种物质的介入，而导致其化学、物理、生物或者放射性等方面特性的改变，从而影响水的有效利用，危害人体健康或者破坏生态环境，造成水质恶化的现象。

人类活动的影响和参与，引起天然水体污染的物质来源，称为污染源。它包括向水体排放污染物的场所、设备和装置等（通常也包括污染物进入水体的途径）。一般来说，形成水体污染物质的来源主要包括以下几个方面。

1. 工业废水

工业废水指的是工业企业排出的生产中使用过的废水，是水体产生污染的最主要的污染源。工业废水的量和成分是随着生产及生产企业的性质而改变的，一般来说，工业废水种类繁多、成分复杂、毒性污染物最多、污染物浓度高，难以净化和处理。工业废水大多未经处理直接排向河渠、湖泊、海域或渗排进入地下水，且多以集中方式排泄，为最主要的点污染源。

2. 生活污水

生活污水是人们日常生活产生的各种污水的总称，它包括由厨房、浴室、厕所等场所排出的污水和污物。其来源除家庭生活污水外，还有各种集体单位和公用事业等排出的污水。生活污水源主要来自城市，其中99%以上是水，固体物质不到1%，多为无毒的无机盐类（如氯化物、硫酸盐、磷酸和 Na、K、Ca、Mg 等重碳酸盐）、需氧有机物（如纤维素、淀粉糖类脂肪、蛋白质和尿素等）、各种微量金属（如 Zn、Cu、Cr、Mn、Ni、Pb 等）、病原微生物及各种洗涤剂。生活污水一般呈弱碱性，pH值为7.2～7.8。

3. 农业污水

农业污水包括农业生活污水、农作物栽培牲畜饲养、食品加工等过程排出的污水和液态废物等。在作物生长过程中喷洒的农药和化肥，含有氮、磷、钾和氨，这些农药、化肥只有少部分留在农作物上，绝大多数都随着农业灌溉、排水过程及降雨径流冲刷进入地表径流和地下径流，造成水体的富营养化污染。除此之外，有些污染水体的农药的半衰期（指有机物分解过程中，浓度降至原有值的一半时所需要的时间）相当长，如长期滥用有机氯农药和有机汞农药，污染地表水，会使水生生物、鱼贝类有较高的农药残留，加上生物富集，如食用会危害人类的健康和生命。牲畜饲养场排出的废物是水体中生物需氧量和大肠杆菌污染的主要来源。农业污水是造成水体污染的面源，它面广、分散，难以收集、难以处理。

4. 大气降落物（降尘和降水）

大气中的污染物种类多，成分复杂，有水溶性和不溶性成分、无机物和有机物等，它们主要来自矿物燃烧和工业生产时产生的二氧化硫、氮氧化物碳氢化合物以及生产过程排除的有害、有毒气体和粉尘等物质，是水体面源污染的重要来源之一。这种污染物质可以自然降落或在降水过程中溶于水中被降水夹带至地面水体内，造成水体污染。例如，酸雨及其对地面水体的酸化等。

5. 工业废渣和城市垃圾

工业生产过程中所产生的固体废弃物随工业发展日益增多，其中冶金、煤炭、火力发电等工业排放量大。城市垃圾包括居民的生活垃圾、商业垃圾和市政建设、管理产生的垃圾，这些工业废渣和城市垃圾中含有大量的可溶性物质或在自然风化中分解出许多有害的物质，并大量滋生病原菌和有害微生物，绝大多数未经处理就任意堆放在河滩、湖边、海滨或直接倾倒在水中，经水流冲洗或随城市暴雨径流汇集进入水体，造成水体污染。

6. 其他污染源

油轮漏油或者发生事故（或突发性事件）引起石油对海洋的污染，因油膜覆盖水面使水生生物大量死亡，死亡的残体分解可造成水体再次污染。

（二）水污染的分类

1. 按照污染物的性质分类

水污染可分为化学型污染、物理型污染和生物型污染三种主要类型。化学型污染是指随废水及其他废弃物排入水体的酸、碱、有机污染物和无机污染物造成的水体污染。物理型污染包括色度和浊度物质污染、悬浮固体污染、热污染和放射性污染。色度和浊度物质来源于植物的叶、根、腐殖质、可溶性矿物质、泥沙及有色废水等；悬浮固体污染是生活污水、垃圾和一些工农业生产排放的废物泄入水体或农田水土流失引起的；热污染是将高于常温的废水、冷却水排入水体造成的；放射性污染是开采、使用放射性物质，进行核试验等过程中产生的废水、沉降物泄入水体造成的。生物型污染是将生活污水、医院污水等排入水体，随之引入某些病原微生物造成的。

2. 按照污染源的分布状况分类

水污染可分为点源污染和非点源污染。点源污染就是污染物由排水沟、渠、管道进入水体，主要指工业废水和生活污水，其变化规律服从工业生产废水和城镇生活污水的排放规律，即季节性和随机性。非点源污染，在我国多称为面源污染。污染物无固定出口，是通过降水、地面径流的途径进入水体。面源污染主要指农田径流排水，具有面广、分散、难以收集、难以治理的特点。据统计，农业灌溉用水量约占全球总用水量的 70%。随着农药和化肥的大量使用，农田径流排水已成为天然水体的主要污染来源之一。

3. 按照受污染的水体分类

按照受污染的水体分类，可以分为①河流污染。②湖泊、水库的污染。③地下水污染。

二、水功能区划分

我国江、河、湖、库水域的地理分布、空间尺度有很大差异，其自然环境、水资源特征、开发利用程度等具有明显的地域性。对水域进行的功能划分能否准确反映水资源的自然属性、生态属性、社会属性和经济属性，很大程度上取决于功能区划体系（结构、类型、指标）的合理性。水功能区划体系应具有良好的科学范畴、解释能力，在满足通用性、规范性要求的同时，类型划分和指标值的确定与我国水资源特点相结合，是水功能区划的一项重要的标准性工作。

遵照水功能区划的指导思想和原则，通过对各类型水功能内涵、指标的深入研究、综合取舍，我国水功能区划采用两级体系，即一级区划和二级区划。

水功能一级区分四类，即保护区、缓冲区、开发利用区和保留区；水功能二级区划在一级区划的开发利用区内进行，共分七类，包括饮用水源区、工业用水区、农业用水区、渔业用水区景观娱乐用水区、过渡区和排污控制区。一级区划宏观上解决水资源开发利用与保护的问题，主要协调地区间关系，并考虑发展的需求；二级区划主要协调用水部门之间的关系。

水功能区划的一级划分在收集分析流域或区域的自然状况、经济社会状况、水资源综合利用规划以及各地区的水量和水质的现状等资料的基础上，按照先易后难的程序，依次划分规划保护区、缓冲区和开发利用区及保留区。二级区划则首先确定区划的具体范围，包括城市现状水域范围和城市规划水域范围，其次收集区域内的资料，如水质资料、取水口和排污口资料、特殊用水资料（鱼类产卵场、水上运动场）及城区规划资料，初步确定：二级区的范围和工业、饮用、农业、娱乐等水功能分布，最后对功能区进行合理检查，避免出现低功能区向高功能区跃进的衔接不合理现象，协调平衡各功能区位置和长度，对不合理的功能区进行调整。

（一）水功能一级区分类及划分指标

1. 保护区

保护区指对水资源保护、饮用水保护、生态环境及珍稀濒危物种的保护具有重要意义的水域。

具体划区依据：①源头水保护区，即以保护水资源为目的，在主要河流的源头河段划出专门涵养保护水源的区域，但个别河流源头有城镇，则应划分为保留区；②国家级和省级自然保护区范围内的水域；③已建和规划水平年内建成的跨流域跨省区的大型调水工程水源地及其调水线路，省内重要的饮用水源地；④对典型生态、自然生境保护具有重要意义的水域。

2. 缓冲区

缓冲区指为协调省际、矛盾突出的地区间用水关系；协调内河功能区划与海洋功能区划关系；以及在保护区与开发利用区相接时，为满足保护区水质要求需划定的水域。具体划分依据：跨省、自治区、直辖市行政区域河流、湖泊的边界水域，省际边界河流、湖泊的边界附近水域；用水矛盾突出地区之间水域。

3. 开发利用区

开发利用区主要指具有满足工农业生产、城镇生活、渔业、娱乐和净化水体污染等多种需水要求的水域和水污染控制、治理的重点水域。

具体划分依据：取（排）水口较集中，取（排）水河长较大的水域，如流域内重要城市江段具有一定灌溉用水量和渔业用水要求的水域等。开发利用程度采用城市人口数量取水量、排污量、水质状况及城市经济的发展状况（工业值）等能间接反映水资源开发利用程度的指标，通过各种指标排序的方法，选择各项指标较大的城市河段，划为开发利用区。

4. 保留区

保留区指目前开发利用程度不高，为今后开发利用和保护水资源而预留的水域。该区内水资源应维持现状不受破坏。

具体划区依据：受人类活动影响较少，水资源开发利用程度较低的水域；目前不具备开发条件的水域；考虑到可持续发展的需要，为今后的发展预留的水域。

（二）水功能二级区分类及划分指标

1. 饮用水源区

饮用水源区指城镇生活用水需要的水域。功能区划分指标包括人口、取水总量、取水口分布等。具体划区依据：已有的城市生活用水取水口分布较集中的水域，或在规划水平年内城市发展设置的供水水源区；每个用水户取水量需符合水行政主管部门实施取水许可制度的细则规定。

2. 工业用水区

工业用水区指城镇工业用水需要的水域。功能区划分指标包括工业产值取水总量、取水口分布等。具体划区依据：现有的或规划水平年内需设置的工矿企业生产用水取水点集中的水域；每个用水户取水量需符合水行政主管部门实施取水许可制度的细则规定。

3. 农业用水区

农业用水区指农业灌溉用水需要的水域。功能区划分指标包括灌区面积、取水总量、取水口分布等。具体划区依据：已有的或规划内需要设置的农业灌溉用水取水点集中的水域；每个用水户取水量需符合水行政主管部门实施取水许可制度的细则规定。

4. 渔业用水区

渔业用水区指具有鱼、虾、蟹、贝类产卵场、索饵场、越冬场及洄游通道功能的水域，养殖鱼、虾、蟹、贝、藻类等水生动植物的水域。功能区划分指标：渔业生产条件及生产状况。具体划区依据：具有一定规模的主要经济鱼类的产卵场、索饵场、洄游通道，历史悠久或新辟人工放养和保护的渔业水域；水文条件良好，水交换畅通；有合适的地形、底质。

5. 景观娱乐用水区

景观娱乐用水区指以景观、疗养、度假和娱乐需要为目的的水域。功能区划分指标：景观娱乐类型及规模。具体划区依据：休闲、度假、娱乐，运动场所涉及的水域，水上运动场，风景名胜区所涉及的水域。

6. 过渡区

过渡区指为使水质要求有差异的相邻功能区过渡衔接而划定的区域。功能区划分指标：水质与水量。具体划区依据：下游用水要求高于上游水质状况；有双向水流的水域，且水质要求不同的相邻功能区之间。

7. 排污控制区

排污控制区指接纳生活、生产污废水比较集中，所接纳的污废水对水环境无重大不利影响的区域。功能区划分指标有排污量、排污口分布。具体划区依据：接纳污废水中污染物可稀释降解，水域的稀释自净能力较强，其水文、生态特性适宜于作为排污区。

三、污染源调查和预测

（一）污染源的调查

1. 污染源调查的目的和内容

在环境科学的研究工作中，把污染源环境和人群健康看成一个系统。污染源向环境中排放污染物是造成环境问题的根本原因，污染源排放污染物质的种类数量、方式、途径及污染源的类型和位置，直接关系到它危害的对象、范围和程度。污染源调查就是要了解、掌握上述情况及其他有关问题。通过污染源调查，可以找出一个工厂或一个地区的主要污染源和主要污染物，资源、能源及水资源的利用现状；为企业技术改造、污染治理、综合利用、加强管理指出方向；为区域污染综合防治指出防治什么污染物，在哪防治；为区域环境管理、环境规划、环境科研提供依据。因此，污染源调查是污染综合防治的基础工作。污染源调查的内容丰富而广泛，按污染源分类的不同和调查目的不同，可分为工业污染源调查、农业污染源调查、生活污染源调查和交通污染源调查，也可分为大气污染源调查、水污染源调查和噪声污染源调查等。水体污染源的调查是控制水体污染和保护水资源的重要环节。调查内容随污染源的分类而不同。

在进行一个地区的污染源调查，或某一单项污染源调查时，都应进行自然环境背景调查和社会背景调查。根据调查的目的不同及项目不同，可以有所侧重。自然背景包括地质、地貌、气象、水文、土壤和生物，社会背景调查包括居民区、水源区、风景区、名胜古迹、工业区、农业区和林业区。

（1）面污染源调查

①水体所在流域内地表径流的数量，经地表径流带入水体内污染物的种类和数量。②水体水面大气降水的数量及经大气降水（包括降尘）带入水域内污染物的种类和数量。③水域内化肥、农药使用情况，农田灌溉后排出水体的数量及所含污染物的种类、浓度。④水域内地下水流入水体的数量及挟带污染物的种类和浓度。⑤水域内的村镇等生活状况，直接或间接排入水体的人、畜用水的数量及携带污染物的种类和浓度。

（2）点源污染源调查

①排污口的地理位置及分布。②污水量及其所含污染物的种类、浓度或各种污染物的绝对数量。③排污方式：污水是经过污水处理厂后排入水体还是未经处理直接排入水体。是岸边排放还是送入水体中间排放；是明渠排放还是管道排放等。④排放规律：是稳定排放还是非稳定排放；是连续排放还是间断排放，以及间断的时间、次数等。⑤排污对水体环境的影响：污染物进入水体后对浮游植物、浮游动物、鱼贝等水生生态系统的影响及对周围居民身体健康的影响（直接或间接）等。

（3）工业污染源调查

工业污染源调查的主要内容是企业所在地的地理位置、地形地貌、四邻状况及所属环境功能区（如商业区、工业区、居民区、文化区、风景区、农业区林业区及养殖区等）的环境现状；企业名称、规模、厂区占地面积、水源类型、供水方式、工艺流程、生产水平、水平衡、堆渣场位置、企业环境保护机构名称、环境保护管理机构编制、环境管理水平、工艺改革、治理方法、治理规划或设想等；反映污染物种类、数量、成分、性质、排放方式、规律、途径、排放浓度、排放量、排放口位置、类型、数量、控制方法、历史情况以及事故排放等。

（4）生活污染源调查

生活污染源主要指住宅、学校、医院、商业及其他公共设施。它排放的主要污染物有：污水、粪便、垃圾、污泥、废气等。调查内容包括城市总人数、总户数、流动人口、人口构成、人口分布、密度、居住环境；城市集中供水（自备水源）、不同居住环境每人用水量、办公楼、旅馆、商店、医院及其他单位的用水量，下水道设置情况（有无下水道、下水去向）；垃圾种类、成分，数量，垃圾场的分布，输送方式、处置方式、处理站自然环境、处理效果、投资、运行费用、管理人员和管理水平。

（5）农业污染源调查

农业是环境污染的主要受害者，由于它施用农药、化肥，当施用不合理时也产生环境污染，自身也受害。调查内容有农药品种，使用剂量、方式、时间，施用总量年限，有效成分含量（有机氯、有机磷、汞制剂、砷制剂等）；化肥的品种、数量、使用方式、使用时间，农作物秸秆、牲畜粪便、农用机油渣；汽车、拖拉机台数、耗油量、行驶范围和路线、其他机械的使用情况等。

（6）水污染事故调查

大量高浓度污水排入水体，有毒物质大量泄漏或翻沉进入水体，以及其他易出现或突发性水质恶化的事件，都属于水污染事故。一般水污染事故由当地水环境监测中心协同有关部门进行调查，应调查发生的时间、水域、污染物数量、人员受害和经济损失情况。重大水污染事故应调查事故发生的原因、过程，采取的应急措施，处理结果，事故直接、潜在或间接的危害，社会影响，遗留问题和防范措施等。跨地、市和重大水污染事故由省水环境监测中心协同有关部门进行调查或经授权由省级水环境监测中心组织调查；跨省河流和重要江河干流发生水污染事故由流域水环境监测中心组织调查。此外，对污染事故可能影响的水域，应组织实施监视性监测；对大污水团集中下泄造成的污染事故，当地水环境监测中心应跟踪调查和监测。

（7）污染物入河量调查

入河排污口是指直接排入水功能区水域的排污口。由排污口进入功能区水域的废污水量和污染物量，统称废污水入河量和污染物入河量。以入河排污口为调查对象，调查的主要内容为入河排污口的分布、位置、类型，对应污染源的名称、污染源距入河排污口的距离、入河排污口的废污水入河量和主要污染物（污水量、COD、BOD、pH 值、SS、氨氮、挥发酚、总氮、总磷、汞、镉及区域特征污染物，其中污水量、COD 和氨氮为必选项）排放量等。重点分析流经大城市的河段和水域的入河排污口及其排污情况。

2. 污染源调查程序

根据污染源调查的目的和要求，先制订出调查工作计划、程序、步骤、方法，一般污染源调查可分为三个阶段：准备阶段、调查阶段、总结阶段。

准备阶段：明确调查目的、制订调查计划、做好调查准备（组织准备、资料准备、分析准备、工具准备）、确定好调查试点（普查试点、详查试点）。

调查阶段：生产管理调查、污染物治理调查、污染物排放情况调查、污染物危害调查和生产发展调查。其中，污染物排放情况调查包括污染源种类、排放量、排放方式、释放规律等方面的内容。

总结阶段：数据处理、建立档案、评价、文字报告和污染源分布图。

3. 调查方法

污染源的调查，一般可采用点面结合的方法，分为详查和普查两种。详查是对重点污染源调查；普查是对区域内所有的污染源进行全面调查，但各类污染源应有各自的侧重点。同类污染源中，应选择污染物排放量大、影响范围广、危害程度大的污染源作为重点污染源。

普查工作一般多由主管部门发放普查表，以填表方式进行。对于调查表格，可以依据特定的调查目的自行制定。进行一个地区的污染源调查时，要统一调查时间、调查项目、调查方法、标准和计算方法。

详查一般在普查之后进行，在做详查时，应派调查小组蹲点到详查单位进行调查，详查的工作内容从广度和深度上，都超过普查。重点污染源对一个地区的污染影响较大，要认真调查好。

（二）水污染源预测

污染源预测，就是对未来某个水平年或几个水平年污染源所排放的污染物的特性、排污量、污染物种类及浓度等指标，做出具体的估计。常用的预测方法有时间统计模型、弹性系统模型和投入产出模型等。由于预测范围不同，需要掌握资料的多少和准确度及选用的预测：方法与精度均不相同，视具体情况而定。

四、水资源保护的内容步骤和措施

（一）水资源保护的内容

水是人类生产、生活不可替代的宝贵资源。合理开发、利用和保护有限的水资源，对保证工农业生产发展，城乡人民生活水平稳步提高，以及维护良好的生态环境，均有重要的实际意义。

我国水资源总量居世界第六位，人均、耕地亩均占有水资源量却远低于世界平均水平。加上地区分布不均年际变化大、水质污染与水土流失加剧使水资源供需矛盾日益突出，加强水资源管理，有效保护水资源已迫在眉睫。

为了防止因不恰当地开发利用水资源而造成水源污染或破坏水源，所采取的法律、行政、经济、技术等综合措施，以及对水资源进行的积极保护与科学管理，称为水资源保护。水资源保护内容包括地表水和地下水的水量与水质的保护。一方面是对水量合理取用及其补给源的保护即对水资源开发利用的统筹规划、水源地的涵养和保护、科学合理地分配水资源、节约用水、提高用水效率等，特别是保证生态需水的供给到位；另一方面是对水质的保护，主要是调查和治理污染源，进行水质监测、调查和评价，制定水质规划目标，对污染排放进行总量控制等，其中按照水环境容量的大小进行污染排放总量控制是水质保护方面的重点。

（二）水资源保护的步骤

水资源保护的步骤是在收集水资源现状、水污染现状、区域自然、经济状况资料的基础上，根据经济社会发展需要，合理划分水功能区、拟定可行的水资源保护目标、计算各水域确保使用功能不受破坏条件下的纳污能力、提出近期和远期不同水功能区的污染物控制总量及排污削减量，为水资源保护监督管理提供依据。

（三）水资源保护工程措施

1. 水利工程措施

水利工程在水资源保护中具有十分重要的作用。通过水利工程的引水、调水、蓄水、排水等各种措施，可以改善或破坏水资源状况。因此，要采用正确的水利工程来保护水资源。

（1）调蓄水工程措施

通过江河湖库水系上一系列的水利工程，改变天然水系的丰、枯水期水量不平衡状况控制江河径流量，使河流在枯水期具有一定的水域来稀释净化污染物质，改善水体质量。特别是水库的建设，可以明显调节天然河道枯水期径流量，改善水环境状况。

（2）进水工程措施

从汇水区来的水一般要经过若干沟、渠、支河而流入湖泊、水库，在其进入湖库之前可设置一些工程措施控制水量水质。

（3）湖、库底泥疏浚

湖、库底泥疏浚是解决内源磷污染释放的重要措施，能将污染物直接从水体取出。但是又产生污泥处置和利用问题。可将疏浚挖出的污泥进行浓缩，上清液经除磷后打回湖、库中。污泥可直接施向农田，用作肥料，并改善土质。

2. 农林工程措施

（1）减少面源污染

在汇流区域内，应科学管理农田，控制施肥量，加强水土保持，减少化肥的流失。在有条件的地方，宜建立缓冲带，改变播种方式，以减少肥料的施用量与流失量。

（2）植树造林，涵养水源

植树造林，绿化江河湖库周围山丘大地，以涵养水源，净化空气，减少氮干湿沉降，建立美好生态环境。

（3）发展生态农业

建立养殖业、种植业、林果业相结合的生态工程，将畜禽养殖业排放的粪便有效利用于种植业和林果业，形成一个封闭系统，使生态系统中产生的营养物质在系统中循环利用，而不排入水体，减少对水环境的污染和破坏。积极发展生态农业，增加有机肥使用量，减少化肥施用量。

3. 市政工程措施

（1）完善下水道系统工程，建设污水 / 雨水截流工程

（2）建设城市污水处理厂并提高其功能

（3）城市污水的天然净化系统

4. 生物工程措施

利用水生生物及水生态环境食物链系统达到去除水体中氮、磷和其他污染物质的目的。其最大特点是投资省、效益好，且有利于建立合理的水生生态循环系统。

五、地表水资源保护

（一）水质标准

制定合理的水质标准是水资源保护的基础工作。保护水资源的目标，并非使自然水体处于绝对纯净状态，而是使受污染的水体恢复到符合当地经济发展最有利的状态，这就需要针对不同用途制定相应的水质标准。

水环境质量标准是根据水环境长期和近期目标而提出的、在一定时期内要达到的水环境的指标，是对水体中的污染物或其他物质的最高容许浓度所作的规定。除制订全国水环境质量标准外，各地区还参照实际水体的特点、水污染现状、经济和治理水平，按水域主要用途，会同有关单位共同制订地区水环境质量标准。按水体类型可分为地表水质量标准、海水质量标准和地下水质量标准等；按水资源的用途可分为生活饮用水水质标准、渔业用水水质标准、农业用水水质标准娱乐用水水质标准和各种工业用水水质标准等。由于各种标准制定的目的、适用范围和要求不同，同一污染物在不同标准中规定的标准值也是不同的。

（二）水质监测

1. 水质监测的目的

①对江、河、水库、湖泊、海洋等地表水和地下水中的污染因子进行经常性的监测，以掌握水质现状及其变化趋势。

②对生产、生活等废（污）水排放源排放的废（污）水进行监视性监测，掌握废（污）水排放量及其污染物浓度和排放总量，判别是否符合排放标准，为污染源管理提供依据。

③对水环境污染事故进行应急监测，为分析判断事故原因、危害以及制定对策提供依据。

④为国家政府部门制定水环境保护标准、法规和规划提供有关数据和资料。

⑤为开展水环境质量评价和预测预报及进行环境科学研究提供基础数据与技术

手段。

2. 水质监测的项目

监测项目受人力、物力、财力的限制，不可能将所有的监测项目都加以测定，只能是对那些优先监测污染物（难以降解、危害大、毒性大、影响范围广、出现频率高和标准中要求控制）加以监测。

（1）地表水监测项目

水温、pH 值、溶解氧、高锰酸盐指数、化学需氧量、五日生化需氧量、氨氮、总氮（湖、库）、总磷、铜、锌、硒、砷、汞、镉、铅、铬（六价）、氟化物、氰化物、硫化物、挥发酚、石油类、阴离子表面活性剂、粪大肠菌群。

（2）生活饮用水监测项目

肉眼可见物、色、臭和味、浑浊度、pH 总硬度、铝、铁、锰、铜、锌、挥发酚类、阴离子合成洗涤剂、硫酸盐、氯化物、溶解性总固体、耗氧量、砷、镉、铬（六价）、氰化物、氟化物、铅、汞、硒、硝酸盐、氯仿、四氯化碳细菌总数、总大肠菌群、粪大肠菌群、游离余氯、总 α 放射性、总 β 放射性。

（3）废（污）水监测项目

①在车间或车间处理设施排放口采样测定的污染物，包括总汞、烷基汞、总镉、总铬、六价铬、总砷、总铅、总镍、苯并（a）芘、总铍、总银、总 α 放射性、总 β 放射性。

②在排污单位排放口采样测定的污染物，包括 pH、色度、悬浮物、生化需氧量、化学需氧量、石油类、动植物油、挥发性酚、总氰化物、硫化物、氨氮氟化物、磷酸盐、甲醛、苯胺类、硝基苯类、阴离子表面活性剂、总铜总锌、总锰。

3. 水质监测断面布设

对于流经城镇和工业区的一般河流（污染区对水体水质影响较大的河流），监测断面可分对照断面、基本断面和削减断面三种布设。

（1）对照断面

布设在河流进入城镇或工业排污口前，不受本污染区影响的地方。

（2）基本断面（又称控制断面）

布设在能反映该河段水质污染状况的地方，一般设在排污口下游 500 ~ 1000 m 处。

（3）削减断面

布设在基本断面下游、污染物得到稀释的地方，一般至少离排污口下游 1500 m 处。

湖（库）采样断面应按水域部位分别布设在主要出入口，以及湖（库）的进水区、出水区、浅水区、中心区，或者根据水的用途在饮用取水区、娱乐区、鱼类产卵区等布设断面。

4. 采样位置、采样时间和采样频次

（1）采样位置

对于江、河水系的每个监测断面，当水面宽小于 50 m 时，只设一条中泓垂线；水面宽 50 ~ 100 m 时，在左右近岸有明显水流处各设一条垂线；当水面宽为 100 ~ 1000

m 时，设左、中、右三条垂线（中泓，左、右近岸有明显水流处）；当水面宽大于 1500 m 时至少要设置 5 条等距离采样垂线；较宽的河口应酌情增加垂线数。

在一条垂线上，当水深小于或等于 5 m 时，只在水面下 0.3 ~ 0.5 m 处设一个采样点；当水深为 5 ~ 10 m 时，在水面下 0.3 ~ 0.5 m 处和河底以上约 0.5 m 处各设一个采样点；当水深为 10 ~ 50 m 时，设三个采样点，即水面下 0.3 ~ 0.5 m 处一点，河底以上约 0.5 m 处一点，1/2 水深处一点；当水深超过 50 m 时，应酌情增加采样点数。对于湖、库，监测断面上采样点位置和数目的确定方法与河流相同，这里不再赘述。

（2）采样时间和采样频次

除特殊要求外，采样频数及采样时间规定如下：

河流基本站至少每月取样一次，最高、最低水位期间，应适当增加测量频率。辅助站则根据水质污染程度和丰、平、枯的水质特征，每年采样 6 ~ 12 次。专用实验站的采样次数由监测目的和要求确定。

湖泊（水库）一般每两个月采样一次。大于 100 km^2 的湖泊（水库），每年采样 3 次，布置在丰、平、枯水期。对污染严重的湖（库），按不同时期每年采样 8 ~ 12 次。

（三）地表水资源保护途径

1. 减少工业废水排放

①改革生产工艺。②重复利用废水。③回收有用成分。

2. 妥善处理城市及工业废水

采取上述措施后，仍将有一定数量的工业废水和城市污水排出。为了确保水体不受污染，必须在废水排入水体之前，对其进行妥善处理，使其实现无害化，不致影响水体的卫生性及经济价值。

废水中的污染物质是多种多样的，不能预期只用一种方法就能够把所有污染物质都去除干净。不论对何种废水，都往往需要通过几种方法组成的处理系统，才能达到处理的要求。按照不同的处理程度，废水处理系统可分一级处理、二级处理和深度处理等不同阶段。一级处理只去除废水中呈悬浮状态的污染物。废水经一级处理后，一般仍达不到排放要求，尚需进行二级处理，因此对于二级处理来说，一级处理是预处理。二级处理的主要任务是大幅度地去除废水中呈胶体和溶解状态的有机污染物。通过二级处理，一般废水能达到排放标准，但在处理后的废水中，还残存微生物不能降解的有机物和氮、磷等无机盐类。一般情况下，它们数量不多，对水体无大危害。深度处理是进一步去除废水中的悬浮物质、无机盐类及其他污染物质，以便达到工业用水或城市用水所要求的水质标准。

3. 对城市污水的再利用

随着工业及城市用水量的不断增长，世界各国普遍感到水资源日益紧张，因此开始把处理过的城市污水开辟为新水源，以满足工业农业、渔业和城市建设等各个方面的需要。实践表明，城市污水的再利用优点很多，它既能节约大量新鲜水，缓和工业与农业争水以及工业与城市生活争水的矛盾，又可大大减轻纳污水体受污染的程度。

（1）城市污水回用于工业

城市污水一般可回用于冷却水锅炉供水、生产工艺供水，以及其他用水，如油井注水、矿石加工用水、洗涤水及消防用水等，其中尤以冷却水最普遍。利用城市污水做冷却水时，应保证在冷却水系统中不产生腐蚀、结垢，以及对冷却塔的木材不产生水解侵蚀作用。此外，还应防止产生过多的泡沫。

（2）城市污水回用于农业

随着城市污水的大量增加，利用污水灌溉农田的面积也在急剧扩大。尽管污灌水都是经二级处理后的城市污水，但还是含有这样或那样的有害物质，如使用不当，盲目乱灌，也会对环境造成污染危害，甚至导致作物明显减产，或造成土壤污毒化、盐碱化，所以应根据土壤性质、作物特点及污水性质，采用妥善的灌溉制度和方法，并制定严格的污水灌溉标准。

（3）城市污水回用于城市建设

城市污水回用于城市建设，主要用作娱乐用水或风景区用水。在把处理过的城市污水用于与人体接触的娱乐及体育方面的用途时，必须符合相关标准，对水质的要求必须洁净美观，不含有刺激皮肤及咽喉的有害物质，不含有病原菌。

六、地下水资源保护、地下水污染特征

（一）地下水污染特征

1. 地下水污染过程缓慢，不易觉察

由于地下水存蓄于岩石、土壤空隙中，流速缓慢，污染物在地下水的弥散作用很慢，一般从开始污染到监测出污染征兆，要经过相当长时间。同时，污染物通过含水层时有部分被吸附和降解，从观测井（孔）取得的水样都是一定程度净化了的水样。这些都给地下水质的监测预报和控制带来很大困难。

2. 地下水污染程度与含水层特性密切相关

地下水埋藏于地下，其贮存、运动、补给、开采等过程都与含水层特性有密切关系，这些又直接影响到地下水污染状况的变化。地下含水层特性主要指它的水理性质，即容水性、给水性和透水性，而其中最主要的是透水性。含水层按透水性能可分为强透水和弱透水；按空间变化可分为均质和非均质；按透水性和水流方向的关系又可分为各向同性和各向异性。如污染源处于地下水流上游方向，且含水层透水性向下游方向越来越强，则污染物随补给进入地下后，可能向下游方向移动相当远的距离。如污染源处于地下水汇流盆地中心处，且含水层透水性很弱，则污染物不易向四周扩散，污染程度会日益加强。

3. 确定地下水污染源难，治理更难

由于地区间地质结构千差万别，岩石透水性的强弱不仅取决于空隙大小、空隙多少和形态，而且与裂隙、岩溶发育情况直接有关。可以说，污染物从污染源排出后进入地下水的通道是错综复杂的。附近的污染源可能由于坐落在不透水岩层上，而使所排的污染物难以进入地下水体；相反，较远处的污染源排出的污染物，可能通过岩层裂隙或地下溶洞很容易污染地下水域，这就给确定污染源带来较大困难，而且水量更替周期长，即使切断污染物补给源，吸附于含水层中的污染物，在一定时期内仍能污染流经其中的地下水。因此，可以说地下水一旦污染，很难治理。

（二）地下水污染的控制与治理

1. 加强"三废"治理，减少污染负荷

地下水中的污染物主要来源于工业"三废"（废水、废渣、废气）、城市污水和农业的污染（污水灌溉、农药、化肥的下渗），因此地下水污染的控制首先要抓污染源的治理。

第一，必须搞好污染源调查。在城市及工业企业地区主要查明有多少工厂，生产什么产品和副产品，生产过程使用什么化学药品，"三废"物质的成分、浓度、排放量，以及各工厂的"三废"处理措施及效果等。在农村，主要查明农药、化肥的用量及品种，耕地土质情况，灌溉水源的水质和渠道位置及集中积肥堆肥位置等。在矿区，应调查矿区范围、矿产品种及所含物质、矿渣堆放场及运输情况等。

第二，加强污染源治理。使污染物在排放前进行无害化处理，杜绝超标排放。在工矿企业中通过改革生产工艺，逐步实现无污染、少污染工艺或实行闭路循环系统，以最大限度减少排污负荷。对于超标排污的单位，要限期治理；在限期内不能治理的，应通过行政和法律手段，令其关、停、并、转。

第三，要防止新污染源的产生。对新建和扩建的建设项目，必须经过论证，有关部门审批，严格执行"三同时"（建设项目中防治污染的设施，必须与主体工程同时设计、同时施工、同时投产使用）原则和环境影响报告书制度。

2. 建立地下水监测系统

为掌握地下水动态变化和查明污染程度、范围、成分、来源危害情况与发展趋势，应在水源地及水源地周围可能影响地区，建立专门观测井孔，形成监测网，进行长期监测。

同时，还应经常观察周围污水排放、污水灌溉传染病发病等情况，目的是随时了解地下水质变化情况，以便及时采取必要的防污治污措施。

3. 加强对地下水资源开发的管理

当前，不少地区出现严重的水资源紧缺状况，地下水资源盲目开采、任意污染的现象相当普遍。为了有效地开发利用地下水资源，又要避免水质污染，并尽量预见未来发展和对策，必须加强对地下水资源的管理。

首先，要建立权威性水资源管理机构，实现水资源统一管理。过去，城建、水利、地质、环保等部门"多龙治水"局面，给地下水管理工作带来很大困难，必须理顺各部门间的关系，建立一个真正有权威的水资源管理机构，加强水资源保护的监督和协调作用。

其次，制定切实可行的地下水开发利用规划和水资源保护规划，对地下水的开发利用、防护与治理，实行科学管理、统筹安排、宏观调控，以达到既充分利用水资源，发挥其最大经济效益，又避免发生不良性后果的目的。

最后，增强法治观念，依法治水。目前，国家已颁布有《环境保护法》《水法》《水污染防治法》《海洋环境保护法》等有关法律，各地区也制定了一些法令、规定、实施细则等法律文件，给依法治水创造了良好条件。要做到有法必依，执法必严，违法必究。

第二节　水资源可持续利用

一、水资源可持续利用的概念和内涵

可持续发展是以人为本，以资源环境保护为条件，以经济社会发展为手段，谋求当代人和后代人的共同繁荣持续发展。据此，水资源可持续利用的概念是：在维持水资源的持续性和生态系统整体性的条件下，支持不同地区人口、资源、环境与经济社会的协调发展，满足代内与代际人生存与发展的用水需要。

根据水资源可持续利用的概念，其内涵主要包括以下几个方面：

第一，水资源可持续利用发展模式和途径与传统水利发展途径和对水的传统利用方式有本质性的区别。传统的水资源开发利用方式是经济增长模式下的产物，其特点是：只顾眼前，不顾未来；只顾当代，不顾后代；只重视经济基础价值，不管生态环境价值和社会价值。因此，造成了世界性的生态环境恶化，严重威胁人类的生存与发展。

第二，水资源可持续开发利用是在人口、资源、环境和经济协调发展战略下进行的，这就意味着水资源开发利用是在保护生态环境的同时，促进经济增长和社会繁荣，避免单纯追求经济效益的弊端，保证可持续发展顺利进行。

第三，水资源可持续利用目标明确指出要满足世世代代人类用水需求，这就体现了代内与代际之间的平等，人类共享资源环境和经济、社会效益的公平原则。

第四，水资源可持续利用的实施，应遵循生态经济学原理和整体、协调、循环与优化的思路，应用系统方法和高新技术，实现社会公平和高效发展。

第五，建设节约型社会是水资源可持续利用的出发点和落脚点，也是解决我国水资源短缺的最佳途径。合理用水、节约用水和污水资源化是开辟新水源和缓解供需矛盾的办法，也是水资源可持续利用的必由之路和最佳选择。

二、水资源可持续利用的原则

水资源作为自然资源的重要组成部分之一，其可持续利用是促进可持续发展的基本资源保证。在水资源可持续利用的过程中，应遵循以下的原则和衡量标准。

（一）区域公平原则

水资源开发利用涉及上下游、左右岸不同的利益群体，各利益群体间应公平合理地共享水资源。这些利益群体既可能包括国与国的关系，也可能包括省与省、市与市之间的关系。区域公平性原则在联合国环境与发展大会《里约环境与发展宣言》中被上升为国家间的主权原则，即：各国拥有按其本国的环境与发展政策开发本国自然资源的主权，并负有确保在其管辖范围内或在其控制下的活动不致损害其他国或在各国管辖范围以外地区的环境的责任。显然，国际河流和国际水体的开发应在此原则的基础上进行。而一个主权国家范围之内的流域水资源开发，则应在考虑流域整体利益的基础上，充分考虑沿河各利益群体的发展需求。

（二）代际公平原则

水资源可持续利用的代际公平是从时间尺度衡量资源共享的"公平"性。虽然水资源是可更新的，但水资源遭到污染和破坏后其可持续利用就不可能维系。因此，不仅要为当代，人追求美好生活提供必要的水资源保证，从伦理上讲，未来各代人也应与当代人有同样的权利提出对水资源与水环境的正当要求。可持续发展要求当代人在考虑自己的需求与消费时，也要为未来各代人的要求与消费负起历史的与道义的责任。

（三）需求管理原则

传统的水资源开发利用是从供给发展角度考虑的，认为需水的增长是合理的且是不可改变的，传统的水利发展和所有的管理工作是努力寻找和开发新的水源、贮水、输水和水处理工程，直到需水得到满足。需求管理原则并不排斥人们为了追求高标准生活质量对水的需求，更重要的是这种需求应在环境与发展的总框架下进行。因此，在水资源可持续利用中应摒弃传统水利的工程导向，从水资源合理利用的角度，通过各种有效的手段提出更合乎需要的用水水平和方式。

（四）可持续利用原则

水资源可持续利用的出发点和根本目的就是要保证水资源的永续、合理和健康地使用。一切与水有关的开发、利用、治理、配置、节约、保护都是为了使水资源在促进社会、经济和环境发展中发挥应有的作用。水资源和水生态环境是资源和环境系统中最活跃和最关键的因素，是人类生存和持续发展的首要条件。可持续发展要求人们根据可持续性的条件调整自己的生活方式，在不破坏生态环境的范围内确定自己的消耗标准。

三、水资源可持续利用评价

水资源可持续利用评价是，以区域自然环境、经济社会发展相互作用关系为基础，对不同阶段水资源开发利用所导致的生态过程、经济结构、社会组成的动态变化进行评价，揭示区域水资源可持续利用的程度，提出水资源开发利用的方向，是一个具有方向性的评判过程。其方法是，通过对区域水资源影响因素和供需情况的分析，建立相应的评判指标体系及等级评价模型，将众多的评价指标转化为单个综合指标，进而判断区域水资源可持续利用的程度。

（一）水资源可持续利用指标体系的构建

1. 水资源可持续利用的影响因素

根据 Bossel 可持续发展影响因素分析，水资源可持续利用的影响因素可归纳为如下几个方面：

（1）极限需水量（C1）

极限需水量指在一定的时空尺度、经济技术水平和生态环境保护目标下，社会经济、环境发展所需求的最小需水量，其计算式为：

$$需水量 = 农业需水 + 工业需水 + 城市需水 + 生态与环境需水$$

（2）水资源储量的有限性（C2）

水资源是在天然水循环系统中形成的一种动态资源，总是处在不断地开采补给消耗和恢复循环中，某一时期，如果消耗水量超过该时期的水量补给量，则会造成一系列的环境问题。因此，水循环过程是无限的，水资源的储量是有限的。

（3）水资源承载力（C3）

水资源承载力即在未来的时间尺度上，一定生产条件下，在保证正常的社会文化准则和物质生活水平下，在一定区域用直接或间接方式表现的资源所能持续供养的人口数量，表明了在某一历史发展阶段水资源可能达到的最大承载能力。

（4）水环境容量（C4）

在水环境容量对污染物自净同化能力允许的范围之内，通过合理的开发利用方式，有效地提高水环境承载力对人类各种生产活动的支持程度，最终使之产生最佳的社会与环境综合效益。

（5）社会制度和经济发展（C5）

一定的社会制度、政治制度都会影响对水资源可持续的接受。经济发展的速度决定了水资源的消耗对水环境的影响。

（6）伦理价值（C6）

一定社会的文化价值、伦理标准影响水资源的公平分配。

（7）水资源工程管理体制（C7）

水资源工程是为可持续发展提供供水的设施，工程的好坏和管理体制直接影响着水资源系统的供水。

（8）科学技术（C8）

随着科学技术的进步，通过节约用水，提高工程的安全保障和水的利用率，减少环境污染，进而提高水资源的可持续性。

2. 水资源可持续利用指标体系的建立

水资源可持续发展以经济的可持续发展为前提，以社会的可持续发展为目标，以生态环境和水资源的可持续利用为基础，因此应从水资源、社会经济以及生态环境这三个子系统之间的物质流量和相互影响来构建水资源可持续利用评价指标体系。根据上述水资源可持续利用的影响因素，将水资源可持续利用的评价指标分为由目标层、准则层、约束层和指标层构成的层次体系，其中目标层由准则层反映，准则层由约束层描述，约束层再细化为具体的指标层加以体现。

目标层设立"水资源可持续利用程度"，它是水资源系统发展水平与经济、社会、环境协调程度的体现，综合反映水资源可持续利用程度；准则层设立"水资源开发利用""社会经济"和"生态环境"三个方面，充分考虑了水资源、社会经济和生态环境对水资源可持续利用的影响。

3. 水资源可持续利用指标的评价标准

为了定量表达水资源可持续利用状态，将其划分为高（Ⅰ级）、较高（Ⅱ级）、中（Ⅲ级）、较低（Ⅳ级）、低（Ⅴ级）五个级别，单项指标标准值也按此级别分别确定。Ⅰ级对水资源可持续利用非常有利，表明水资源开发利用还有很大潜力可以挖掘；Ⅴ级对水资源可持续利用非常不利，表明水资源开发利用已经接近极限，需要寻找新的水源或进一步提高用水效率及强化节水；其他级别则属中间状态。水资源可持续利用指标的评价标准是评价的准绳，但目前国内外还没有公认的可持续利用标准和方法。

（二）水资源可持续利用评价模型

1. 指标权重的确定

权重是以某种数量形式对比、权衡被评价事物总体中诸因素相对重要程度的量值。它既是决策者的主观评价，又是指标本身物理属性的客观反映，是主客观综合度量的结果。权重主要取决于两个方面：一是指标本身在决策中的作用和指标价值的可靠程度；二是决策者对该指标的重视程度。指标权重的合理与否在很大程度上影响综合评价的正确性和科学性。

目前，确定指标权重的方法大致分为三类，即主观赋权法、客观赋权法和组合赋权法。主观赋权法，根据决策者（专家）对指标的重视程度来确定指标权重，其权重数据主要根据经验和主观判断给出，如层次分析法（AHP）二元对比法和专家调查法（Delphi法）等。

客观赋权法，其权重数据由各指标在被评价过程中的实际数据处理产生，如主成分分析法、熵权法和多目标规划法等。这两类方法各有其优缺点，主观赋权法的各项指标权值由专家根据个人的经验和判断主观给出，实施简便易行但易受主观因素影响，具有较大的主观性、随意性；客观赋权法的主观性较小，但所得权值受参加评价的样本制约，有时不同的样本集得出的评价结果差别较大，并且同一组数据在不同的计算方法下得到的结果也不尽相同。因此，融合主、客观权重的组合赋权法随之产生。组合赋权法，其权重数据由主、客观权重有机结合，既能体现人的经验判断，又能体现指标的客观特性。组合赋权法主要有乘法组合权重法、加法组合权重法、线性加权法和多属性决策赋权法等。

2. 评价方法

目前，水资源可持续利用的评价方法主要包括：定性分析法；系统评价法；综合评价方法，包括主成分分析法和因子分析法；协调度法；模糊综合评价法；灰色聚类评价法。其中，模糊综合评价法是模糊数学所提供的解决模糊现象的评估问题的一种数学模型。一般而言，影响区域水资源可持续利用的因素是多方面的，等级划分本身具有中间过渡不分明性或者说相邻等级之间的界限具有模糊性，加之评价指标体系本身是多级的。

四、水资源可持续利用措施

影响区域水资源可持续利用的因素很多，提高水资源可持续利用的措施也就应有针对性。因此，应在评价结果中，确定影响一个区域水资源可持续利用的主要指标，针对这些指标采取应对策略。在此，针对我国水资源利用的现状提出水资源可持续利用的措施。

（一）实施最严格的水资源管理制度

1. 严格用水总量控制

中央一号文件中明确提出，到 2030 年全国用水总量控制在 7000 亿 m^3 以内。为实现总量控制目标，必须实行严格管理措施。

（1）严格规划管理和水资源论证

开发利用水资源，应当符合主体功能区的要求，按照流域和区域统一制定规划，充分发挥水资源的多种功能和综合效益。建设水工程，必须符合流域综合规划和防洪规划，由有关水行政主管部门或流域管理机构按照管理权限进行审查并签署意见。加强相关规划和项目建设布局水资源论证工作。国民经济和社会发展规划以及城市总体规划的编制、重大建设项目的布局，应当与当地水资源条件和防洪要求相适应。严格执行建设项目水资源论证制度，对未依法完成水资源论证工作的建设项目，审批机关不予批准。

（2）严格控制流域和区域取用水总量

加快制订主要江河流域水量分配方案，建立覆盖流域和省、市、县三级行政区域的取用水总量控制指标体系，实施流域和区域取用水总量控制。各地要按照江河流域水量分配方案或取用水总量控制指标，制订年度用水计划，依法对本行政区域内的年度用水实行总量管理。建立健全水权制度，积极培育水市场，鼓励开展水权交易，运用市场机制合理配置水资源。

（3）严格实施取水许可和水资源有偿使用

严格规范取水许可审批管理，对取用水总量已达到或超过控制指标的地区，暂停审批建设项目新增取水；对取用水总量接近控制指标的地区，限制审批建设项目新增取水。合理调整水资源费征收标准，扩大征收范围，严格水资源费征收、使用和管理标准。完善水资源费征收、使用和管理的规章制度，严格按照规定的征收范围、对象、标准和程序征收，并合理地将水资源费用于水资源节约、保护和管理中。

（4）严格地下水管理和保护

加强地下水动态监测，实行地下水取用水总量控制和水位控制。要核定并公布地下水禁采和限采范围。在地下水超采区，禁止农业、工业建设项目和服务业新增取用地下水，并逐步削减超采量，实现地下水采补平衡。深层承压地下水原则上只能作为应急和战略储备水源。依法规范机井建设审批管理。

2. 严格用水效率控制

针对用水效率低下、用水浪费的现象，国家提出建立用水效率控制制度，明确到2030年用水效率达到或接近世界先进水平，万元工业增加值用水量降低到 40 m³ 以下，农田灌溉水有效利用系数提高到 0.6 以上。加强用水效率控制的主要措施包括以下几个方面。

（1）全面加强节约用水管理

各级政府要切实履行推进节水型社会建设的责任，把节约用水贯穿于经济社会发展和群众生活生产全过程，建立健全有利于节约用水的体制和机制，稳步推进水价改革。各项引水、调水、取水、供用水工程建设必须首先考虑节水要求。水资源短缺、生态脆弱地区要严格控制城市规模过度扩张，限制高耗水工业项目建设和高耗水服务业发展，遏制农业粗放用水。

（2）强化用水定额管理

加快制定高耗水工业和服务业用水定额国家标准。要根据用水效率控制红线确定的目标，及时组织修订各行业用水定额。对纳入取水许可管理的单位和其他用水大户实行计划用水管理，强化用水监控管理。新建、扩建和改建建设项目应制订节水措施方案，保证节水设施与主体工程的"三同时"制度（同时设计、同时施工、同时投产）。

（3）加快推进节水技术改造

加大农业节水力度，完善和落实节水灌溉的产业支持技术服务、财政补贴等政策措施，大力发展管道输水、喷灌、微灌等高效节水灌溉。加大工业节水技术改造，建设工业节水示范工程；充分考虑不同工业行业和工业企业的用水状况和节水潜力，合理确定节水目标。加大城市生活节水工作力度，大力推广使用生活节水器具，着力降低供水管网漏损率。鼓励并积极发展污水处理回用、雨水和微咸水开发利用、海水淡化和直接利用等非常规水源开发利用。将非常规水源开发利用纳入水资源统一配置。

3. 严格实行水功能区限制纳污

针对水质污染严重的局面，国家提出了水资源保护的目标，确立水功能区限制纳污红线。到 2030 年将主要污染物入河湖总量控制在水功能区纳污能力范围之内，水功能区水质达标率提高到 95% 以上。为实现这个目标，必须采取以下严格措施。

（1）严格水功能区监督管理

完善水功能区监督管理制度，建立水功能区水质达标评价体系，加强水功能区动态监测和科学管理。从严核定水域纳污容量，严格控制入河湖排污总量。切实加强水污染防控，加强工业污染源控制，加大主要污染物减排力度，提高城市污水处理率，改善重点流域水环境质量，防治江河湖库富营养化。严格入河湖排污口监督管理，对排污量超出水功能区限排总量的地区，限制审批新增取水和入河湖排污口。

（2）加强饮用水水源保护

要依法划定饮用水水源保护区，开展重要饮用水水源地安全保障达标建设。禁止在饮用水水源保护区内设置排污口，对已存在的，政府部门应责令限期拆除。加强水土流失治理，防治面源污染，禁止破坏水源涵养林。强化饮用水水源应急管理，完善饮用水源地突发事件应急预案，建立备用水源。

（3）推进水生态系统保护与修复

开发利用水资源应维持河流合理流量和湖泊、水库以及地下水的合理水位，充分考虑基本生态用水需求，维护河湖健康生态。加强重要生态保护区、水源涵养、江河源头区和湿地的保护，开展内源污染整治，推进生态脆弱河流和地区水生态修复。定期开展全国重要河湖健康评估，建立健全水生态补偿机制。

（二）强化水资源统一调度，提高防洪抗旱能力

1. 强化水资源统一调度，优化水资源配置格局

流域管理机构和地方人民政府水行政主管部门要依法制订和完善水资源调度方案、应急调度预案和调度计划，对水资源实行统一调度。区域水资源调度应当服从流域水资源统一调度，水力发电、供水、航运等调度应当服从流域水资源统一调度。从"需求管理"的原则出发，优化水资源战略配置格局，在保护生态前提下，加快建设一批骨干水源工程和河湖水系连通工程，提高水资源调控水平和供水保障能力，增加水资源可利用量，实现洪水资源化。

2. 加快河流综合治理

大江大河的防洪安全是水资源可持续利用的基础，故需提高大江大河的防洪标准，其主要措施是：建设流域防洪控制性水利枢纽，提高调蓄洪水的能力；加快城市防洪排涝工程建设，提高城市排洪标准；推进海堤建设和跨界河流整治。加快中小河流治理是完善防洪减灾体系的迫切需要，故需从完善我国江河防洪体系、确保防洪安全的高度，加快中小河流治理，提高防洪能力，保障人民群众生命财产安全和经济社会可持续发展。

3. 提高防汛抗旱应急能力

完善防洪抗旱统一指挥、分级负责、部门协作、反应迅速、协调有序、运转高效的应急管理机制。加强监测预警能力建设，整合资源，提高雨情汛情旱情预报水平。建立

专业化与社会化相结合的应急抢险救援队伍，健全应急抢险物资储备体系，完善应急预案。建立一批规模合理、标准适度的抗旱应急水源工程，建立应对特大干旱和突发水安全事件的水源储备制度。

（三）加强水资源管理的保障措施

1. 健全政策法规和社会监督机制

完善水资源配置、节约、保护和管理等方面的政策法规体系，健全水资源执法机构和队伍。广泛深入开展基本水情宣传教育，强化社会舆论监督，进一步增强全社会水忧患意识和水资源节约保护意识，形成节约用水、合理用水的良好风尚。大力推进水资源管理科学决策和民主决策，完善公众参与机制，采取多种方式听取各方面意见，进一步提高决策透明度。对在水资源节约、保护和管理中取得显著成绩的单位和个人给予表彰奖励。

2. 建立水资源管理责任和考核制度

要将水资源开发、利用、节约和保护的主要指标纳入地方经济社会发展综合评价体系，地方人民政府主要负责人对本行政区域水资源管理和保护工作负总责。国务院对各省、自治区、直辖市的主要指标落实情况进行考核，水利部会同有关部门具体组织实施，考核结果作为地方人民政府相关领导干部和相关企业负责人综合考核评价的重要依据。有关部门要加强沟通协调，水行政主管部门负责实施水资源的统一监督管理，发展改革、财政、国土资源、环境保护、住房城乡建设、监察、法制等部门按照职责分工，各司其职，密切配合，形成合力，共同做好水资源管理工作。

3. 完善水资源管理体制

进一步完善流域管理与行政区域管理相结合的水资源管理体制，切实加强流域水量与水质、地表水与地下水、供水与排水等的统一规划、统一管理和统一调度。强化城乡水资源统一管理，对城乡供水、水资源综合利用、水环境治理和防洪排涝等实行统筹规划、协调实施，促进水资源优化配置。

4. 完善水资源管理投入机制

要拓宽投资渠道，建立长效、稳定的水资源管理投入机制，保障水资源节约、保护和管理工作经费，对水资源管理系统建设、节水技术推广与应用、地下水超采区治理、水生态系统保护与修复等给予重点支持照顾。中央和地方财政应加大对水资源节约、保护和管理的支持力度。

第三节　农业水资源可持续利用

一、农业水资源可持续利用的内涵、原则与路径

（一）农业水资源可持续利用的内涵

水资源是农业长期稳定发展的基础，在农业高速发展过程中，农业用水需求量也越来越高，加剧了农业用水供需矛盾。为解决这一问题，需将可持续发展理念贯彻于农业用水实践中，构建完善的农业节水机制。具体来讲，农业水资源可持续利用指的是依据相关政策，科学管理农业水资源，对各个产业中水资源的分配比重进行调整，应用一系列现代化可持续利用技术，在满足当代人需求的基础上，避免对未来的水资源利用产生不良影响。

（二）农业水资源可持续利用的基本原则

第一，开发与保护并重。在开发利用农业水资源时，一方面要充分考虑农业生产的实际需求，制订开发利用计划；另一方面要考虑自然资源的承受能力，严格遵循自然发展规律，避免出现过度开发等问题，以切实保护水资源的可再生与修复功能。第二，节约用水。农业水资源供需失衡问题的出现，很大一方面原因在于水资源浪费严重。以传统灌溉模式为例，在水资源输送以及喷洒的过程中，皆会消耗掉大量的水资源。同时，部分农户不能够准确把握灌溉量与灌溉次数，导致过量的水资源无法完全被作物吸收，这样就形成了严重的水资源浪费问题。因此，要将节约用水原则贯穿于农业水资源开发利用全过程中，通过提高农业水资源的利用效率，有效缓解农业水资源的供需矛盾。第三，因地制宜。不同地区的自然条件具有差异化，且农业发展特征各不相同。因此，在开发利用农业水资源时，需充分考虑当地的具体情况、发展潜力等，科学制定农业水资源可持续利用策略，促使策略方案的可行性、实用性得到保证。例如，部分地区农业水资源短缺问题主要由水资源季节性差异所导致，因此在制订农业水资源可持续利用方案时，需将水利基础设施建设作为重点，蓄积雨季降雨资源，用于旱季农田灌溉中。而一些地区农业水资源短缺由水环境污染所导致，则要将污染治理作为工作的重点，统筹治理农业面源污染、生活污染等，逐步改善农业水环境。

（三）农业水资源可持续利用的基本路径

为使农业水资源可持续利用目的得以实现，可从以下几个方面着手。第一，控制水资源使用。为提高农业水资源使用效率，需科学评测各个地区、不同作物的实际用水需求。同时，充分考虑当地的水资源情况与环境的承受能力，严格控制水资源的使用，保

证用水方式合理，禁止用水量超出环境承载力。第二，防控水污染。现阶段水环境污染问题较为严重，导致农业水资源供需矛盾进一步加剧。因此，要积极引入现代化技术，优化农业生产模式，严格管控污水排放，逐步改善农业水环境。第三，调整农业发展模式，推进农业产业结构转型升级。传统粗放型的农业生产模式容易造成严重的水资源浪费问题，如部分农户长期沿用大水漫灌技术，不能够积极应用滴灌、微灌等一系列现代化灌溉技术，导致在灌溉过程中浪费掉大量宝贵的水资源。因此，应逐步构建节水型现代化农业发展模式，加快节水型社会构建步伐。相关部门需向民众积极推广符合当地农业需求的节水农业技术，升级改造农业基础设施，更加科学高效地利用农业水资源。

二、农业水资源可持续利用与保护策略

（一）统筹开发利用，缓解供需矛盾

针对农业水资源供需矛盾突出的问题，要统筹利用各类水资源，保证农业水资源的总供给量稳定。第一，利用非常规水。非常规水替代策略主要是利用现代技术处理受污染的水资源或尚未得到合理利用的水资源，经过处理后将这部分水资源用于农业生产领域。例如，在具体实践中，积极完善污水处理设施，引入先进的污水处理技术，对城市、农村产生的污水进行高效处理，之后应用于农田灌溉中，从而提高水资源利用率。第二，利用地表水。由于地表水的取用难度较小，已成为农业灌溉的主要用水类型。针对农业水资源不足的现状，要全面调研、了解地区河湖分布情况，将河流、湖泊及水库水等各类地表水资源充分利用起来。同时，科学管理与监测蓄水工程，加大水库、河道的兴建力度，经常开展加固清淤等工作，促使水库等水利工程的蓄水量得到提高，将其防洪抗旱作用全面发挥出来。第三，开发地下水。通过开发利用地下水资源，天然降水不足的现状能够得到有效缓解。但要注意的是，如果过度开发地下水资源，将容易出现地下水资源危机。因此，在开发利用实践中，需协调统一开采、管理与保护之间的关系，牢牢坚持适度开发的原则，避免出现过度开采等不良情况。

（二）推进污染治理，保护农业水资源

近年来，自然水体受污染的情况日益严重，进一步激化了农业水资源的供需矛盾。因此，相关部门需制订完善的水资源污染防治方案，科学阻控，截断水污染来源，逐步改善自然水体环境。针对工业废水与生活污水造成的污染，需依据相关政策法规，严格监督管理污水流域的上下游，构建完善的水资源水质监测体系，动态了解流域水质状况，及时发现与治理水污染问题。如果企业等主体出现随意排放污水等行为，且造成了严重的后果，要依据相关法律法规进行处罚。同时，综合利用电视、广播、网络等一系列形式向民众广泛宣传水污染的危害，增强民众的水资源保护意识，避免随意排放未经处理的废水与污水。针对农业生产造成的水源污染问题，需积极推进化肥、农药减量化行动，探索与研发新型农业投入品、无公害生产技术等，对化肥、农药等有害投入品的使用量进行严格限制。此外，积极开展污水资源化利用工作，引导辖区企业在分类处理与排放

各类污水的基础上，建设污水循环利用系统，二次利用废水、污水，这样既可以控制水污染问题，又能够提高水资源的利用效率。

（三）发展节水农业，提高水资源利用效率

为促使农业水资源短缺及水资源浪费问题得到解决，需加快节水型农业的发展步伐。第一，调整种植结构。综合考虑地区环境条件与耕作制度，扩大节水型作物的种植面积，引导农民群众逐步构建节水型作物种植结构。第二，推广节水浇灌技术。目前，一些民众在农业灌溉实践中主要采用大水漫灌等形式进行浇灌，导致水资源遭到严重浪费。针对这种情况，相关职能部门需加大节水浇灌技术推广力度，积极推广应用膜下微灌、喷灌等一系列节水技术，逐步扩大节水灌溉的覆盖面积，遏制农业浇灌环节所造成的水资源浪费问题。由于这些节水技术前期需投入一定的成本，为缓解地方民众的经济压力，政府部门也可推行针对性的扶持政策，给予农户适当的经济补贴，以调动民众应用节水技术的积极性。第三，建设农田水利设施。一方面能够增强农业对干旱、洪涝等自然灾害的抵抗能力，另一方面能够高效分配和利用不同季节的雨水资源。因此，相关部门需增加资源投入，推进农田水利设施建设工作稳步开展。同时，要积极改造、维护现有的水利设施，做好加固清淤等工作，提高水利设施的蓄水量，充分发挥水利设施的防洪抗旱功效。

（四）完善节水机制，遏制水资源浪费

第一，增强民众的节水意识。目前，社会公众的生态文明意识显著增强，但部分人员在农业生产中依然容易出现农业水资源浪费行为，不符合可持续发展的要求。针对这种情况，需对农业节水的重要性进行广泛宣传，促使公众的节水意识、节水素质等得到提升。在具体实践中，要综合利用传统媒体、新媒体等，扩大宣传工作的覆盖面，鼓励民众在农业生产中自觉践行节水要求，主动转变农业灌溉模式，积极应用现代化的节水灌溉技术，促使农业水资源浪费问题得到根本性解决。第二，完善水权价格机制。借鉴与学习国外先进的水权制度经验，对我国的水权制度进行逐步完善，如区别管理地表水资源与地下水资源等。在制定水权机制时，要充分考虑各类水资源的总体存储量、开采难度等因素，科学划分有限的水资源，制定取水界限，避免出现过度开采问题。在制定农业用水水价时，要重点关注农民群众的收入状况、支付能力等，合理设定水价。同时，为提升水资源分配的合理性，需在采用行政干预手段的基础上，引入市场调节机制，完善水权交易市场。这样能够在不同地区有效转移水资源，促使水资源分布不均衡问题得到解决。

三、对节水农业的思考

（一）树立可持续发展的观念

针对水资源危机，要从思想出发，建立生态经济型环境水利模式，并且要对水资源进行开发、利用和保护，并且需要工程措施与非工程措施一起实行，使得农业用水的经

济效益和生态效益相统一，并把水资源可持续利用的生态指标全面推广，从而促进节水农业的发展。

（二）因地制宜地选择和推广节水技术

当下我们国家已经在部分地区成功地实施了节水技术，也具备了一定的推广条件，但是要进行有选择地把传统农业技术和现代节水技术相融合，逐渐形成可适合当地农业条件的节水措施体系，并进行大力的推广。比如在山区修建小水库和输水管道，发展管灌和自压喷灌等技术，实现节水灌溉的目的。

（三）改革水利工程设施的经营管理体制

深化水利工程设施管理体制改革，可以有效改善水利工程设施的使用效率低、浪费用水等难题，也是发展节水农业和实现水资源可持续性利用的关键。首先需要建立有效的经营管理体制，按照市场的需求，对责、权、力关系进行明确划分，并且还要实现多种经营模式共同发展的形式，形成稳定的自我发展循环体系；其次要建立水资源的有偿使用机制，对农业用水进行一定的收费，把水进行商品化经营；最后建立限制供水和节约用水的鼓励机制，根据农民本身的实际状况进行合理的实施与推广。

（四）对水资源实行科学调控

农业水资源科学调控的指导思想就是利用生物工程、水利工程、化学工程等技术手段，科学地对地下水有效的转化，并且尽可能地改善土壤结构，为农作物创造适宜的生存环境。

第五章 农田灌溉与排水

第一节 灌水技术和灌水方法

一、地面灌溉法

地面灌溉法是指灌溉水通过地面渠道系统或地下管道系统输送到田间，水流在田块表面形成薄水层或细小的水流向前移动，通过土壤毛细管作用和重力作用渗入土壤中的灌水方法。这种灌水方法，设备较为简单，成本低，便于掌握运用，是我国目前采用最为广泛的一种灌水方法。地面灌溉法又可分为畦灌法、沟灌法和淹灌法三种形式。

（一）畦灌法

畦灌法是密播窄行旱田作物以及某些菜田通常采用的一种灌水方法，其特点是在灌溉土地上，用土埂隔成一块一块的畦田，灌水时，从灌水沟引水入畦，水流在畦面上形成很薄的水层，沿着畦内坡度方向向前流动，借助水的重力作用，在流动过程中下渗湿润土壤。

畦灌法的好处是：水流依次在畦田内流动，易于控制，有利于提高土壤湿润均匀程度和灌溉水的利用系数；入畦流量小，不至于冲刷土壤、冲走肥料和淹坏作物，有利于保土、保水、保肥；灌水效率较高，节省水量，节约劳力。只是畦块不宜太大，若畦块过大，土地不平整，则灌水时入畦流量易过大，易发生水、土、肥流失，土壤结构遭受破坏，土壤湿润不均匀等现象。

畦田规格即畦田的长短和大小，视土壤性质、地面坡度及耕作水平等因素而定。一般来说，土壤渗透性强、地面坡度大、耕作水平精细的地区，畦田宜窄些、短些；反之，土壤透水性弱、地面坡度小、耕作水平较粗放的地区，畦田则可宽些、长些。在井灌区，一般耕作细致，入畦流量小，畦田宜窄一些；在引水自流灌区，入畦流量大，畦田可稍宽、稍长一些。畦田宽度还应考虑与当地耕作机具相适应，应为耕作机具宽的整倍数，以便于进行机械化作业。目前，我国大多数引水自流灌区的畦田规格是：畦宽 3 ~ 6 m，畦长 50 ~ 100 m，入畦单宽流量 2 ~ 5 L/s。井灌区的畦田规格是：畦宽 0.8 ~ 1.5 m，畦长 3 ~ 10 m。

畦田的布置主要是根据地块形态、地面坡向、田间渠道网以及农作物的种植方向而定。按照地面坡向布置有两种方法：一种是畦块长边与等高线垂直或斜交，在土地较平、坡度大体一致的田块上通常采用这种布置法；另一种是畦田长边与等高线平行，这种布置法一般是在地面坡度稍大的地块上采用，其好处是可以在不过分缩短畦长的情况下，避免土壤冲刷流失。

根据田间输水沟对畦田的控制情况，有单面灌水和两面灌水两种布置形式。单面灌水法即田间的输水沟只向一边的畦田供水，这种形式宜在地面坡度稍大的地区采用。两面灌水法即田间的输水沟可同时向两边的畦田供水，这种形式宜在地面坡度小、地面较平整的地区采用。

对于地形复杂、地面起伏不平、坡度陡、平地工作量大的山坡地，则应因地制宜地确定灌溉畦田的规格和布置形式，并采取适合当地具体条件的措施，进行合理灌溉。

采用畦灌法灌溉，除须平整好土地，修好田间工程，合理地确定畦田规格和布置畦田方向外，还须掌握畦灌技术。在一般情况下，灌水时宜从输水垄沟末端的畦田开始，由下而上依次灌水为好；若是两面灌水，则视人力安排及垄沟流量大小，同时对开两畦灌水，或由上而下先灌一侧，再由下而上灌另一侧。水流入畦后，要注意掌握封口改畦的时间，一般在坡度较大、土壤透水性弱的畦田，当水流到全畦长的 70% ~ 80% 时，即堵住畦口，停止放水，并改灌另一畦；在坡度小、土壤透水性强的畦田，当水流到全畦长的 80% ~ 90% 时停水改畦。这样可以防止畦田末端积水或水灌不到末端。若停水过早，畦田末端得不到水；若停水过晚，则会发生畦田末端积水、跑水，造成水量浪费，这样均会影响灌水质量。为了做到灌水均匀，不发生冲刷土壤现象，还要掌握好引入每块畦田的流量，一般当地面坡度大、土壤透水性弱、畦田较长时，入畦单宽流量（即平均每米畦宽引入的流量，以 L/s 表示）应小些；反之，当地面坡度小、土壤透水性强、畦田较短时，入畦单宽流量可略大些。

为了提高灌水效率，在灌水时，可采用一些简易的灌水工具，如灌水管、活动挡水板、活动放水槽等。

灌水管。由垄沟向畦田分水时使用，管子可用铁皮、竹木、陶瓷、塑料或橡胶等原材料制作，埋置于垄沟边埂下面，也可做成虹吸管形状。

活动挡水板。按照输水垄沟断面形态，用铁片或木板制作，用于调节或阻挡垄沟水流，便于改换畦口，避免挖土堵水。

活动放水槽。当垄沟与畦面高程相差较大时，采用挖明口放水易造成冲刷，使用活动放水槽置于引水口处，则可防止冲刷、决口。

（二）沟灌法

沟灌法是棉花、玉米、甘蔗等宽行距作物较好的一种灌水方法。它是在作物的行间开挖灌水沟，灌溉水流从输水垄沟引入灌水沟后，水流沿着灌水沟流动，在流动过程中，依靠毛细管作用和重力作用，向沟的两侧及沟底入渗而润湿土壤。沟灌法的优点是：地面不板结，能保持较好的团粒结构和表土疏松，土壤中空气状况良好，有利于充分发挥水、肥效能，提高土壤肥力；能有效地控制和掌握水量，水分入渗均匀，地面蒸发量相对减少，可节约灌溉用水量，据观测，在相同的土壤条件下，沟灌比畦灌可节省水量1/3左右；灌水效率也比畦灌和大小漫灌高。此外，结合开沟培土，有利于防风抗倒伏，在多雨季节，灌水沟还可起到排水作用。

灌水沟的布置和规格通常是根据作物行距、土壤性质、地面坡度等情况确定的。灌水沟的间距主要取决于作物的行距，一般为 50 ~ 70 cm。若作物行距小于 50 cm，则不便于开沟。若实行密植，可缩小株距，不宜缩小行距，以免不好开沟，且有碍于田间通风透光。灌水沟的断面一般呈三角形、梯形或半椭圆形，上口宽 30 ~ 45 cm，沟深 15 ~ 20 cm，开沟入土深为 7 ~ 10 cm。灌水沟的长度主要取决于地面坡度和土壤性质，地面坡度大、土壤透水性弱，沟内水流速度较快，沟可以长些；反之，地面坡度小、土壤透水性强，沟内水流速度较慢，沟应短些。在一般情况下，透水性强的沙性土壤，沟长以 30 ~ 50 m 为宜；透水性弱的黏性土壤，沟长以 60 ~ 100 m 为宜。如果地块过长，可适当增设腰沟，截短沟长，以利灌溉。

灌水沟的田间布置形式通常采用的有直形沟和方形沟。直形沟适用于土壤透水性较强、地面较为平坦的地段，沟长以 50 ~ 60 m 为宜。方形沟适用于地面坡度较大的地段，在灌水前先把长沟开好，然后将长沟用土埂分割成若干段短沟组，每组若干条短沟为一方，沟的长度视地面坡度而定，通常为 5 ~ 20 m，每隔 4 ~ 5 条沟留一长沟，作为输水垄沟用，再用腰沟将各短沟组与输水垄沟相连接。

进行沟灌时，要掌握好入沟流量和灌水技术，流入每条灌水沟的流量以 0.2 ~ 1 L/s 为宜，地形平坦、土壤透水性强的地段，入沟流量可稍大些。沟中水深一般为沟深的 1/3 ~ 2/3，水流至沟长的 80% ~ 90% 时封口改沟，防止漫沟、串沟和沟尾大量积水的情况发生。

有些地区在棉田灌溉中，采用细流沟灌和隔沟灌的方法，效果良好。所谓细流沟灌，就是入沟的流量小，通常为 0.1 ~ 0.5 L/s，沟中水深不超过沟深的 1/5 ~ 2/5，细小的水流在沟中缓慢流动，主要借助于毛细管作用浸润土壤。细流沟灌灌水均匀，对于保持土壤的团粒结构较为有利。隔沟灌是隔一沟灌一沟，而不是每条沟都灌，宜在作物需水少的生长阶段或地下水位高的地区采用。隔沟灌用水量小，在降雨量较多、变率大的地区或季节，可以减少降雨与灌水重复而造成的不良影响。

提高沟灌质量，关键在于控制好入沟流量。控制入沟流量的方法：一是利用虹吸管从垄沟中引水入灌水沟，避免在垄沟渠岸上开口；二是利用灌水管，在每一条（组）灌水沟与输水垄沟连接的地方埋设一条管子，水从管中流入灌水沟，管子周围用湿土压实，防止漏水；三是利用灌水板，灌水板中间开一圆形或方形小口，孔径为 3 ~ 4 cm，安放在灌水沟沟头，孔口与灌水沟沟底齐平，以免水流冲刷沟底；四是利用八字沟，即从输水垄沟垂直开一短沟，然后在短沟末端向两侧开一八字形小沟，八字沟和灌水沟连通，每条八字沟控制灌水沟 7 ~ 9 条，灌水时先给边沟放水，待水流到沟长的 1/3 左右处时再向中间的灌水沟放水，以免各沟进水不均。

近年来，在国外，基于节约生产成本的要求，农业机具不断加大，条田面积也相应加大，小者 400 ~ 500 亩，大者 700 ~ 800 亩，乃至上千亩。为了便于大型机具作业和节约沟渠占地，采取了废弃田间系统的做法，向垂直于田边输水渠开横越整块田面宽度的长沟，结合在整地作业中，一次完成。从田边输水渠以虹吸管或埋管引水入沟，进行长流水灌溉。

（三）淹灌法

淹灌法是水稻田普遍采用的灌溉方法。它是在灌溉地段上用土埂划分成格田，灌水时将水引入格田，在格田表面保持一定的水层，并借重力作用自上而下地湿润土壤。水稻田在实施淹灌过程中，主要是根据水稻生长情况和需水要求，及时调节和控制淹灌水层，做到水层深浅均匀，晒田及时，排水便利，多余的水量能及时排出。

水稻格田的布置形式有两种：一种是串灌串排式，格田与格田相通，水由输水垄沟进入上一块格田后，经过田埂上的进水口流入相邻的格田，排水时上一格田的水流经下一格田，然后流入排水沟；另一种是单灌单排式，每一块格田都"自立门户"，有各自的进水口和排水口，可直接从输水沟引水，排水时直接排入排水沟。

水稻田串灌串排是一种落后的灌排方式，它常易造成肥料流失，水温、土温低，影响禾苗的发育和生长。同时，格田之间灌、排相连，互相影响，不利于每块格田根据各自的具体情况及时进行中耕和排水晒田。因此，大力改革串灌串排的灌水方式，代之以单灌单排的灌水方式，是促进水稻获得增产的一项有效措施。但在流水放淤的引流淤灌中，它却是一种有利于有效利用水沙资源的方法。

水稻格田的大小一般根据地形条件、土壤性质、农业耕作技术水平而定，同时要考虑到便于田间管理和施肥；使用机械耕作的地区，格田的形态和田块大小要与机械作业相适应。地面平坦、土壤透水性弱的地区，格田可以大些；地形变化大、土壤透水性强的地区，格田可以适当小些。格田田面要平整，高低差不超过 5 cm。格田田埂要修筑牢固坚实，避免漏水或垮塌形成串灌。江苏省苏州地区是我国著名的水稻高产区，水稻栽培技术较高，田间灌排系统比较健全，格田规格一般是：长 100 m，宽 20 m，每块面积 3 亩左右，适宜于小型农业机械耕作并便于田间管理。在我国北方土壤透水性较强的地区，格田田块较小，如宁夏回族自治区引黄灌区，水稻格田面积为 1 ~ 1.5 亩。实践表明：格田过大，对田面平整程度要求较高，田间管理和追施肥料不大方便；格田过小，修筑田埂用工多，占用土地也较多，有碍于机械耕作。因此，各地应从当地的具体情况出发，合理地确定格田的规格。在农业机具不断加大的情况下，国外对稻田的规格也在不断放大，有的达到 1 hm² 以上。

二、地下渗灌法

地下渗灌是利用埋在农田地表下面的渗水管道，灌溉水通过管顶面上的土壤的毛细管作用，自下向上润湿作物根系活动层内的土层，供作物吸收利用。对于干旱缺水地区，这是一种省水、增产较好的灌溉方法。其好处是：灌溉时不破坏土壤表层结构，灌水后地面不板结龟裂，土壤通气状况良好，有利于土壤微生物活动，促使肥料转化和吸收利用；灌水方便，节省劳力，减少灌水地段上平整土地及修筑灌水沟畦的工作量；减少地面蒸发量和地下深层渗漏量，能节约水量和能源，降低灌溉成本；减少田间输水沟渠和畦埂占地，并有利于机械耕作。据观测，小麦、棉花生长期灌水每次灌水定额为 15 ~ 20 m3/ 亩，比沟、畦灌省水 50% ~ 70%。但是，在地下敷设管道需要材料多，单位面积造价高，长期运用管道易于淤塞，发生故障难以修理，灌溉后表土湿润均匀度较差，影响出苗整齐。

地下渗灌按其供水方式分壅水式和流入式两类。壅水式渗灌借助渗水沟抬高灌水地段下的地下水位，以湿润上层土壤，灌水完毕后再将地下水位降低。例如，我国一些地区的沟渔台田，在灌溉时抬高台田四周沟中的水位以湿润土壤，就是属于这一类渗灌方式。流入式渗灌是将灌溉水引入敷设在农田地表下面的设施，利用水头压力和毛细管作用，浸润土壤。

流入式地下灌溉系统由输水部分和渗水部分组成。输水部分修成明渠或暗渠，渗水部分是暗管。渗水暗管根据充水情况可分为无压和有压两种。无压灌暗管未被水充满，水深为管径的 1/2 ~ 2/3；有压灌暗管中充满了水，管壁四周承受一定的水头压力。埋设地下灌溉管道以不影响作物大部分根系生长为原则，埋设密度及埋设深度取决于土壤质地、水头大小、管道透水性能等情况。

（一）合瓦管地下灌

用两块瓦合成椭圆形断面，或用三块瓦合成近似三角形断面。埋设前先平整土地，然后按埋设深度开挖明沟。明沟挖成后将沟底夯实，再铺上一层碾破的玉米秆和高粱秆，防止土壤沉陷。沟底坡度以 0.1% ~ 0.3% 为宜。下层瓦片紧密相连，上层瓦片隔 0.5 cm 左右间隙，以利渗水。瓦管左右两侧应捣实，瓦管上面铺一层麦秸秆，以防泥土掉入管内。在进水口处接一根圆管通向输水渠。合瓦管地下灌的缺点是埋设、拼接较费工，衔接缝多，处理不当容易形成深层渗漏。

（二）陶土管（瓦管）地下灌

它是通过埋设在根系活动层底部的陶土管（瓦管）管壁上的微孔，使水渗入土壤，供作物吸收。管道内径根据埋管的深度而定，一般为 12 ~ 15 cm，管壁厚 2 cm。管道连接有套管接头、槽形接头、喇叭口接头、平接接头等形式，可因地制宜采用。暗管首端修分水垄沟，水从垄沟流入管道，暗管末端设排水口，以便排除管中积水。暗管管口与垄沟连接处捣实，以防水从垄沟中沿管的外壁流入，造成管壁外面土壤被淘空。

三、喷灌法

喷灌法是一种比较先进的灌水方法。它是利用水泵或水源的天然落差加压，通过管道、喷头将有压力的水喷射到空中并散成细小水滴，均匀地散布在田间，对作物进行灌溉。与地面灌相比，喷灌有如下一些优点：一是节约水量，不产生深层渗漏和地面径流，灌水量小，水的利用率高，比地面灌溉一般省水 30% ~ 50%，在沙性土壤中，可省水 60% ~ 70%。二是增加产量，喷灌灌水均匀，易于控制土壤水分，有利于改善土壤中的气、热、养分和微生物状况，同时可以调节田间小气候，增加近地表层湿度，这都对作物增产有利；玉米、棉花、大豆等作物采用喷灌，一般可比沟、畦灌增产 10% ~ 30%，蔬菜喷灌产量可成倍增加。三是提高土地利用率，减少沟畦和田间渠道占地，扩大种植面积。四是节省劳力，减轻劳动强度，浇地劳动效率成倍增加，无须开沟、筑畦，对土地平整程度也要求不高，这方面的投工可大大减少。不足之处是设备投资、修理费用和运行成本均比地面灌高，灌溉时水泵加压增加能源消耗，遇 3 ~ 4 级以上大风时灌溉均匀度会大大降低，在空气相对湿度过低时，水滴在空中的蒸发损失较大。

喷灌系统由水源、动力、水泵、输水管道及喷头等组成，根据喷灌系统各部分可移动的程度分为固定式、半固定式和移动式三种形式。固定式喷灌系统的动力和水泵设置在泵站里，管道铺设在地下，喷头安装在竖管上，这种形式操作方便，生产效率高，占地少，利于自动化管理，但需要大量管材，投资较高。半固定式喷灌系统的动力、水泵和干管是固定的，喷头和支管可以移动，管子间有专门快速接头，便于搬移，这种形式的喷灌系统比固定式的造价低，但是如果工作条件差，移动支管劳动强度较大。移动式喷灌系统的动力、水泵、管道和喷头都是可以移动的，这种喷灌系统使用灵活，单位面积造价较低，但操作时劳动强度较大，路渠占地也较多。

喷灌系统的选择应根据经济能力、设备条件、作物种类、地形土质及水源等条件而定。经济价值高、灌水次数频繁的作物如茶叶、蔬菜等，可以考虑采用固定式或半固定式的喷灌系统；一般的大田作物或用水次数较少的作物，采用移动式或半固定式的喷灌系统较为适宜。

喷灌系统的规划布置主要是管路或渠系的布置以及喷头的选型与布置。

管路或渠系的规划布置应根据水源、风向和地形等条件，因地制宜，合理布局。在地势平坦地区，管路、渠道走向应纵横平直，干管（或农渠）尽可能与主风向垂直，以利于保持水压力均匀，并使喷头与主风向平行排列；在山区丘陵区，干管（或农渠）应沿着地面最大坡度方向或沿岭脊布置，以便于向两侧梯田布置支管（或毛渠）。支管间距应根据干管沿程压力变化来确定，并且配用不同压力的喷头。支管应与耕作方向平行布置，以便于喷头、管路的安装和移动。在整个喷灌管路或田间渠系中，应设置必要的控制设备，如在水泵的出水口和每条干、支管的进水口设置阀门；田间渠系除在农毛门分水口设置闸门外，喷灌机沿渠移动位置上还应设置节制闸门，以保持水泵吸水底阀有足够的淹没水源。

喷头又称喷水器，是喷灌机与喷灌系统的主要组成部分。通过喷头把有压的水喷射到空中散成细小的水滴，均匀地降落在灌溉地段上。喷头的结构、质量和效能直接影响到灌水质量。喷头的种类按工作压力区分，有低压喷头、中压喷头和高压喷头三大类。低压喷头一般流量小，射程短，喷灌强度较低，雾化程度较好，适于喷灌浅根蔬菜、苗圃、果园等；中压喷头流量射程适中，雾化程度较好，多适用于大田作物；高压喷头一般射程远，流量大，喷灌强度大，水滴也较大，适于喷灌草原。

喷头按其结构形式和水流形态，又可分为旋转式、固定式和孔管式三种。目前在农业生产上采用比较广泛的是中压旋转式喷头。

旋转式喷头也称作射流式喷头，一般由喷嘴、喷管、弯管、空心轴、套轴、转动机构、扇形机构和粉碎机构等部分组成。压力水流通过喷管和喷嘴，形成一股集中的水舌射出，在水舌内部涡流、空气阻力和粉碎机构的作用下，水舌被粉碎成细小的水滴，通过转动机构使喷管和喷嘴围绕竖轴缓慢旋转，使水滴均匀地喷洒、散落四周，形成一个半径等于喷头射程的圆形或扇形湿润面积。

固定式和半固定式喷灌多数是定点喷灌，合理布置支管、竖管及喷头对于提高喷灌质量有直接关系。其布置形式一般有全圆喷洒正方形布置形式、全圆喷洒三角形布置形式、扇形喷洒矩形布置形式、扇形喷洒三角形布置形式等。上述各种布置形式，以全圆喷洒三角形布置形式和扇形喷洒三角形布置形式较为合理，其重复喷洒面积较小，工作效率较高。

喷灌管道是喷灌系统主要设备之一，需要数量大，占用投资比重也较大。喷灌管道按材料区分为金属管材、塑料管材、脆硬性管材三类。金属管材使用年限较长，工作压力较大，成本高；塑料管材质量轻，便于移动，耐腐蚀，寿命较长，但造价也高，膨胀系数大，性脆怕摔，受光热老化后，强度不稳定；脆硬性管材（包括陶瓷、水泥、玻璃管等）价格较便宜，耐腐蚀，寿命长，缺点是自重大，运输不方便，性脆易损坏，工作压力较低。目前在农业生产上使用金属管材及塑料管材较多。

喷灌管道的敷设和运用须注意如下事项：第一，支管埋入耕作层以下，干管埋深0.8～1.2 m，以利于防冻。第二，在固定管道的拐点处，要修建镇墩，以便将管道稳定，防止管道承受压力后拐点接口脱离或开裂。第三，接头要紧密，防止漏水，管路铺好后，立即通水试压，检查各接头及阀门运行情况，合格后再回填土，回填土时底层应分层夯实。第四，使用前冲洗管路，洗净后再装喷头，以免发生堵塞等故障。第五，压力管开始注水前，需将尾部排气阀打开，并将喷水支管上喷头立管阀门一并开启，以便排气，防止压缩气体将管道胀破，待管道充满水后，再关闭尾部排气阀，并调整阀门，防止压力过高造成管道爆裂。

四、滴灌法

滴灌法是一种新型的灌水方法，它是将水加压过滤，通过一系列的低压管路系统，使水一点一滴地浸润农作物根系附近的土壤，以满足农作物发育生长对水分的需要。滴灌的主要特点是：水滴缓慢地滴向作物根部，仅湿润根部附近的土壤，可以减少棵间蒸发损失，避免发生地表径流和渗漏，且具有显著的省水保墒效果；不破坏土壤结构，能使土壤保持良好的通气状况；通过滴灌系统结合施肥，能充分发挥肥效，节省施肥劳力；可使土壤表面和作物叶部的湿润度减少到最少，有利于减少病虫害；根部附近以外的土壤保持干燥，可以减少杂草生长，并有利于其他农活的操作；有明显的增产效果。滴灌虽有上述优点，但需用管材多，投资大，管道和滴头容易堵塞。

滴灌系统由控制首部、输水管路和滴头三部分组成。

控制首部通常设在供水水源处。控制首部包括水泵、压力表、肥料罐、过滤器及流量计等。水流经过水泵加压，进入肥料罐与化肥混合，然后经过过滤消除杂物，输送入管路系统。压力表是用来检查通过过滤器时的压差，用以估量过滤器的堵塞情况。滴灌系统工作压力一般为 0.1 ~ 0.3 MPa，采用低功率的离心水泵即可。肥料罐的容积一般为 50 ~ 100 L，先把肥料和水拌和，然后在一定压力下把含有肥分的水注入主管。过滤器中的滤网用铜丝或塑料丝做成，每平方厘米的孔数在 30 个以上，使用时过滤器应经常清洗，以防堵塞。流量计是测量进入输水管的水量。

管路系统包括主管、支管和毛管。主管、支管一般用硬聚氯乙烯管、软聚乙烯管、陶瓷管等材料，尽量避免用容易沉淀化学物的铁、铝或石棉管。毛管材料多采用掺有炭黑的中、高密度聚乙烯半软管，有的采用低密度聚乙烯管或聚丙烯管。管道布置一般是支管与主管相垂直，毛管和支管相垂直，毛管在支管两侧相对布置，以防滴头滴水不均匀。为防止老化，延长使用寿命，主管、支管一般埋在地下。毛管大部分铺在地面，直接与滴头相连。毛管布置应与作物耕作方向相平行，滴灌果树则与成排果树相平行。

滴头的作用是在压力的作用下，使水流经过微小的孔道，消去过多的水压，均匀各滴头的工作压力，使水呈点滴方式滴入土壤。滴头安装在毛管上，滴头间距取决于滴头流量、作物种类以及土壤透水性能等因素，一般为 0.5 ~ 1 m。滴头的类型繁多，目前我国采用的有管式滴头、插式滴头、孔口滴头和发丝孔口式滴头等。另有一种供宽行作物用的滴灌系统，毛管上没有滴头，毛管采用双壁软管，埋入土中，水从管壁小孔或微孔渗入土壤。

第二节 农田灌溉用水管理

一、农田灌溉对水质的要求

农田灌溉不仅对水源有数量的要求，同时有质量的要求。灌溉水源含盐量过高，会影响作物根系对水分的吸收，危及作物的正常生长，甚至会造成作物死亡；如果水源含有过量的有害元素，则不仅会污染土壤和地下水，而且会被作物所吸收，积贮在农产品中，人们长期食用含有有毒元素的农产品，健康会受到损害。因此，用于灌溉农田的水源水质日益引起人们的重视。许多国家对灌溉水质标准作出了必要的规定，对于超过水质标准的水源，未经处理，禁止用于农田灌溉。

目前，对于灌溉水源水质的要求，一般常用的有以下几项指标：

（一）水温

要求水温不超过 35 ℃。水稻苗期灌溉水温度高于 40 ℃时，出现危害。水稻生长发育的适宜水温为 28 ~ 32 ℃，最高忍受水温为 40 ~ 42 ℃。

（二）pH 值

pH 值是酸碱性指标。pH 值等于 7 的水是中性水，大于 7 的水是碱性水，小于 7 的水是酸性水。长期灌溉 pH 值低于 5.5 的水，土壤中硝化细菌受到抑制，硝化作用减弱，氮肥得不到充分释放，磷酸盐的肥效降低。在偏酸性条件下，土壤中的重金属毒物可溶性提高，易被作物吸收致害。长期灌溉 pH 值大于 8 的水，氮肥易被氧化，土壤中的钠离子开始活跃，对作物根系有抑制作用。

灌溉水偏酸或偏碱时，均可使作物直接受害。因此，灌溉水源 pH 值一般要求为 5.5 ~ 8.5。

（三）全盐量

在非盐碱化土壤中，当地下水位在临界深度以下时，采用全盐量小于 2000 mg/L 的水灌溉，对小麦、高粱、玉米、甘薯、棉花、黄豆等作物无不良影响，不会造成土壤次生盐碱化；采用全盐量为 2000 ~ 3000 mg/L 的水灌溉，对作物生长有影响；采用全盐量大于 4000 mg/L 的水灌溉，土壤积盐明显，对作物有较大影响。灌溉水中全盐量的标准通常为非盐碱土不超过 1500 mg/L。

（四）氯化物

在水稻对氯化物最敏感的生育期——返青期，灌溉水中氯化物的安全浓度在 600

mg/L 以下，抑制浓度为 600 ～ 1000 mg/L，危害浓度为 1200 ～ 1500 mg/L。考虑到氯化物对作物生长及灌溉后对土壤盐碱化的影响，灌溉水中氯化物的标准为非盐碱土不超过 300 mg/L。

（五）硫化物

低浓度的硫化物对作物生长及产量无大影响，但可使地面水和地下水产生异味，影响感官性状。灌溉水中硫化物的标准为不超过 1 mg/L。

（六）有毒元素及其化合物

灌溉水源中的有毒元素及其化合物主要是指汞、镉、砷、铬、铅、铜、锌、硒、氟、氰、酚等，其含量要求不得超过下列数值：汞 0.001 mg/L，镉 0.005 mg/L，砷 0.05 mg/L，铬 0.1 mg/L，铅 0.1 mg/L，铜 1 mg/L，锌 3 mg/L，硒 0.01 mg/L，氟 3 mg/L，氰 0.5 mg/L，酚 1 mg/L。

随着我国工业建设的发展，排入江河湖泊的厂矿废水增多，有的厂矿企业废水未经处理即往江河排泄，使水源受到严重污染。因此，利用城市污水或受工业废水污染的江河水源进行农田灌溉时，应事先进行化验分析，不符合规定标准的，未经处理，不宜引用，以免招致不良后果。

二、灌溉用水管理

（一）用水计划的编制和执行

制定合理的灌溉制度，采用先进的灌水技术，是灌溉作物获得丰产的重要保证，采用科学的用水管理方法则是提高灌溉水的有效利用率、降低灌溉成本、充分发挥工程设施效益、扩大灌溉面积的关键措施。灌溉用水管理的中心内容是实行计划用水，即灌溉时有计划地从水源引水，向用水单位配水、供水，进行合理灌溉，消除在灌溉用水上浪费水量的现象，以期取得最大的经济效益。

实施计划用水，需要抓好以下六个环节：

1. 统

统即对灌区范围内蓄水、引水、提水以及配水、灌水、排水都作统一计划，统一安排，对于灌溉水源统一管理，统一调配，统一安排使用。

2. 算

算即根据水源情况和作物种植情况及其需水要求，算好水源供需账、用水时间账、灌溉任务账以及需用劳力、油燃料账等，使用水计划编制得更加合理。

3. 灌

灌即采用合理的灌溉制度及先进的灌水技术，进行农田灌溉。

4. 配

配即灌区水量的调度和分配统一由灌区专管机构根据灌区代表会通过并经上级批准的用水计划进行，不受其他无关人员的干预。

5. 定

对灌水、护渠人员，实行定任务、定报酬、定时间、定质量或联产计酬等责任制，以提高浇地和护渠质量，提高劳动效率，加强灌水员、护渠员的责任心。

6. 量

在输水渠道上的主要分水点、配水点及特定渠段进行量水，以便为调节水量提供依据，并积累科学数据。

灌溉用水计划由灌区管理机构负责编制。可以按灌溉年度编制，也可以按灌溉季度或按月编制。灌溉用水计划通常包括渠首引水计划、渠系配水计划、基层用水单位的用水计划。渠首引水计划根据水源供水能力（水库蓄水或河源来水）、渠首引水能力、渠道输水能力及灌区需水、用水量等情况，经过综合平衡后制定，作为灌溉期间引水的依据。在多水源的灌区，编制引水计划时，对各种水源应统一考虑，全面安排，相互调节使用。渠系配水计划根据各级渠道的灌溉面积、作物组成、灌溉需水量、管道输水能力、渠道

有效利用系数、配水方式以及渠首引水计划等编制，确定各级渠道的配水量和配水时间。渠系的配水方法一般有两种：一种是续灌，即输水渠道连续放水，下一级渠道同时分水进行灌溉；另一种是轮灌，即输水渠道放水，下一级渠道实行分组轮灌。实行轮灌流量比较集中，流速可以加快，输水损失相对减少。划分轮灌组时每一轮灌组的灌溉面积和流量应大体相等，同一轮灌组的用水渠道尽可能靠近，同时要照顾到引水口进水难易、群众用水习惯以及农事活动安排等，以利于提高水的利用率和浇地效率。中小型水库灌区可采用"水量预分，流量包段，节约归己，浪费不补"的办法，在每灌溉年度或灌溉季度编制计划时，按浇地面积或作物种植情况，将水库可分配的水量预分配给基层用水单位，实行水量包干使用。基层用水单位之间实行流量包段、上送下接的交接责任制。这种方法对促进用水单位节约用水、扩大灌溉效益有显著作用。

基层用水单位的用水计划是编制灌区用水计划的基础，由基层用水单位（乡、村或农场）在灌区专管机构指导下编制。基层用水单位的用水计划主要是根据作物的种植情况和需水要求，提出灌溉用水的时间和需用水量，报送给灌区管理机构，经灌区管理机构综合平衡后即可作为灌溉用水的依据。不论是编制灌区用水计划还是编制基层单位的用水计划，都必须按客观规律办事，走群众路线，采用自下而上、上下结合、综合平衡的方法进行。用水计划应提交灌区代表大会讨论通过，然后付诸实施。在实施过程中遇情况发生变化时，计划应及时予以修正或补充。

为保证用水计划的执行，一般应做好以下几项工作：

第一，加强思想教育工作。通过广泛宣传教育，使灌区群众充分认识计划用水在农业生产中的重要作用，掌握计划用水的科学技术，树立整体观念，团结用水，互谅互让，

建立良好的用水秩序，把执行用水计划变成自觉行动。

第二，平整土地，健全田间工程。这是执行用水计划的物质基础。在灌溉用水之前，应平整好土地，整修好田间沟渠和灌水沟畦，保证输水安全畅通，防止水量流失。

第三，建立健全管水组织。灌区除设有专管机构外，较大渠道还应成立群众性的民主管理组织（如管理站、管理委员会等），负责本渠道范围内工程维修、分水配水、计收水费、统计面积等项工作。基层用水单位根据需要成立浇地（护渠）队、组或设专职灌水员，专门负责放水浇地和护渠工作。管水、浇地人员应实行岗位责任制，合理解决他们的报酬和生活待遇问题，以充分调动他们的劳动积极性。

第四，建立健全各项规章制度，包括工程管理养护制度、引水配水制度、灌溉用水制度、用水公约以及奖惩办法等，做到有章可循，违章必究，以保证用水计划的顺利执行。

第五，合理调配水量。灌溉用水期间，在一般情况下，水量调配应按原定配水计划执行，若遇特殊情况，则需根据情况变化，灵活调配，以免造成不应有的损失。

第六，及时总结经验。在每年或每季灌溉结束后，除对计划用水中的工作经验和问题进行总结外，对于一些技术资料亦应进行整理和分析，算清引水量、用水量、灌溉面积、灌溉效率、灌溉水利用系数和净灌水定额等几笔账，并对计划执行情况与原计划进行分析对比，从中找出带规律性的东西，以便改进今后计划用水工作。

（二）渠道水量的测定方法

为能准确、适时适量地向田间供水，保证灌溉水量的合理分配和用水计划的贯彻实施，积累数据为科学研究提供资料，需要进行渠道量水工作。目前，采用的测量渠道过水流量的方法大体有三类：一是利用原有水工建筑物测流；二是利用仪器测流；三是利用特设量水设备测流。利用闸门、渡槽、跌水、陡坡、倒虹吸、涵洞及水库放水设备等建筑物测流时，要求建筑物应完整无损，无变形和漏水现象，调节设备启闭灵活，建筑物前后应无严重淤积及杂物等阻碍水流情况，建筑物的结构尺寸应符合水力计算的要求。每一类建筑物通过的流量和水位都有一定关系，测流时只要测得上下游水位或启闸高度便可利用公式或查阅有关图表求得通过的流量。利用仪器测流，通常采用的是流速仪测流，利用流速仪测定通过某一过水断面的平均流速，平均流速与过水断面面积相乘，其积即为所求流量。若无流速仪，水面平均流速也可用浮标法测定。特设量水设备使用较为普遍的有三角形量水堰、梯形量水堰、量水喷嘴、量水槽等。特设量水设备测流范围较小，精度较高，一般是在无水工建筑可供利用或需在特定渠段取得水量资料时采用。

1. 浮标测流法

浮标测流法简单易行，测流成果不大精确，在无其他测流工具时可以采用。

利用浮标测流，要选择好测流渠段和测流断面。测流渠段要求平直和完整，水流均匀平稳，无显著冲刷、淤积，无旋涡和回流等现象，渠段内无阻碍水流的杂草和建筑物。渠段长为 50 ~ 100 m。在渠段的上、下两端各设一个测流辅助断面，在渠段中间设一测流中断面，并在中断面处设置水尺，以便观测水深。

测流浮标可用木板制作，也可就地取材，利用作物茎根制作。浮标投放数目视渠道水面宽度而定，一般水面宽度在 3 m 以下投放 1 ~ 2 个，3 ~ 5 m 投放 2 ~ 3 个，5 ~ 10 m 投放 3 ~ 4 个，10 m 以上酌情增加。为便于识别，浮标上最好标明号次。

施测流量时，在上、下游辅助断面各拉一断面绳索，在上游辅助断面以上数米处逐一依次投放浮标，当浮标流经上断面时开始计时，流至下断面时计时终止，依此计算出浮标从上游辅助断面流至下游辅助断面的经过时间，照此重复施测 3 ~ 4 次，取其平均值。同时，测量测流断面的过水断面尺寸，并计算过水断面面积。

2. 三角形量水堰量水法

三角形量水堰的形态为一等腰三角形缺口，缺口边为锐缘，倾斜面向下游，可用薄铁板或木板制作。三角形量水堰构造比较简单，造价较低，观测方便，精确度也较高，但过水能力较小，适宜于在小型渠道和田间沟渠上使用。

安装三角形量水堰时应使堰体保持水平，堰壁直立，垂直于渠道水流轴线，堰身中线与水流轴线一致。堰体安装牢固，堰底和堰身两侧不得有漏水现象。测量过堰水深的水尺安设在堰前上游 3 ~ 4 倍最大过堰水深处，也可以直接安装或刻画在上游堰口旁侧的堰板上。为简化流量计算方法，安装时堰口可适当安装高些，使过堰水流为自由流形态。

第三节　农田排水技术

一、农田水分过多的危害

适宜的土壤水分是农作物正常发育生长的必要条件之一。农田水分长期不足，会使土壤中的空气、养分、温热状况变差，影响农作物的正常生长，甚至造成农作物萎蔫枯死。农田水分长期过多或地面长期积水，同样会使土壤中的空气、养分、温热状况恶化，造成作物生长不良，甚至窒息死亡。有些地方土壤沼泽化、盐碱化，往往也是由于土壤水分长期过多，地下水位高，矿化度高，排水不良等造成的。因此，要使农作物能够获得较好收成，不仅要重视解决灌溉防旱问题，而且要重视解决排水除涝防渍问题，做到有灌有排。

在旱作灌区，土壤水分过多或地面积水对农作物带来的危害已逐渐引起人们的注意。但是，在南方一些水稻灌区，土壤水分过多、地下水位过高对农作物的危害尚未引起人们的足够重视。不少灌区在解决灌溉问题之后的头几年，产量能够较大幅度地增长，但过几年之后，产量便停滞在一定水平上，继续增产困难很大，究其原因，地下水位过高是一重要因素，在采取了排水措施、降低地下水位后，产量则可继续增长。江苏省苏州地区的试验观测资料表明：水稻灌区冬种小麦，如果地下水位埋深从 0.2 m 下降到 0.5 m，每亩可增产 100 kg 左右；从 0.5 m 下降到 0.8 m，每亩可增产 50 kg 左右；从 0.8 m

下降到 1.2 m，每亩可增产 30 kg 左右；再往下降，增产效果则不显著。

水稻虽是喜水性作物，如果长期淹水或淹水过深，会造成土壤空气过少，氧气不足，减弱根系呼吸机能，土壤肥力恶化，产量提不高。

二、控制地下水位是农田排水的关键

地下水位对农田土壤水分状况和农作物收成的影响很大。低畦易涝地、盐碱地、沼泽地、冷浸田等低产农田都有一个共同的特点，就是地下水位高，土壤水分过多，农作物产量低而不稳。因此，控制地下水位，使之处于适宜农作物正常生长的高度，是农田排水的中心环节。

（一）地下水位与雨涝

不同时期的降雨对地下水位升高的影响与雨前土壤含水率大小有密切关系。降雨前土壤含水率小，储水能力大，容纳水量多，降雨对地下水位的影响就小，地下水位上升高度就低；降雨前土壤含水率大，降雨超过土壤持水能力，一部分雨水就变成地下水，抬高地下水位。如果地下水位距地面较浅，土壤储水能力低，对自然降水容纳量小，在夏秋多雨季节，容易形成地下水位接近地表积水或地面积水现象，土壤充满水，作物受渍减产或无收，成为渍涝灾害。

（二）地下水位与盐碱化

"盐随水来"。北方干旱和半干旱地区，春季需要灌溉，有灌无排或灌溉不当会抬高地下水位，引起土壤次生盐碱化，夏秋雨量集中，易形成沥涝，也会导致地下水位上升，产生"涝盐相随"的现象。一般情况下，土壤盐碱化变化规律是地下水位越浅，矿化度越高，土壤盐碱越严重。因此，旱涝招致盐碱，都是地下水位升高引起的。地下水位高是土壤盐碱化的根源。

（三）地下水位与冷浸田

冷水田、烂泥田、锈水田的共同特点是：水温低，土温低，地下水位高，棵间湿度高，土壤空气缺，热源差，有的表土长期渍水，有的常年季节性渍水，水分充满整个土层，使土粒高度分散而呈稀烂状态，耕作和管理都很困难，禾苗不易立苗，容易浮棵倒伏。

综上所述，调控地下水位是改良低洼易涝、沼泽、盐碱和冷浸田的关键措施。

三、农田排水的效果

农田排水的效果主要表现在以下几方面：

第一，促进土壤空气流通，供给作物根部及细菌需要的氧气。水分过多的土壤排水后，溶解的二氧化碳随水排走，同时新鲜空气流入，供给作物足够的氧气，保证作物健康发育。

第二，降低地下水位，扩大作物根系活动范围。排水降低地下水位后，可使根扎得

深，增加有效毛管水的利用，扩大根系吸取养分的范围。

第三，增加作物的有效养料。排水降低地下水位后，空气增多，温度提高，养料游离作用加快，作物可吸取的有效养分增加。

第四，提高土壤温度。排除土壤中过多水分，可较快地增高土壤温度，为种子发芽提供适宜环境。

四、农田排水系统的规划布置

（一）农田排水系统的功能

各地自然条件不同，排水区各有不同的特点和要求，排水系统的作用也有差异，但总的目标是一致的，无论是治理低洼易涝农田、冷浸田，还是改良盐碱地，都需要建立完整的排水系统，排除多余水分，控制地下水位，改善农业生产条件，为建设旱涝保收、高产稳产农田创造条件。

不同地区排水系统的功能虽然不一样，但有许多共同之处，简单归纳为以下几个方面：①排除多余的土壤水分，调节土壤含水率，调控土壤水、肥、气、热关系，保证安全灌溉。②排泄由于降雨产生的多余地面径流和外来客水，保证作物不淹、不涝、不渍。③排走灌溉退水和其他部门的退水，防止人为水害和污染。④降低和控制地下水位，防渍治碱，改良冷浸田、沼泽地。⑤南方圩区和黄淮海地区都有利用排水系统进行排、降、蓄、滞统调自然降水、地面水和地下水的经验，综合治理洪、涝、旱、碱，效果很好。⑥利用排水系统开展种植、养殖和航运等多种经营，为社会增加财富。

（二）排水系统的组成

排水系统一般具有田间排水网、各级输水沟道、各类建筑物、出水口和承泄区等工程设施。

①田间排水网是指直接控制农田土壤水分和地下水位的系统，一般指末级固定沟（多数指农沟）及其所包围的田块内部的毛沟（条田沟）、灌水沟，南方水田的导渗沟、隔水沟、田头沟、腰沟、墒沟以及暗管、鼠道等。田块里多余的水分经田间排水网汇集到斗沟。

②各级输水沟道是指干、支、斗沟等。这几级沟道及时汇集排水区内各种多余的水，排入承泄区。

③各类建筑物包括各级沟道上的桥、涵、闸、渡槽、扬水站（点）及上级沟道汇入下级沟道的衔接工程等。保证沟系和交通畅通，并统一调控排水区内的水量和地下水位。

④出水口是指排水干沟入承泄区的口门。一个排水区根据地形条件和控制运用的要求，可以设一个总出水口，也可以划分成几个小排水区，高水高排，低水低排，设几个出水口，分片排水。

出水口大都设在河流、湖泊、海湾等岸边水位较低的平直段内，与承泄区水流方向成锐角相交，可避免泥沙淤积。有些出水口设有闸门，防止外水倒灌。自流排水条件较差的低洼地区需在出水口处建扬水站，利用机械排水。这种扬水站有的排灌两用，涝时排除内水，旱时抽外水进行灌溉。

⑤承泄区是排水系统的重要组成部分，容纳排水区全部来水。除以河流、湖泊和海湾等作为承泄区外，有的排水区利用侵蚀沟、低洼地、喀斯特溶洞等作为承泄区。

承泄区直接关系到排水系统效益的大小，应具备自流排入条件，干沟不发生壅水现象。

（三）排水系统的规划布置

1. 规划原则

①要因地制宜，讲求实效，按自然规律和经济规律办事。我国幅员辽阔，跨越湿润、半湿润、半干旱、干旱四类地区，各地在气候、土壤、地形、降水、作物等各方面都有很大差异。规划时必须从实际情况出发，根据自然特点、各种灾害和农业发展要求等，通过调查研究，抓住主要矛盾，明确治理涝、渍、盐碱的主攻方向，采取有效的治理措施。规划时要进行多方案比较，讲求经济效果，力争用最少的投工和投资，取得最大的效益。

②要着眼长远，立足当前，做到长远规划与近期建设相结合。规划时既要充分考虑农业发展的需要，又要从当前实际情况出发，抓住影响农业生产的主要因素，分清主次，安排好轻重缓急，做到全面规划、分期实施，各项措施要当年能收效、长远起作用。

③要全面规划，统筹安排。排水系统规划是流域规划和区域治理规划的重要内容之一，应当密切结合以进行排水系统规划，做到上下结合、互相协调，处理好上下游、左右岸、灌与排、蓄与泄等关系，搞好团结治水。

④要少占耕地，充分利用水土资源，开展多种经营。平原低洼易涝地区、南方圩区和有盐碱化威胁的灌区，大部分是人多地少的地区，在规划布置排水系统时，要尽量利用自然沟道和原有河网、渠系等。在有条件地区采取地下暗管排水等措施，少占或不占耕地。同时，要结合农田基本建设规划，搞好排水，改造撂荒地、田头地脑等，以扩大耕地。

各级排水沟都要结合林带规划，植树造林，如：紫穗槐、柳杆、杨树上下"三层楼"，既有利于调节小气候，美化环境，又为开展多种经营创造了条件。蓄水区要利用水面和周边土地，制定发展种植和养殖业规划，以扩大效益，增加社会财富。

⑤要自力更生，艰苦奋斗。在进行规划方案比较时，要充分考虑当地人力、物力、财力等条件，进行投工、投资、物资、器材等综合平衡。坚持自力更生，发扬艰苦奋斗精神，安排好分期实施步骤，注意当年生产和长远建设的关系，处理好积累和消费的比例，解决好尽力而为和量力而行的关系。

2. 具体规划方法

（1）划分排水区

在制定排水系统规划时，首先是确定和划分排水区。排水区的划分有两种形式：一种是将整个需要排水的地区（例如一个圩区）或整个灌区作为一个排水区，布置成一个独立的排水系统，设一个出水口，集中排入承泄区；另一种是将排水区或灌区划分为几个排水单元，各单元分别布置排水系统，每个单元设自己的排水出口，分别排入承泄区。集中排水的流量大，干沟和出水口的断面都要大；分散排水的流量小，干沟和出水口的断面也小。至于采取哪种形式，排水单元怎么划分，一般是根据排水区地形、汇水面积大小、天然水系分布以及承泄区的水位等具体条件，分析比较确定。

（2）排水干沟的规划布置

无论是在集中排水系统还是在分散排水系统中，排水干沟一般选在排水区的低处，或者利用天然沟道，以利排水。但也要考虑到承泄区的水位，适当提高排水沟位置，使大部分地区能自流排水，少部分低地提排或作为临时蓄水区。

天然沟道断面不整齐，多弯曲，甚至有些地方淤积堵塞，用作排水干沟时，应裁弯取直，清淤疏浚，进行改造，以扩大其排水能力。

骨干排水沟道的规划布置除应满足排涝、滞涝、防渍、排咸、控制地下水位、改良土壤和淡化地下水的要求外，有时还要考虑承担引蓄外水进行灌溉的任务。因此，要具有较大的深度和断面，一般干沟深度常在 2～3 m 以上。根据防渍改碱要求，沟内水位必须保持在不产生盐碱化和作物不受盐害的深度（即一般所说的地下水临界深度）。为了做到分级蓄水、分级排水，使雨季涝水蓄泄自如，旱季灌水调配灵活，地下咸水有排泄出路，在河网地区，骨干沟一般都连通成网，一处有水，可由多条沟道滞蓄和分泄。在地势低洼、沟道涝水不能自流外排时，则要建抽水站提排。这种系统由于沟深，互相连通，形成沟网，称为深沟河网，其布置应尽量利用天然河道或原有排水沟，予以加深、展宽。为了适应蓄水要求，应在保证排水畅通的前提下，适当减小比降。在地形平缓地区，主要蓄水沟道可垂直等高线布置。为了减少工程量和交叉建筑物，骨干河道应和主干公路结合布置，在可能条件下，尽量利用已有公路。同时，要考虑尽量缩短排水路径，加大排水速度，增加利用承泄区低水时自流抢排的机会。

（3）支沟、斗沟的规划布置

排水支沟、斗沟的布置应和同级灌溉渠系配合布置。如果灌溉渠道是单向分水，渠道和排水沟应相邻排列；如果灌溉渠道是双向分水，或是地形中间低，渠道和排水沟应相间排列。排水沟的设计水面高程应比同级渠道水面高程低以利排除渠道渗漏水和地下水，防止土地盐碱化。上下级排水沟应大体互相垂直或斜交。

（4）承泄区的选择

承泄区是承受排水干沟下泄水量的地方。确定承泄区时应尽量满足下列要求：①在设计情况下，承泄区的水位不应造成排水系统壅水或淹没现象；②承泄区的输水能力或容量应能及时排泄或容纳由排水区泄出的全部水量；③在汛期，承泄区的洪水位若使排水区产生壅水，引起淹没，其历时不应超过设计中规定的时间。

汛期承泄区防洪与排水往往发生矛盾，一般采取以下措施处理：①当洪水历时较短，或承泄区洪水和排水地区设计流量不在同一时间相遇时，可在出水口建闸控制，防止洪水进入排水区，洪水过后开闸排水。②当洪水顶托时间长，且影响的排水面积较大时，除在出水口建闸控制洪水倒灌外，还需修建抽水站排水，待洪水过后再开闸自流排水。这种抽水站一般是灌排两用，以提高抗旱排涝标准，并减少投资。③当洪水顶托、回水距离不远时，可在出水口附近修建回水堤，使上游大部分面积仍能自流排泄。回水堤附近下游局部洼地，可提排或作为临时滞水区。④有条件的地方，可将出水口沿岸向下移，以争取自流排泄。

（5）田间排水系统的规划布置

田间排水系统一般是指末级固定沟（农沟）所控制的条田内部沟系。农沟是条田的一个长边，另一个长边是农渠。平原地区条田的尺寸和形状直接影响着机械化作业效率，所以它的长度和宽度必须满足机耕、机播和机械收割的要求。在我国北方地区规划布置时首先要考虑除涝、防渍和改良盐碱地的要求。条田过宽，排水沟的排水效果受到影响，条田中间一带地下水位过高，不利于除涝、防渍和洗盐。在土质黏重、地下水位高、雨季容易受渍和土壤盐碱化严重的地区，应采用较小的田面宽度。北方平原地区的条田长度一般为 400～800 m，宽度在满足除涝、防渍和改碱要求的前提下，按当地使用的播种机或机耕犁宽度的双倍数确定，如 24 行播种机宽 3.6 m，若按它的 10 倍确定，则条田宽就是 36 m。

由于各地区的自然条件不同，田间排水系统的组成和布置也有很大差别，必须根据具体情况，因地制宜地进行规划布置。现就平原和圩区常见的田间排水系统布置形式介绍如下：

①灌排相邻布置。在单一坡向地形、灌排一致的地区，灌溉渠道和排水沟一般是相邻布置。

②灌排相间布置。在地形平坦或有一定波浪状微起伏的地区，灌溉渠道布置在高处，向两侧灌水，排水沟布置在低处，承受两侧来水。

以上两种布置都是"灌排分开"的形式，其主要优点是：第一，有利于控制地下水位，这不仅对北方干旱半干旱地区十分重要，可以防止土壤盐碱化，而且对南方水田也是很必要的，可以提高地温，促使土壤通气，改变养分状况，改造冷浸田；第二，有利于及时排水，便于控制地下水位，如能在雨前预降沟水位，腾空沟道容积，可充分发挥排水沟的蓄涝作用；第三，有利于排灌系统统一调度，便于管理。

③灌排合一。在沿江滨湖的圩垸水稻地区，为了节省土地和减少工程量，常把末级固定排水沟和末级固定灌溉渠道合为一条。北方地区也有这么布置的。实践证明，这种布置形式不利于控制地下水位，特别是在低洼易涝盐碱地区，地下水位降不到临界深度以下，往往会导致次生盐碱化。这种形式一般不宜采用。

④沟、渠、路、林的配置形式。田间排水系统布置涉及灌溉、交通、林带、输电线路以及居民点等整体规划布局，必须因地制宜，抓住主要矛盾，全面规划，统筹安排。

沟、渠、路、林配置应做到有利于排灌，有利于机耕，有利于运输，有利于田间管理，不影响田间作物光照。具体布置形式有下列三种：

第一种，沟——渠——路。道路布置在条田的上端，位于灌溉渠道的一侧。这种布置形式的优点是：道路设在较高处，降雨不易积水，而且紧靠田边，农业机械可直接进入田间；林带设在渠沟两侧，歇地少，不影响农业机械下地。缺点是：道路要跨过所有的农渠，需要的建筑物较多；斗渠水位高，易向斗沟渗水，引起沟坡滑塌。

第二种，路——沟——渠。道路布置在条田的下端，位于排水沟的一侧。由于道路的位置较低，雨季容易积水，道路要跨过所有农沟，同样存在桥涵建筑物多、排水沟易塌坡等缺点。但是具有拖拉机可直接下地的优点。

第三种，沟——路——渠。道路位于条田的下端，并界于灌溉渠道和排水沟之间，沟渠被道路隔开，减少了渠道向排水沟的渗水，可防止沟坡水分饱和而滑塌，减少了农渠和农沟上的建筑物。但农业机械下地必须跨越斗渠或斗沟，需要增加桥涵建筑物。

五、农田排水方式

排水方式一般说有水平排水、垂直排水和生物排水三种。水平排水主要指明沟排水和地下暗管排水；垂直排水也叫竖井排水，把灌溉和排水结合起来，又叫井灌井排；生物排水即林带蒸腾排水。

（一）明沟排水

明沟排水就是建立一套完整的地面排水系统，把地上、地下和土壤中多余的水排走，控制适宜的地下水位和土壤水分。由于各地自然特点和对排水的要求不同，明沟排水的任务和布置也不一样。

1. 南方圩区的明沟排水

南方圩区明沟排水的主要任务是排涝、防渍和控制地下水位。因此，田间排水沟需有一定的深度和相应的间距。在同一排水沟深度的情况下，排水沟的间距小，地下水下降速度快，在一定时间内地下水的下降值大；反之，排水沟的间距大，地下水下降速度慢，在规定时间内地下水下降值也小。在同一排水沟间距的情况下，沟深时地下水下降快，沟浅时地下水下降慢。

设计田间末级固定排水沟（农沟）深度时，一般先根据当地主要作物要求的地下水埋深、土质条件、施工难易等，初步确定农沟深度，然后确定相应的间距。根据调查统计，南方圩区水田排水农沟深度为 0.8 ~ 1.5 m，旱作物沟深为 1.5 ~ 2 m；而沟的间距按土质定，有 60 ~ 100 m 的，也有 100 ~ 200 m 的。总之，低洼圩区排水沟挖得深些好。在有些地下水埋藏较深的地区，当排水农沟不承担降低地下水位任务时，沟距可大些，如 200 ~ 500 m，能满足排除地面径流就行了。

为了有效地控制地下水位，提高排涝、防渍能力和不断满足作物高产要求，在合理布置斗沟、农沟的同时，还要认真做好水田隔水沟和旱田墒沟的布设。

（1）水田的隔水沟

在一个圩区内或一个耕作区内，往往作物种植不统一，有的水稻和旱作插花种植，形成"水包旱"或"旱包水"，互相影响，产量不高。为解决这类矛盾，在每隔 3 ~ 4 个田块之间，布置一条隔水沟，沟的出口通入农沟（或田头沟）。隔水沟底宽约 0.3 m，深 1 m 以上。田块中渗水随时可通过隔水沟排入农沟。由于每隔 3 ~ 4 个田块开了一条隔水沟，这 3 ~ 4 个田块可作为作物布局和安排生产的一个小单元，和相邻 3 ~ 4 个田块做到水田、旱地分开，互不干扰。另外，由于增设了隔水沟，还能加速地下水位的降低和田间多余水量的排出。

（2）旱田的墒沟

江苏等省水网区种植旱作物期间，排除田间地表水和减少入渗的地下水一般是靠田间墒沟来实现的。墒沟一般布置成竖墒沟和横墒沟两级，属临时性田间工程。以南北向田块而言，南北向的墒沟为竖墒沟，东西向的墒沟为横墒沟。也有沿田块四周加挖环田沟的。田间地面水经竖墒沟流入横墒沟穿过田埂入隔水沟，再排入农沟。也可由竖墒沟接通田头出水口，直接排入农沟。要求墒墒相通、沟墒相通、沟沟相通，形成一整套田间排水系统。

墒沟的布局各地有许多不同形式，一般竖墒沟间距为 3 ~ 5 m，横墒沟距田块两端各 3 ~ 5 m，田块长的或平整度较差的，也有在田块的中间再加挖一条至数条横墒沟，叫作腰墒沟。墒沟宽一锹（约 0.2 m），深 0.4 ~ 0.5 m。近几年来，墒沟又向深墒沟发展。深墒沟的作用是在连续阴雨期间，将作物根须生长最关键的浅层土壤中的饱和水分迅速排走，保证作物不受渍。

2. 北方地区以除涝为主的明沟排水

在北方夏、秋季降雨过程中，如果降雨强度超过了土壤入渗速度，田面将产生水层，沿坡降向下流动。田块的上端汇流面积小，水层厚度小，下端汇流面积大，径流量增加，水层厚度变大。在地面作物覆盖、耕作方法、地面平整情况和地面坡降相同的情况下，田块愈长，下端水层厚度愈大，淹水深度也愈大，排除这部分水需要的时间就长，淹水历时也长。为了减小淹水深度和缩短淹水时间，以保证作物正常生长，就必须开挖田间排水沟，缩短水流长度，加快排除地面水。田间排水沟间距愈小，水流长度就愈短，淹水深度也愈小，淹水历时愈短。同时，可以减少地面水渗入地下的水量，也有利于防止农田受渍。

田间排水沟间距愈小，排水效果愈好，但布置过密，田块分割过小，占地多，也不利于机耕；间距过大，又达不到排水要求。因此，田间排水沟间距的选定必须适当。根据一些地区实践经验，在以排除地面水、防止作物淹涝为主的平原旱作地区，田间排水沟深度在 1 ~ 1.5 m，间距为 150 ~ 300 m，一般可收到良好的效果。

3. 北方地区以防渍为主的明沟排水

以防渍为主的田间排水系统的规格主要取决于农作物对地下水位的要求。

为了保证农作物的正常生长，必须使农田土壤具有适宜的含水率。不同的作物对不同土壤的含水率要求也不一样，如河南引黄人民胜利渠轻壤土地区小麦、玉米的适宜含水率为 17% ~ 21%（干土重，下同），棉花适宜含水率为 17% ~ 19%；黏质土地区小麦、玉米要求的适宜含水率为 20% ~ 26%，棉花适宜含水率为 20% ~ 23%。而作物根系活动层内土壤含水率的大小与地下水的埋深有密切关系。当地下水位过高时，根系活动层内的平均含水率可超过土壤适宜含水率；当地下水位过低时，根系活动层的平均含水率将小于适宜含水率。只有当地下水位保持一定深度范围时才符合作物生长需要，地下水位过高或过低，都将引起作物减产。

因此，为了保证作物高产，必须按照作物正常生长的需要，控制地下水埋深。作物所要求的地下水埋深随作物种类、生育阶段、土壤性质等而不同。

在整个作物生育期间，由于降雨和蒸发的影响，不可能将地下水位完全控制在一个固定的深度，降雨时可容许地下水位有短期上升，但上升的高度和持续时间不能超过一定的限度。例如，要求麦田在生育前期由降雨后的地下水位在 15 d 内降到 0.8 m，后期在 8 d 内降到 1 m；棉田要求在 24 h 内排除地面水，4 d 内地下水位降到 0.4 ~ 0.5 m，7d 内降到 0.7 m，生长期内经常保持在 1.1 ~ 1.5 m；玉米要求在 4 d 内降到 0.4 ~ 0.5 m。

田间排水沟控制地下水位是靠田间排水沟的沟深和沟距来调节实现的。在一定的沟深条件下，排水沟的间距与土壤的透水性、含水层厚度和排水标准等因素有密切关系。土壤渗透系数愈大，含水层愈大，土壤给水度愈小，满足一定地下水位控制要求的排水沟间距可增大；反之，土壤透水性差，含水层厚度小，土壤给水度大，排水沟间距就小。

4. 防止土壤盐碱化的明沟排水

土壤的盐分是随水分运动而运动的。在有蒸发条件下，由于土壤毛管水作用，土壤盐分随水上升，水分蒸发后，盐分留在土壤表层；在降雨或灌水时，入渗的水挟带所溶化的表土中的盐分向下层移动，使表层盐分逐渐降低。在某一季节内，土壤的积盐或脱盐主要取决于蒸发和入渗条件。

由于土壤脱盐和积盐与地下水的埋深有密切关系，在生产中常根据地下水埋深来判断某一地区是否会发生土壤盐碱化。因此，为了防止土壤盐碱化，田间排水沟的任务主要是排除多余的地下水，在强烈返盐季节将地下水位控制在临界深度（保证土壤不发生盐碱化所要求保持的地下水最小埋藏深度）以下。易旱易涝易碱地区，汛后是地下水高水位时期，此时上层地下水主要为降雨入渗的淡水，虽有一定蒸发，但积盐并不严重。春季蒸发强烈，入渗的淡水已逐步消耗，若有矿化度较高的地下水不断向上补给，则容易引起土壤积盐，为了防止土壤次生盐碱化，在此季节之前地下水位必须降到临界深度以下。由于防止土壤次生盐碱化地区的地下水回降时间可以长些，只要排水沟深度大于临界深度，间距可稍大，一般将斗沟（或支沟）开挖成深沟，就可承担防止土壤次生盐碱化的任务。

5. 改良盐碱地的明沟排水

改良盐碱地常需用排水冲洗脱盐。在冲洗改良盐碱地中，排水沟的任务是保持整个地段冲洗水有足够的下渗速度，并使入渗的总水量达到要求的冲洗定额且排至田外，以保证土壤脱盐和地下水淡化。在冲洗压盐以后，排水沟的任务则是加速地下水位的回降，并控制在临界深度以下，以减少地下水的蒸发，防止土壤再度返盐。

冲洗改良盐碱地的田间排水系统包括控制地下水位的农沟和冲洗前临时修筑的毛沟等。排水沟对土壤脱盐的影响范围与土壤质地和沟深有关，在同一土壤质地情况下，脱盐范围与沟深有一定关系。根据山东打渔张灌区和河北龙治河等地区资料,轻质土地区,当沟深为1.7～4 m时,单侧脱盐范围为沟深的80～100倍;黏质土地区,当沟深为1～2.5 m时,单侧脱盐范围为沟深的80～130倍。考虑到盐碱改良地区在冲洗后,地下水位应迅速回落到地下水临界深度以下,两沟中间地下水位与排水沟水位需保持一定的落差,且沟中需有一定水深。因此,排水沟应有足够深度。沟深确定后,可根据排水沟脱盐范围和沟深关系确定沟距。

为了加速脱盐,在冲洗阶段,可采用深浅沟结合的办法,在深沟控制地段内,加设深为1 m左右的毛沟,待土壤脱盐后再填平。

(二)地下暗管排水

暗管排水是通过埋设地下暗管(沟)系统,排出土壤多余水分,降低地下水位,调节土壤中水、肥、气、热状况,为作物生长创造良好条件。

暗管排水的特点是排得快,降得深。与明沟排水比较,具有工程量小、地面建筑物少、土地利用率高、有利于交通和田间机械化作业等优点,并可避免因沟坡坍塌沟深不易保持的缺陷;与竖井排水相比,暗管排水的优点是能有效地解决水平不透水隔层排水问题。同时,在自然地形许可的地区,可自流排水,节省能源。

1. 暗管排水系统

暗管排水系统与明沟排水系统相似,一般由干、支、斗、农等各级沟、吸水管、集水管、闸阀、通气孔、检修孔及出水口等构成。在大多数情况下,暗管和明沟是配合布设的,有的将干沟修成明沟,有的将干沟、支沟修成明沟,只有末级沟道以下修成暗管的;也有的部分支沟修成明沟,部分支沟以下修成暗管的。总之,要因地制宜地布设暗管排水系统。

(1)暗管排水系统组成和类型

暗管排水系统的组成,除明沟部分外一般包括吸水管、集水管、闸阀、排水口,有的在吸水管上端设通气孔,在吸水管和集水管上设检修井。

按照暗管的工作性质,可分为田间吸水管和集水管。吸水管是利用管壁上的孔眼或管端接缝,把土壤中的过多水分通过裹滤料渗入管内。集水管是汇集田间吸水管的水,排入明沟或下级集水管,最后输送到排水区外。暗管排水系统根据自然条件和技术经济要求,可分为以下两种布置形式:

①单管排水系统。田间只有一级吸水管,渗入吸水管的水直接排入明沟。

②复式暗管排水系统。田间吸水管不直接排水入明沟,而是经集水管排入明沟或下级集水管。有的集水管不仅起输水作用,同时通过管端接缝进水,也起排水作用。

根据地形地貌特征,田间吸水管通向集水管(或明沟)有的是单向进水,有的是双向进水。双向进水可以共用集水管检查井,便于管理和养护。当地面坡度较陡时,应布置成单向进水。

(2)暗管排水系统的布设

当前暗管排水多是在已有灌排系统的基础上布置的,由于原有的田间明沟排水系统担负着一定的除涝任务，一般不应打乱。

在新积涝区布置暗管排水时，必须与整体排水系统密切结合。在布设暗管排水系统时，应注意以下几点：

①田间排水暗管与地形有密切关系。沿地面坡度纵向布置，有利于较快地排除地下水；垂直地面坡度横向布置，可有效地截断地下水，排水效率较高。在水旱田轮作区，应能同时满足水旱田对地下水位的要求。

②在单管排水系统中，田间排水暗管各自有单独的排水出口，出口处设置一定的控制建筑物。若出口处明沟边坡不稳定，应做出水口工程，以保证顺利排水。

③在复式暗管排水系统中，集水管埋在地下，不必经常清理，但造价较高。一般在明沟边坡不稳定的轻质土地区采用。但复式暗管排水系统一旦发生故障或堵塞，影响较大，且不便于检查和维修。

④田间排水暗管长度一般以 200 ~ 250 m 为宜，不宜太长，否则起点与终点埋深相差太大。每 100 m 左右应设一个检查井，用于检查和清淤。纵坡一般与地面坡度一致，不要太缓，以便使管道具有一定的输沙能力。

⑤布置田间排水暗管时，应与原有的田间沟网错开，以免松动过的土堵塞管路。

2. 暗管的埋深和间距

（1）暗管埋深

暗管埋深主要根据适宜地下水位确定，既要达到防渍要求，又能利用地下水补给土壤水分，以满足作物的需要。但是，地下水适宜深度是随气候、土质、作物种类等条件而变的，即便是在同一种作物、同一土壤、同一气候条件下，也随时间和作物生育阶段而变，不是一个固定值。

（2）暗管间距

暗管间距要保证在规定的时间内，将地下水位降到要求深度。对暗管间距的确定，国内外在理论方面提供了许多计算公式，各有其适用的边界条件，参数很多，运算复杂，不易掌握。一般是根据当地条件，经过试验观测，或参照与本地区自然条件接近地区的试验成果或实际经验确定。

3. 暗管排水管道材料和滤料

各地根据就地取材和经济实用的原则，采用不同材料做成的排水管道，主要有以下几种：

（1）砖瓦管

砖瓦管是一种由黏土经过加工烧制而成的烧土制品，可以就地取材，制造工艺简单，成本低廉，有较好的抗压强度和耐腐蚀性能。所以，在燃料较易解决的地区，应用这种管材的较多。

（2）灰土管

灰土管是以生黏土和消解的熟石灰为原料，采用一定的配合比，加水捣碎拌和均匀夯制而成的外方内圆的管材。一般采用两个半圆合成，是一种取材容易、费用少的管材。

但由于它的强度较低，尤其是它的初期强度低（7 d 龄期的抗压强度仅 0.3 ～ 0.4 MPa，14 d 龄期以上才能达 1 MPa 以上），因而夯制成型后至少应在规定条件下保养半个月左右使用。同时，由于夯打的密实度对灰土的强度起着直接的决定性作用（夯打密实与否，强度相差 50% 以上），因而对灰土管的夯实质量应严加控制。

（3）水泥土管

水泥土是一种廉价的以土为主，掺入少量水泥加水拌和均匀，经过夯实或挤压而成的一种材料。人工制管多为外方内圆，制管机成型的为圆管。水泥土管目前主要用作末级排水管道。

（4）混凝土管

目前应用的混凝土管一般为圆形，个别为外八角内圆形。制作方法有振动成型和挤压成型两种。后者耗用模具较少，效率较高。这种管的主要缺点是造价高，耐腐蚀性差。

（5）水泥滤水管

水泥滤水管也叫无沙混凝土管。一般具有一定的强度和足够的滤水能力，能防止泥沙进入管内和管壁使孔眼堵塞。由于水泥滤水管孔隙多，更易被含盐的地下水腐蚀，在高矿化度水地区的适应性有待进一步研究。

以上五种管材都是刚性管，除水泥滤水管外，都靠管头接缝进水。因此，在敷设管道时，应注意防止接口错位。

（6）塑料管

塑料管是柔性管，具有质量轻、长度大、铺设方便、运费低、便于生产等优点。目前，各试验区应用的塑料管有聚丙烯光滑管和低压聚乙烯平行环形波纹管及聚氯乙烯波纹管等。

（7）排水暗管裹滤料

排水暗管的进水方式有管壁进水和管头接缝进水两种。当地下水流进暗管时，受水头压力的影响，将会把土体内的土粒带入管道，造成暗管的堵塞。为了改善排水管周围的水流条件，增大排水管进水量，防止土壤细粒进入排水管，延长管道使用寿命，发挥更大工程效益，需在管道外部铺设、填充或缠裹透水防沙材料，以便暗管发挥正常排水作用。

常用的裹滤料有符合级配要求的砂砾石，稻壳、稻草、麦秸、棕皮、芦苇，玻璃纤维布、合成纤维等人工合成的编织物等。

4. 暗管排水的辅助建筑物

暗管排水的辅助建筑物是暗管排水系统不可缺少的工程设施，直接关系到排水暗管的运用和使用寿命。其形式多样，各有不同作用。

（1）排水管出口建筑物

排水管道进入明沟的出水口处一定要有建筑物，或对明沟的边坡进行护砌，以保证边坡不被水流冲刷而坍塌。一般在田间排水暗管接近明沟 4 ～ 5 m 处，管道不填放滤料，而用黏土或灰土夯实，以防管道周围形成水流通路，致使明沟边坡坍塌。

①凹槽式。在排水沟出口处修一凹形槽，用混凝土板、砖、石护砌。

②长管式。在排水暗管与排水明沟连接处，在排水暗管上接一长管，将水导入明沟，避免沟坡被冲刷。

③边坡护砌式。将出水口处的边坡砌护加固或做一槽形段，保护边坡稳定不被冲刷。

（2）排水暗管控制建筑物

排水管道出水口处修建控制建筑物，控制田间地下水位并防止下一级排水管道向田间排水管倒灌。

①竖井式控制建筑物。主要由开关塞和竖井两部分组成。竖井可用预制混凝土管或其他材料砌筑，用水泥塞作控制阀。

②插板式控制建筑物。主要由预制的混凝土插板和插槽组成。用于暗管出口处河岸为缓坡地段。插板和插槽的接触面必须平整密合。

（3）检查井

在排水暗管的始端、中间或与下一级集水管的交接处，一般都设检查井。主要用途是通气、维修、检查、沉沙等。上下级管道连接一般也是通过检查井来实现的。

检查井可用砖、石砌筑，或采用预制混凝土管、钢管等。田间井口可高出田面以上 10～30 cm，防止地面水流入，也可加盖埋入地面下 50 cm 左右，便于田间作业和机械耕作。井口直径视需要而定。若要求工作人员可以进出，其直径应不小于 60 cm。

（三）竖井排水

竖井排水是利用浅井，抽排地表以下第一层浅水。在沙土、粉沙土地区，明沟易于坍塌和淤塞，由浅井抽排地下水，结合灌溉或排水明沟导入外河，对综合治理旱涝碱效果显著。其具体作用简述如下：

1. 降低地下水位，除涝防渍

在竖井抽水过程中，由于水井自地下水含水层中汲取一定的水量，在水井附近或井群影响范围内地下水位随地下水的排出而不断降低。若在汛前地下水位降到年内最低值，可腾空含水层中的土壤容积，增加土壤蓄水能力和降雨入渗速度，有利于防止田面积水形成洪涝和地下水位过高造成土壤过湿，达到除涝防渍的目的。

2. 防止土壤返盐，促进土壤脱盐

井群的排水使大面积地下水位大幅度降低，增加了地下水埋深，减少了地下水的蒸发，可以起到防止土壤返盐的作用。河南新乡地区大面积井灌井排，对降低地下水位和防止土壤返盐都有显著效果。

单井排水在其影响范围内形成的地下水位下降漏斗，同样有防止土壤返盐的作用，也为增加田面水的入渗速度和加快地下水的径流速度，改善地下水的出流提供了有利条件。不论是在天然降雨淋洗作用下，还是在冲洗措施改良下，都会促使土壤迅速脱盐。宁夏和内蒙古引黄灌区进行的大面积竖井排水改良盐碱地的试验，已取得了土壤盐分普遍降低、农业增产的效果。

3. 抽咸换淡，改善水质

在地下咸水地区，若有地面淡水补给或沟渠侧渗补给，则随着含盐地下水的不断排出，地下水将逐步淡化。试验表明，在抽排的咸水水量较大，能够保证地下水位下降至一定深度，并有淡水及时补给的情况下，一般都可以取得较好的淡化效果。

一般情况下，竖井排水都与井灌相结合，称为竖井排灌或井灌井排。为了使水井起到灌溉、除涝、防渍、改碱、防止土壤次生盐碱化和淡化地下水的作用，每眼井必须具有较大的出水量；为了增加降雨和灌水的入渗量，提高洗盐效率，并形成一定的地下水库，在保证水井能自含水层中抽出较多水量的同时，还应使潜水位有较大的降低。为此，在水井规划设计中必须根据各地不同的水文地质条件，选取合理的井深和井型结构。在结合灌溉进行竖井排水的地区，应尽量采用浅井。根据北方一些地区经验，井深和井型结构的选择可分为以下几种情况：

①在浅层有较好的沙层情况下，可打浅机井或真空井，井管全部采用滤水管，这样可保证有一定的出水量和使浅层地下水位下降。根据沙层厚度和出水量确定井深。

②有些地区上部虽没有好沙层，但土层的透水性尚好，也可以打浅机井或真空井。如亚沙亚黏土或裂隙黏土地区，10 ~ 20 m 井深，每小时出水量也可以达到 20 ~ 30 m^3。

③上部没有沙层，也没有明显隔水层，而下部为含水层。水井打在含水层上，抽水时虽然大部分水量来自含水沙层，但上部没隔水层，抽水时，上部地下水位也随之下降，形成浅层地下库容，有利于承受上部来水，促进土壤脱盐和地下水的淡化。

④上部土层透水性较差，且在相当深度内没有良好沙层，可采取大口井、辐射井、梅花井、卧管井、虹吸井等井型结构。

井深和井型结构确定后，就可以进行水井的规划布局。在有地面灌溉水源、实行井渠结合的地区，水井的任务是保证灌溉用水，控制地下水位，除涝防渍，并防止土壤次生盐碱化。水井的布设主要服从井灌要求，井的间距取决于保证单井设计出水量所需降深及其影响半径；在通过井排进行盐碱地改良的地区，应根据冲洗改良盐碱地要求的地下水位确定水井间距。

（四）生物排水

植树造林不仅能改变农田小气候，而且通过林木蒸腾作用可以降低地下水位。

树木主要靠根系吸收土壤水和地下水，除极少一部分水被本身利用外，绝大部分通过树叶的蒸腾作用，将大量水分散发到空气中去。据宁夏引黄灌区原潮湖农场七站观测：在一个生长季节里（5 ~ 9 月），一株 8 年生的旱柳可蒸腾水分 18.6 t，一株 8 年生的沙枣树可蒸腾 6.6 t 水，1 亩阔叶林一个夏季能蒸散 167 t 水。由于林网的生物排水作用，七站林网内地下水位比空旷林区低 50 ~ 60 cm，抑制了土壤中盐分上升，有利于农作物生长。

林网对调节温度、提高湿度、增加雨量也有一定作用。据测定，1 亩森林每年要从土壤中吸收 30 ~ 50 万 kg 水，通过植物体内由太阳能和热量把它转变为水蒸气散布到空气中去。50 万 kg 水变成水蒸气需用 5 亿 cal 的热，所以森林强大的蒸腾作用消耗了大量的热能，结果降低了林内和森林上空的温度。据试验，在夏季 500 m 高空范围内，有林地区比无林地区气温低 8 ~ 10 ℃。气温降低，相对湿度就增高，所以林区上空的水汽容易达到饱和状态而凝结，最后便成云而下雨。

六、农田排水设施的管理养护

农田排水设施的管理养护是农田排水工作的重要组成部分，它不仅是发挥农田排水工程设施效益、保证工程安全的关键措施，还影响一个地区的面貌和生态平衡，直接关系到农业生产。因此，必须贯彻"修管并重"的方针，切实加强工程设施的管理养护工作，设置必要的管理机构或专管人员，建立经常性的管理养护制度，做到修好一处，管好一处，用好一处，发挥工程设施的最大效能，为农业生产服务。

农田排水工程设施管理养护的主要任务是：经常维修养护，保持工程设施完好，保证工程安全；进行合理运行，不断提高标准，延长工程使用年限；按时进行观测研究，掌握工程动态；不断挖掘工程设施潜力，扩大工程效益。

管理养护内容一般包括：第一，工程设施的合理运用与定期观测记载，如制定工程管理运用操作规定，执行工程控制运用计划，进行重要建筑物和险工段的定期观测记载等。第二，工程的维修养护，包括经常性维修和季节性维护。经常性维修是一项预防性的维护修理工作，平时应经常进行；季节性维护一般在春季或汛前集中人力、物力进行突击性清淤整修。此外，如果出现了险情或工程出现事故，还需进行临时紧急性抢修。

（一）排水明沟的管理养护

1. 沟道

沟道要发挥排水效益，必须使其处于正常的工作状态，其标准是：输水能力符合设计要求，不冲不淤，沟堤坡岸完整，沟内不生杂草。为此，必须重视沟道的整修养护工作。

（1）防冲防坍

保持沟水流速不超过土壤允许流速是防冲防坍的中心环节。在流速大的沟段，要增设跌水或加固冲刷段；建筑物进出口段如出现冲刷现象，应增设或改进消力设备，延长上、下游护坡段，并夯实与土坡衔接处；处理好农沟入斗沟（斗入支、支入干）的入水口，设置必要的控制建筑物，避免冲刷和水量猛增猛减。

（2）防淤

防淤关键是防止沟岸坍塌和沟道冲刷，并控制高含沙量的水入沟。同时，要定期组织劳力进行清淤整修。在清淤时应注意不要把泥沙贴在沟道内坡，应加高培厚堤顶。

（3）防险

有些沟道由于施工质量差，管理不善，制度不严，经常出现险工段，甚至发生决口事故。在维修养护时应有计划地加固险工段，及时消除浪窝、雨淋沟和塌坡。同时，应有计划地在沟道两旁植树，既可巩固堤岸，又可美化环境，增加收入，调节气候。但不要在湿坡植树，沟道内不要滋生杂草，以免阻水。

2. 建筑物

建筑物必须与沟道同时处于正常工作状态，才能保证排水系统全面发挥效益。建筑物完整和正常工作状态的基本标志是：过水能力符合设计要求，能准确、迅速地控制运用；建筑物各部分经常保持完整、无损坏、下游无冲刷；闸门等启闭设备要灵活，不漏水；不阻碍交通。

为达到上述要求，对主要建筑物应建立检查制度，随时进行检查，发现问题，及时分析原因，迅速处理并上报；建立建筑物的操作运用方法；不准在较大建筑物附近进行爆破；禁止在建筑物上堆放超过设计标准要求的重物，如堆石、填土；未经管理部门批准，不准在沟道内私添和修改任何建筑物；行水期间应随时检查建筑物的工作状态，注意防止柴草、冰块壅塞，以免抬高水位，产生上淤下冲现象或决口漫溢事故。

（二）暗管排水系统的维护

排水暗管埋在地下，其运行情况很难一目了然，需要经常进行观测和检查，特别是在大雨之后，要注意观察排水是否正常，发现问题要立即查明原因并进行维修。

1. 暗管出水口

暗管通过出水口把水排入集水明沟，而且要保证集水明沟不受冲蚀。出水口端必须保持不淤塞，才能取得暗管排水的最大效益，如果淤泥、浪沫和草木等汇集于出水口，可能造成全部堵塞事故。因此，出水口和附近的集水沟必须随时予以维护，并使出水口的出流状态呈自由流。

2. 地面水的进水口

在南方一些农业高产地区，实行地下排灌化，排水暗管不仅可以调控地下水，而且承担着排除地面多余水分的任务。这种排水暗管设有地面进水口。为使地面多余水分顺利经暗管排出，需要对进水口进行经常检查维护，如发现进水口周围有冲刷、沉陷等现象，要及时检查修理。同时，要注意防止杂物进入进水口，以免造成堵塞。

3. 沉沙井或集水井

在沙土地带埋设暗管需要设置沉沙井等设施，以拦沙或沉沙，有的结合检查井修建。这种沉沙设施要经常清理，保证暗管顺利排水。

4. 暗管管道

有些管道由于施工质量差、暗管接头间隙过大、管内压力过高、重型农业机械碾压等，都会造成暗管断裂，暗管顶部出现坑洞，暗管内充土，影响排水。管道断裂应及时挖出坏管子，处理好基础，换上新管，用胶结材料处理接头，妥善回填夯实。

在树木丛生的地带埋设暗管，常出现树根伸入管道影响排水的现象。在这类地区埋管应深一些，或修成一段没有渗水缝的管，避免树根从缝隙钻入；对靠近树林果园的管道要经常检查，发现树根钻管现象，要挖出管道，予以清理，重新安装，最好将树根砍除。

（三）竖井的管理运用

竖井排水具有地下水位降深大、田间工程量小、占地少等一系列显著的优点，但也有工程设施投资大、管理费用高、能源消耗大等缺点。为了充分发挥竖井的效益，节省能源和管理费用，必须做好运用管理工作。在地下水质较好的地区，应坚持井排与井灌相结合，统一调度地面水和地下水资源，趋利避害，以充分发挥竖井效益。

在地下水质较好和土壤盐碱化不严重的地区，可在地面水充足的季节，利用地面水进行灌溉和补充地下水；而在地面水缺乏的干旱季节，则部分或全部利用地下水进行灌溉，一方面借以降低地下水位，另一方面也可以使汛期前腾空地下库容，达到除涝治碱和蓄存入渗雨水的目的。

在土壤盐碱地区和有地下咸水的地区，必须坚持改良与利用相结合，可利用含有一定矿化度的地下水冲洗压盐，改良盐碱地或与淡水（地面淡水和深层地下淡水）混合后用来灌溉农田。这样不仅可以减少水利工程设施的投资和运行管理费用，同时大量提取地下水，还可增大地下水降深，在有地表水和降雨补给的情况下，有利于加快地下水淡化过程。竖井排水的地区，地下水位的下降只是为改良盐碱地或改造地下咸水创造了一定的条件。为了使土壤脱盐和地下水淡化，还必须有淡水淋洗和补充。在有地面水源的地区，应引取外水冲洗压盐；在缺乏淡水资源的地方，应在汛期尽量拦蓄雨水补充地下水。小面积实行竖井排水的地区，在连续抽排地下水的情况下，可形成一定区域性地下水位下降漏斗和水井附近局部地下水位大幅度下降。这些漏斗的形成是区内开采水量大于区外周边补给量的结果，在停抽后地下水降落漏斗将逐步恢复。井排面积愈小，漏斗恢复愈快。为此，必须抓住形成地下水较大降深的有利时机，及时灌水压盐或补充淡水。单井动水位降落漏斗的恢复，一般要 1～3 d，为了利用水井抽水时形成的降深，灌水淋洗压盐应与井排同时进行。

竖井排水年费用的高低直接关系到经济效益的大小。影响竖井排水年费用的主要因素有水井质量、配套机具和抽水时间等。

水井质量的关键是井筒，若井筒接头处理不好、管壁破裂、滤料不符合要求、不按规定填实等，都可能造成涌沙淤井，严重时水井可能报废。因此，在运行过程中应密切注意水井出水情况，若发现水中含沙多、井口附近有沉陷等异常现象，要查明原因，及时处理，不能将就凑合，任其发展。

目前，有些地区提水机具配套十分不合理，大马拉小车的现象比较普遍，浪费了能源，加大了年费用，致使一些地方有井有机不抽水，地下水位高，土地盐碱化依然如故。另外，也有些地方由于地下水位下降，原安装的水泵抽不上水，形成"吊泵"而不能发挥竖井效益。在管理中应根据当地实际情况，随时调整提水机具，尽量使之配套合理，降低油、电消耗和减少维修管理费用。

第六章 农业水利工程

第一节 农业水利及其工程

一、农业水利工程的特点

农业水利工程就是为消除水害和开发利用水资源而修建的工程。

我国水利历史悠久，传统的农业水利一般指狭义的农业水利，主要指防治旱、涝、渍灾害，对农田实施灌溉、排水等以服务于粮食生产的人工措施。其主要特点是：以发展农业灌溉为主要目标，目标单一，竭力开发水资源，甚至超过生态承载能力，严重破坏生态环境；单纯依靠工程措施满足供给要求，且重建设轻管理，重经济轻制度，重骨干工程轻配套建设；管理体制实行计划分配、行政分割；注重经济可行、技术可能，忽略环境生态要求；缺乏社会监督和用水户的参与；水利工程散、乱、杂，缺乏统一的规划。

现代农业水利，为适应新时期乡村城镇化、经济发展的要求，农业水利工程不仅要注重功能上的配套，更要兼顾农业生产、农民生活、农村经济和农村生态环境；如今农村物质积累越来越多、农业经济越来越发达、农村城市化步伐加快，农业水利需要努力提高工程建设标准，为农村经济发展和社会进步提供更好的防洪排涝保障；在物质生活更加丰富、人文文化更加自由的氛围下，农业水利工程的作用已经不再局限于灌溉排水，也需要结合环境、美观，起到美化环境的作用；注重管理软件和管理硬件的建设，从水利机制入手，加强工程管理，从根本上扭转重建轻管的弊端；须努力提高水资源的利用效率，注重生态环境的保护，坚持农业水利走可持续发展的路子；同时注意高科技在水利管理和水利测量中应用，使得水利工程管理更加地精准和现代化。农业水利在不同时期具有不同的目标和发展重点，传统农业水利重视工程建设和经济效益的发展重点；现代农业水利重视综合发展、统筹环境保护，坚持可持续发展道路。由此可见，全面建设小康社会，加快农业农村现代化目标的提出，赋予了农业水利更加艰巨而又紧迫的任务，新时期的农业水利需要更加注重人水的和谐发展、工程的永续发展、技术的科技发展。

农业水利工程与其他工程相比，具有如下特点：

（一）有很强的系统性和综合性

单项农业水利工程是同一流域、同一地区内各项水利工程的有机组成部分，这些工程既相辅相成，又相互制约；单项农业水利工程自身往往是综合性的，各服务目标之间既紧密联系，又相互矛盾。农业水利工程和国民经济的其他部门也是紧密相关的。规划设计农业水利工程必须从全局出发，系统地、综合地进行分析研究，才能得到最为经济合理的优化方案。

（二）对环境有较大的影响

农业水利工程不仅通过其建设任务对所在地区的经济和社会发生影响，而且对江河、湖泊以及附近地区的自然面貌、生态环境、自然景观，甚至对区域气候，都将产生不同程度的影响。这种影响有利有弊，规划设计时必须对这种影响进行充分估计，努力发挥农业水利工程的积极作用，消除其消极影响。

（三）工作条件复杂

农业水利工程中各种水工建筑物都是在难以确切把握的气象、水文、地质等自然条件下进行施工和运行的，它们又多承受水的推力、浮力、渗透力、冲刷力等的作用，工作条件较其他建筑物更为复杂。

（四）农业水利工程的效益具有随机性

根据每年水文状况不同而效益不同，还与气象条件的变化有密切联系，影响面很广。农业水利工程规划是流域规划或地区水利规划的组成部分，而一项农业水利工程的兴建，对其周围地区的环境将产生很大的影响，既有兴利除害有利的一面，又有淹没、浸没、移民、迁建等不利的一面。为此，制定农业水利工程规划，必须从流域或地区的全局出发，统筹兼顾，以期减免不利影响，收到经济、社会和环境的最佳效果。

（五）群众性强，需要广大农民参与

农田水利遍及全国各地，与所有农民的生产、生活都有密切关系，是一项群众性的事业，每年都要发动近亿劳动力从事已建成工程的清淤维护岁修、水毁工程修复和新工程的兴建。群众性、互助合作性是农田水利的重要特点之一。

（六）公益性较强，需要政府扶持

农田水利既有农田灌溉、水产养殖和生活供水等兴利功能，也有防洪、除涝、降渍、治碱、防治地方病等除害减灾功能；既可以为花卉、蔬菜、果园、养鱼等高附加值产业服务，又承担着大田作物灌排、保证国家粮食安全的任务。

（七）具有垄断性，需要政府加强宏观管理

按受益农户多少区分，小型农田水利可分为两大类：一类是农户自用的微型工程，如水窖、水池、浅井等；另一类是几十户、成百上千个农户共用、规模相对较大、具有农村公共工程性质的泵站、水库、引水渠等。受地形、水资源等条件限制，多数公共工程具有天然垄断性，不能像乡镇企业那样搞市场竞争、破产倒闭。灌溉所用水资源，属国家或集体所有，是公共资源。所有生活在当地的农户都有公平用水的权利。用水权是农民生存权的组成部分，为农民生存条件服务的公用水源和公用设施不适合让私人垄断。

（八）建设项目工程点多、面广、量大

最初的农村小型水利工程修建，是因局部有灌溉、排水或者防洪排涝的需求，从而进行小区域建设，而未统筹考虑流域或行政单位的情况，缺乏整体规划或远景布置，使工程呈现点多、面广、线长、施工地点分散等特点，运行管理十分困难。

（九）建设项目工程类型多、涉及内容广，建设规模存在较大的差异性

农村水利建设项目，涵盖了服务"三农"的各类水利工程和设施，如水源工程、灌排渠系、各类建筑物、农村饮水安全、高效节水灌溉工程等，还包括为数众多的塘坝、堰闸、小型排灌泵站、机井、水池水窖等各类小型农田水利工程；在建设规模上，既有大型灌区节水改造、大型泵站更新改造等规模较大的建设项目，也有小型农田水利工程、高效节水灌溉工程、雨水集蓄利用工程等小（微）型建设项目。

（十）建设项目工程的管理体制和运行机制具有明显的多样化特征

如在工程管理体制上，有专管机构管理、群管组织管理、专管与群管相结合管理、农户自行管理等多种方式；在工程运行管护方面，各类专管机构按照"减员增效、定岗定员、管养分管"的改革思路正在不断探索，逐步建立工程运行管护的新机制；小型农田水利等工程，运行管护的形式比较多，既有各类农民用水合作组织（如用水户协会）、村组集体负责并承担工程运行管护的，也有通过承包、租赁、拍卖等方式进行管护的。

（十一）建设项目投资来源渠道多，建设资金构成成分相对复杂

从投资来源上，既有中央和地方各级政府的投入，也有工程管理单位和受益区农户的自筹投入（包括投工投劳）；从资金构成上，不同类别、不同地区的建设项目，在投资结构构成上差异性也较大，主要表现在建设项目投资安排中，中央投资的比例、地方配套的比例以及有关的投资政策要求各不相同等。

二、农业水利工程的分类与组成

（一）农业水利工程的分类

1. 按工程目的任务或服务对象划分

①防止洪水灾害的防洪工程。②防止旱、涝、渍灾为农业生产服务的灌溉和排水工程。③将水能转化为电能的水力发电工程。④改善和创建航运条件的航道和港口工程。⑤为工业和生活用水服务，并处理和排除污水和雨水的城镇供水和排水工程。⑥防止水土流失和水质污染，维护生态平衡的水土保持工程和环境水利工程。⑦保护和增进渔业生产的渔业水利工程。⑧围海造田，满足工农业生产或交通运输需要的海涂围垦工程等。⑨一项水利工程同时为防洪、灌溉、发电、航运等多种目标服务的，称为综合利用水利工程。

2. 按其对水的作用划分

蓄水工程：指水库和塘坝（不包括专为引水、提水工程修建的调节水库），按大、中、小型水库和塘坝分别统计。

引水工程：指从河道、湖泊等地表水体自流引水的工程（不包括从蓄水、提水工程中引水的工程），按大、中、小型规模分别统计。

提水工程：指利用扬水泵站从河道、湖泊等地表水体提水的工程（不包括从蓄水、引水工程中提水的工程），按大、中、小型规模分别统计。

调水工程：指水资源一级区或独立流域之间的跨流域调水工程，蓄、引、提工程中均不包括调水工程的配套工程。

地下水源工程：指利用地下水的水井工程，按浅层地下水和深层承压水分别统计。

（二）农业水利工程的组成

无论是治理水害或开发水利，都需要通过一定数量的水工建筑物来实现。按照功用，水工建筑物的组成大体分为三类。

1. 挡水建筑物

阻挡或束窄水流、壅高或调节上游水位的建筑物，一般横跨河道者称为坝，沿水流方向在河道两侧修筑者称为堤。坝是形成水库的关键性工程。近代修建的坝，大多数采用当地土石料填筑的土石坝或用混凝土灌筑的重力坝，它依靠坝体自身的重量维持坝的稳定。当河谷狭窄时，可采用平面上呈弧线的拱坝。在缺乏足够筑坝材料时，可采用钢筋混凝土的轻型坝（俗称支墩坝），但它抵抗地震作用的能力和耐久性都较差。砌石坝是一种古老的坝，不易机械化施工，目前主要用于中小型工程。大坝设计中要解决的主要问题是坝体抵抗滑动或倾覆的稳定性、防止坝体自身的破裂和渗漏。土石坝或砂、土地基，防止渗流引起的土颗粒移动破坏（即所谓"管涌"和"流土"）占有更重要的地位。在地震区建坝时，还要注意坝体或地基中浸水饱和的无黏性砂料，在地震时发生强度突然消失而引起滑动的可能性，即所谓"液化现象"。

2. 泄水建筑物

能从水库安全可靠地放泄多余或需要水量的建筑物。历史上曾有不少土石坝，因洪水超过水库容量而漫顶造成溃坝。为保证土石坝的安全，必须在水利枢纽中设河岸溢洪道，一旦水库水位超过规定水位，多余水量将经由溢洪道泄出。混凝土坝有较强的抗冲刷能力，可利用坝体过水泄洪，称溢流坝。修建泄水建筑物，关键是要解决好消能和防蚀、抗磨问题。泄出的水流一般具有较大的动能和冲刷力，为保证下游安全，常利用水流内部的撞击和摩擦消除能量，如水跃或挑流消能等。当流速大于 10 ~ 15 m/s 时，泄水建筑物中行水部分的某些不规则地段可能出现所谓空蚀破坏，即由高速水流在临近边壁处出现的真空穴所造成的破坏。防止空蚀的主要方法是尽量采用流线形体形，提高压力或降低流速，采用高强材料以及向局部地区通气等。多泥沙河流或当水中夹带有石渣时，还必须解决抵抗磨损的问题。

3. 专门水工建筑物

除上述两类常见的一般性建筑物外，为某一专门目的或为完成某一特定任务所设的建筑物。渠道是输水建筑物，多数用于灌溉和引水工程。当遇高山挡路，可盘山绕行或开凿输水隧洞穿过；如与河、沟相交，则需设渡槽或倒虹吸，此外还有同桥梁、涵洞等交叉的建筑物。水力发电站枢纽按其厂房位置和引水方式有河床式、坝后式、引水道式和地下式等。水电站建筑物主要有集中水位落差的引水系统，防止突然关闭闸门时产生过大水击压力的调压系统，水电站厂房以及尾水系统等。通过水电站建筑物的流速一般较小，但这些建筑物往往承受着较大的水压力，因此，许多部位要用钢结构。水库建成后大坝阻拦了船只、木筏、竹筏以及鱼类回游等的原有通路，对航运和养殖的影响较大。为此，应专门修建过船、过筏、过鱼的船闸、筏道和鱼道。

三、农业水利的发展趋势

依照创新、协调、绿色、开放、共享的新发展理念，全面贯彻"节水优先、空间均衡、系统治理、两手发力"的新时期水利工作方针，大力推进水生态文明建设，节约利用水资源，改善城乡水环境，维护健康水生态，保障国家水安全，加快推动形成节约资源和保护环境的空间格局、经济结构、生产方式、生活模式，以水资源可持续利用保障经济社会可持续发展。因此，农业水利必须要从以下几方面入手。

（一）积极推广节水灌溉技术

实施节水灌溉是促进农业结构调整的必要保障。加大农业节水力度、减少灌溉用水损失，有利于解决农业面源污染，有利于转变农业生产方式，有利于提高农业生产力，是一项革命性措施，必须摆在农村水利建设的突出位置。要加大节水设施与节水技术的推广力度，扶持节水灌溉典型，完善防渗渠系配套，合理发展喷、滴灌工程，重点发展浅显灌溉技术，有条件的地方对主干渠道逐步实现衬砌化。

（二）努力提高农田灌排标准

随着农业结构调整的不断深入，对农田灌溉、排涝、降渍水平提出了越来越高的要求，要加强对灌、排、降技术标准的研究。今后农田水利基本建设要适应农业结构调整的需要，切实提高供水保证率和农田排涝能力的标准，更好地为农业生产提供高标准的灌排服务。同时，要加强农业产业结构的规划研究，以利于农田水利配套设施发挥更好的作用。

（三）加大农村水环境治理力度

近年来，水污染带来的水环境恶化、水质破坏问题日益严重，给水产养殖带来了负面影响，死鱼、死虾、死蟹等现象时有发生；同时，水土流失影响了农村的生态环境。加强农村水环境治理，保护农村水资源，改善农村居民生活条件，创造良好的水生态环境，显得越来越重要。

（四）加快小城镇防洪排涝工程建设

随着农村城镇化、集镇城市化进程的推进，迫切需要解决农村小城镇防洪排涝问题，特别是从抗御突发性台风暴雨受到的灾害影响来看，农村城镇的水利设施难以适应短历时暴雨的排涝要求，甚至有的小城镇还没有形成完整的防洪除涝工程体系，一旦发生较大的洪涝灾害，必将给广大人民群众的生命财产造成损失。

（五）提高农村供水能力

目前，农村居民饮用水和农村工业用水主要是利用地下水，出现了农村发生地质灾害的隐患，故必须提高农村特别是小城镇的自来水供水能力，加快管网敷设，解决农村居民生活用水和工业生产用水，顺利推进地下水深井的封填工作。同时，在生产力布局上应综合考虑，加强村镇科学规划工作，修建集镇截污处理厂，解决污染源，提高污水处理能力，形成良好的环境风貌。

（六）加快圩区治理步伐

圩区和半高田面积比较多的地区，受灾程度较大，受灾频率较高。坚持不懈地大搞圩区治理和半高田地区的防洪排涝配套工程建设，继续加高加固圩堤土方，土方已经完成的要抓紧配套，对老化失修的泵闸要进行更新改造，半高田地区要消灭"活络坝"，切实提高防洪除涝能力。

（七）强化防洪除涝工程的管理

防洪除涝工程是以社会效益为主的公益性水利工程，直接关系到人民群众的生命财产安全，关系到工农业生产的发展，因此加强管理工作非常重要。第一，要解决工程维护运行管理经费来源。一是要积极争取财政支持；二是用足用好已出台的有关规费征收政策；三是对通过确权划界取得的水土资源或经营性资产，再通过出租、承包等形式获取收益。第二，要界定工程管理性质，对公益性工程的管理单位做到精简高效，其编制内人员经费要纳入公共财政预算；要做好管养分开工作，养护工作通过企业化、市场化机制操作，减轻管理单位的财政负担。第三，要研究制定排涝费收取使用办法，要根据当地工情、水情和种植养殖业及工业经济特点，研究制定排涝标准，提供优质服务；按照能源费、工资、维修费、管理费、折旧费等核定排涝费，细化受益面积、保护人口、企业产值、种植养殖业等负担比例，由管理单位向受益个人、受益单位收取排涝费，由县及县以上政府出台政策，建立财政、集体（或企业）和个人共同负担机制，解决排涝费用问题。

（八）进一步完善农村小型水利工程经营管理改革

农村水利是农业现代化不可缺少的基础设施，不具有完全市场化的竞争能力。目前，农村水利工程建设和管理中，一家一户办不好的农村水利工程的建设和管理工作，应该通过建立农民用水户协会来进行解决。要按照"谁受益、谁负担、谁投资、谁所有"的原则，明晰工程所有权，放开建设权，搞活经营权，规范管理权。小型农村水利工程具体的经营管理方式，可以根据工程类型、特点和当地经济社会环境灵活掌握，还可以由水利站直接管理，也可以通过产权转让私人经营，还可以采用经营管理权承包、租赁或聘用"能人"等方式加强经营管理。在目前情况下，政府既不能把农村水利当作"包袱"甩掉，也不能继续沿用计划经济体制下政府包揽的做法。在租赁、承包甚至产权转让的工程管理中，要切实防止掠夺性经营。同时，要加强行业管理，制订考核办法，建立奖惩制度。要加强对经营者的业务培训和技术指导，协调解决经营过程中遇到的矛盾和问题，对因农业产业结构调整及其他建设而减少灌区面积的，村镇应该进行相应调节，以确保经营者的利益。在保护经营者合法收益的同时，应严格要求经营者按照规定缴纳会费。

第二节　引水工程

一、引水枢纽的分类

在农田水利、水力发电、城市给水等水利事业中常需兴建从河道或水库引水的建筑物，然后通过渠道或其他建筑物输水，这种修建于渠首用以保证引水的建筑物群，称为引水枢纽。

常用的引水方式有自流和机械抽水两类。自流式引水又可分为无坝引水和有坝引水。当河道水位和流量能满足取水的要求，无须建坝抬高水位的枢纽称为无坝引水枢纽；需建坝（闸）抬高水位的枢纽称为有坝引水枢纽。

引水枢纽应满足的要求是：保证按用水部门的要求及时供水；防止有害的泥沙及漂浮物等进入输水建筑物和当输水建筑物需要检修或发生事故时能截断水流。总之，引水枢纽应及时满足用水部门对水量和水质的要求。

（一）无坝引水枢纽

修建在比降较大，有冲刷泥沙条件河段的无坝引水枢纽，一般由进水闸、冲沙闸和导流堤 3 部分组成。进水闸用以控制入渠的流量，并防止底沙进入渠道；冲沙闸用以冲走淤积在进水闸前的泥沙；导流堤用以引导水流平顺地进入进水闸和宣泄洪水期的洪水。其布置方式如下。

1. 正面排沙、侧面引水

当河道流量大，含沙量多，除保证本灌区的用水外，还有足够的冲沙流量时，常采用这种布置。冲沙闸的泄水方向和河道的主流方向一致，进水闸处渠道轴线和主流成一锐角，一般以 30°～ 40° 为宜，以减轻洪水对进水闸的冲击力。

2. 正面引水、侧面排沙

当河道流量小、灌溉面积大时，采用这种布置可以增大引水流量。进水闸闸门的轴线与主流方向垂直，冲沙闸段冲沙水流方向与主流成较大夹角。进水闸的底坎高出河床 0.5～ 1.0 m，以拦阻泥沙进入渠道。冲沙闸的底坎应与河床相平或略低于河道主槽，以保证泄水排沙通畅。导流堤与主流的夹角一般以 10°～ 30° 为宜，过大将导致洪水冲刷，过小将增加导流堤的长度。

（二）有坝引水枢纽

有坝引水枢纽包括抬高水位和宣泄洪水的溢流坝或泄洪闸，引进水流的进水闸和向下游排沙的冲沙设备以及沉积泥沙的沉沙池等。枢纽应修建在河床狭窄、地质条件良好的河段，以保证枢纽的安全和建筑物的稳定，且减少工程量。

有坝引水枢纽有以下几种布置形式：

1. 设冲沙闸的有坝引水

进水闸和冲沙闸的轴线相互平行，进水闸底坎高于冲沙闸底坎。进水时底沙被拦阻于进水闸坎前，淤积到一定程度后，关闭进水闸，开启冲沙闸，以较高流速的水流将淤沙冲往下游。

2. 设冲沙底孔的有坝引水

进水闸坎较高，在闸坎内布置设有闸门的底孔，则底孔内流速较高，可以冲走淤沙。这种布置改善了进流条件，而且冲沙时不致中断供水。

3. 设沉沙池的有坝引水

如果悬沙的含量较多，可能淤积渠道，则可设沉沙池。

由于沉沙池的宽度和深度均较大，过水断面增加，流速降低而使悬沙下沉，沉积至一定厚度后再由池尾部的底孔冲沙道排入河道中。

二、水闸的类型、工作条件和闸址选择

（一）水闸的类型

水闸是设有可活动的闸门，关闭闸门挡水，开启闸门泄（引）水的低水头挡水、泄水建筑物。水闸是引水枢纽的重要组成建筑物。按照水闸的作用可分为以下几种：

1. 进水闸

为了满足用水部门的需要，修建了引水渠道，用以控制引水流量的水闸称为进水闸。设在低一级渠首的进水闸称为分水闸。

2. 节制闸

为了抬高水位，以利引水、改善航运条件，常需跨河修建节制闸（拦河闸）。运用时，关闭闸门挡水；洪水时期，为避免上游水位过分壅高，开启闸门泄水。

3. 排水闸

排水闸位于渠道末端，将多余的水泄至排水渠，在重要的渠系建筑物（如渡槽等）上游侧也需设排水闸，以保证建筑物的安全。排水闸也可用于冲沙。

此外，按照水闸的结构可分为开敞式水闸和封闭式水闸。

（二）水闸的工作条件

当关闸挡水时，上游水深增加形成较大的水压力，可能使闸室向下游一侧滑动。通过闸基的渗流，将对闸室底部施加向上的渗流压力，对闸室的稳定不利。通过闸基和水闸与两岸连接处的渗流，将使土壤发生渗流变形，严重时，闸基和两岸会被淘空，闸室沉陷甚至倒塌。渗流水量过大，将影响水闸的挡水效用。

当开闸泄水时，出闸水流流速较大，将冲刷下游河道。若冲刷扩大到闸基均匀沉陷时将引起闸室倒塌。

当闸基土壤的承载能力较低时，在闸室重量作用下可能发生较大的不均匀沉陷，使闸室下陷、倾斜，甚至断裂；还可能将闸基土壤挤出，使闸室失稳破坏。

（三）闸址选择

闸址是影响工程量、施工进度、安全运用以及水闸效用的重要因素。选择闸址的一般原则如下：

1. 位置

闸址应选择在河床基本稳定的河段。为使水流平顺并减少泥沙入渠，进水闸应选在弯段凹岸，并有适宜的引水角以保证可靠的引水。节制闸应选择河面宽度较小且顺直的河段，使水流平顺并减小工程量。排水闸应在弯段凹岸或直段，以免出口淤塞，轴线向下游，与河流轴线交角一般以 40° ~ 60° 为宜。各种水闸均应位于建成后便于管理维修的地点。

2. 地质条件

地质条件包括土壤、岩石的物理力学指标、许可承载能力、抵抗水流的冲刷能力和地下水位等。应尽可能选择土（岩）质均匀、结构紧密、不透水性较好和承载能力较强的地基。

3. 施工条件

尽可能选择在靠近砂、石料的产区，交通运输方便，距电源近，附近有足够的施工场地，施工导流布置方便的地点。

4. 通航条件

尽可能与河道交通协调，不致因建闸影响通航。

三、闸室

（一）组成部分

闸室是水闸挡水和控制泄流的主体，由以下几部分组成。

1. 底板

底板按照与闸墩的连接方式可分为整体式和分离式两种。

整体式底板是闸墩与底板连接在一起，它是闸室的基础，并支承上部结构。上部结构的重量通过它较均匀地传给地基，并利用底板与地基的摩擦力来维持闸室在上游水压力作用下的稳定。此外，底板还有防渗和防冲的作用。

底板应有一定的长度和面积，使闸室有足够的重量维持抗滑稳定，又能减小基底压力，以满足地基承载力的要求。底板厚度应根据底板上的荷载、闸孔宽度和地基情况等因素由计算决定。一般不小于 1 ~ 2 m，小型水闸可以薄些，但不宜小于 0.7 m。底板的混凝土等级应满足强度、抗渗和抗冲的要求，一般用 C15 或 C20。混凝土的含筋率不应超过 0.3%。为了适应地基的不均匀沉陷和温度变化，闸孔数目较多的水闸需设置沉陷缝，将闸室分成若干段，各段独立工作，互不影响。底板顺水流方向的长度主要决定于闸室上部结构的布置和闸室稳定的要求。

2. 闸墩

闸墩的作用是分隔闸孔和支承闸门、工作桥、公路桥及胸墙等。闸墩用混凝土或钢筋混凝土修建，小型水闸也可用浆砌块石。闸墩的外形应使过闸水流平顺，以增大闸孔的过流能力，所以闸墩头部多采用半圆形或流线型。闸墩的长度应满足闸门、工作桥和公路桥等布置的需要，一般与闸底板的长度相同或稍短。闸墩的厚度应满足稳定和强度要求，一般浆砌块石墩厚 0.8 ~ 1.5 m，混凝土墩厚 1.0 ~ 1.6 m，少筋混凝土墩厚 0.9 ~ 1.4 m，钢筋混凝土墩厚 0.7 ~ 1.2 m。门槽处的闸墩厚为 0.4 ~ 0.8 m。平面闸门门槽深度应根据闸门支承构造确定，一般约为 0.3 m，门槽宽度为 0.5 ~ 1.0 m，检修门槽深 0.15 ~ 0.2 m，宽 0.15 ~ 0.30 m。检修门槽与工作门间应留 1.5 ~ 2.0 m 净距，以便于工作人员检修。闸墩上游部分应高出上游最高水位,并有一定的超高,应使支承于闸墩上的桥梁,既不妨碍泄水,也不受波浪的影响,超高值可按规范规定取值。下游部分的高程可适当降低。

3. 胸墙

当闸前挡水高度较大时,为了减小闸门高度,可在闸门顶部设胸墙挡水。胸墙底部距离闸室底板净高应保证有足够的过水能力,可通过闸孔水力计算确定。胸墙顶部高程与闸墩顶部高程相同。为了使水流顺畅,胸墙迎流面的下角应做成弧形或圆角。

对于平面闸门,胸墙可设在闸门下游,也可设在闸门上游。如胸墙设在闸门上游,则止水放在闸门前面,这种布置方式止水结构复杂,但启门的钢绳可不受水的浸泡锈蚀,对闸门运行有利。若胸墙设置在闸门下游,则相应止水设置在闸门后侧,在蓄水期间闸门受水压作用,止水效果更好,但钢绳长时间浸泡、侵蚀,缩短了钢绳的使用寿命。当靠近闸室下游一侧时,可利用闸门前水重增大闸室抗滑能力,但难于满足基底压力分布较均匀的要求。通常可假设几个位置,经计算方案比选后确定。一般闸门多位于中间偏上游。

胸墙用钢筋混凝土做成。小跨度胸墙(1～5 m以内)采用上薄下厚的平板式;跨度和高度较大的胸墙多采用梁板式的肋形结构。

4. 闸门和启闭设备

闸门根据工作性质可以分为:主闸门(工作闸门),用以调节流量及水位;检修闸门,用以临时挡水,以便修理主闸门、门槽或门槛。

闸门根据结构形式可分为以下几种:

(1)叠梁闸板

叠梁闸板是用木、钢或钢筋混凝土制成的梁,逐块地叠放在门槽内,封闭孔口。叠梁构造简单,但启闭不便,止水不易,因此通常做检修闸门。渠道的小型水闸中,可用做主闸门。

(2)平面闸门

平面闸门是用平面板挡水,门支承在两侧闸墩的门槽内,启闭时门垂直方向升降。平面闸门构造比较简单,便于制造、安装和运输,并且可以移小孔口,便于检修和养护,可以在孔口间互换,故在中小型水闸下程中广泛采用。平面闸门的缺点是:由于必须设置门槽,故闸墩较厚,水流条件较差;要求较大的启闭力,需配备功率较大的启闭机械。

平面闸门可用木、钢、钢筋混凝土和钢丝网混凝土等制造。

木闸门的构造比较简单,但木料耐久性差,目前已较少采用。

钢闸门的活动部分由承重结构(包括面板、梁格、横向隔板、纵向联结系和支承边梁等)以及行走支承、封水装置、吊耳等组成。闸门的埋固部分是预埋在闸墩内的固定构件,包括支承闸门移动的轨道、止水的锚固构件和导向轨道等。钢闸门可承受较大的水压力,工作性能可靠,但门重较大,需用钢材较多。

5. 工作桥

工作桥是为安置闸门启闭机和供工作人员操作设置的。为了保证闸门的启闭机正常工作，工作桥应有较大的强度和刚度。工作桥多采用梁式桥，由纵梁、横梁、桥面板和栏杆等组成。

（二）闸室的稳定

闸室在上游水压力的作用下，当基底接触面的摩擦系数较小时，可能沿地基面滑动。当地基中有软弱夹层时，也可能沿该层滑动。闸室在水平和垂直荷载作用下，可能绕下游端转动，发生倾覆，但当基底压力分布较均匀时，不致出现倾覆。

（三）地基处理

某些天然地基如淤泥层、黏土夹层、细砂和黄土地基等，当不能满足稳定和承载能力的要求时，应加以处理。常用处理方法如下：

1. 人工垫层

将软土层挖去，换之以砂土，称为人工垫层。由于砂土的摩擦系数大，承载能力高，因此可以改善地基条件。为减少施工困难，垫层厚度不宜超过 4～5 m。

2. 预压加固

对疏松的砂土和软弱的黏土地基，预先在其上堆放砂土或块石压密地基，并在地基内做砂井排水，加快地基的固结过程。待压密后，移去砂土或块石，再进行施工。这种方法费时费工，因此目前较少采用。

3. 震动加密

在松散的砂土地基内钻孔，孔内装炸药，爆炸震动，使砂层密实。震动加密便于施工，但砂土若夹有黏土或壤土时，效果不好。

4. 灌注桩基

灌注桩是先在地基上钻孔，然后在孔内灌注混凝土，成为灌注桩。在一排或几排灌注桩上修建桩台，用作闸墩的基础。桩基利用桩的表面与土的摩擦力来承受荷载，并可承受一定的水平推力。

5. 振冲加固

在软弱地基上使用振冲器加固。振冲器在高速旋转产生的振动力和高压水流的联合作用下逐渐下沉至需要加固的深度，然后每次填入孔内约 1 m 厚的散粒体材料（砾石、卵石、碎石、矿渣等），再用振冲器将填料振捣密实并使填料挤入孔壁的软土中，形成一根密实的桩体。基础则成为由这些桩体与原来的软土层组成的加固复合地基。

四、两岸连接建筑物

水闸两端与河岸连接处，需设置连接建筑物。它的作用是挡住填土，保护堤岸的稳定；平顺地引进和导出通过闸室的水流和防止因绕渗引起的有害作用。连接建筑物为上、下游的翼墙和闸室的边墩。

（一）布置形式

1. 闸室与河岸的连接

当闸基较好，闸高不大，孔数很少时，可用边墩直接与河岸相连。此时，边墩的迎水面承受水压力，背水面承受土压力。如闸室较高，地基软弱，采用边墩直接与河岸连接时，由于边墩与闸室地基的荷载相差悬殊，可能产生不均匀沉陷影响闸门启闭以及在底板中引起较大的应力，甚至产生裂缝。在这种情况下，可在边墩后另设岸墩。

2. 上、下游翼墙

翼墙是边墩向上、下游的延长部分，翼墙和边墩间设缝分开。翼墙向上游延伸的距离，一般为坎上水深的 3 ~ 5 倍，或与上游铺盖的长度相同；向下游延伸到护坦末端。

（二）连接建筑物的结构形式

连接建筑物的结构是挡土墙，采用较多的挡土墙有以下几种。

1. 重力式挡土墙

重力式挡土墙依靠自身重量维持稳定，用混凝土或浆砌块石修建。为了改善基底压力状态，常将基础底部面积扩大，浆砌块石墙的基础采用混凝土浇筑；如用混凝土修建，可将其前趾外伸，使合力的作用线尽可能接近底部中心，这样，基底压力分布值可较均匀，当前趾较长时可布置一定数量的钢筋。

为了防止挡土墙因温度变化引起的裂缝，并适应地基的不均匀沉陷，应设置伸缩沉陷缝。为了减小墙后水压力，提高挡土墙的稳定性，可在墙身设排水孔。

2. 悬臂式挡土墙

悬臂式挡土墙是用钢筋混凝土修建的，是由直墙和底板组成的轻型挡土结构，由底板上的填土维持稳定。挡土高度一般为 6 ~ 8 m。

3. 扶壁式挡土墙

扶壁式挡土墙多用钢筋混凝土修建，由直墙、底板和扶壁组成。

第三节　水土保持工程

一、水土流失

（一）水土流失的定义

水土流失是指在水力、风力、重力等外营力作用下，山丘区及风沙区水土资源和土地生产力的破坏和损失。水土流失包括土壤侵蚀及水的损失，也称水土损失。土壤侵蚀的形式除雨滴溅蚀、片蚀、细沟侵蚀、浅沟侵蚀、切沟侵蚀等典型的形式外，还包括山洪侵蚀、泥石流侵蚀以及滑坡等形式。水的损失一般是指植物截留损失、地面及水面蒸发损失、植物蒸腾损失、深层渗漏损失、坡地径流损失。在我国水土流失概念中水的损失主要指坡地径流损失。

（二）水土流失的危害

水土流失在我国的危害已达到十分严重的程度，不仅造成土地资源的破坏，直接导致农业生产环境恶化，生态平衡失调，水旱灾害频繁，而且影响各行业生产的发展。具体危害如下：

1. 破坏土地资源，蚕食农田，威胁群众生存

土地是人类赖以生存的物质基础，是环境的基本要素，是农业生产的最基本资源。年复一年的水土流失，使有限的土地资源遭受严重的破坏，地形破碎，土层变薄，地表物质"沙化""石化"，特别是土石山区，由于上层土壤流失殆尽、基岩裸露，有的群众已无生存之地。

2. 削弱地力，加剧干旱发展

由于水土流失，使坡耕地成为跑水、跑土、跑肥的"三跑田"，致使土地日益瘠薄，而且土壤侵蚀造成的土壤理化性状恶化，土壤透水性、持水力下降，加剧了干旱的发展，使农业生产低而不稳，甚至绝产。

3. 泥沙淤积河床，洪涝灾害加剧

水土流失使大量泥沙下泄，淤积下游河道，削弱行洪能力，一旦上游来水量增大，常引起洪涝灾害。近几十年来，特别是最近几年，长江、松花江、嫩江、黄河、珠江、淮河等发生的洪涝灾害，所造成的损失令人触目惊心，这都与水土流失使河床淤高有直接的关系。

4. 泥沙淤积水库湖泊，降低其综合利用功能

水土流失不仅使洪涝灾害频繁，而且导致泥沙大量淤积水库、湖泊，严重威胁到水利设施的安全和效益的发挥。

5. 影响航运，破坏交通安全

由于水土流失造成河道、港口的淤积，致使航运里程和泊船吨位急剧降低，而且每年汛期由于水土流失形成的山体塌方、泥石流等造成交通中断，在全国各地时有发生。

6. 水土流失与贫困恶性循环同步发展

我国大部分地区的水土流失是由陡坡开荒，破坏植被造成的，且逐渐形成了"越垦越穷，越穷越垦"的恶性循环，这种情况是历史上遗留下来的。而新中国成立以后，人口增加更快，情况更为严重，水土流失与贫困同步发展，这种情况如不及时扭转，水土流失面积日益扩大，自然资源日益枯竭，人口日益增多，群众贫困日益加深，后果不堪设想。

（三）影响土壤侵蚀的因素

1. 降雨因素

降雨因素对土壤侵蚀的影响表现在降雨量、降雨强度、降雨时空分布和降雨能量等几个方面。

2. 地形因素

地貌的形态特征可以视为各种形状和坡度的斜面在空间的组合，也可以把它解析为各种长度、坡度、坡向几何图形的不同组合。作用于各种几何面上不同大小和方向的力的做功过程，以及各种几何面驻地作用力作用过程的反馈，则构成了地貌因素影响侵蚀的物理本质。

3. 土壤因素

土壤因素包括土壤质地、土壤结构、土壤孔隙、土壤含水量等因素。（四）植被因素植被的地上部分常呈多层重叠遮蔽地面，并且有一定的弹性与开张角，能承接、分散和削弱雨滴及雨滴能量，截留的雨滴汇集后又会沿枝干缓缓地流落或滴落地面，改变了降雨落地的方式，减小了林下降雨强度和降雨量。

二、水土保持工程措施

水土保持的工程措施可笼统定义为防治水土流失、改善水土环境的各种工程设施。从生产的角度来看，水土保持的工程措施大体可分为流域水沙控制与流域水沙利用两个方面，其中控制显然是第一位的，而控制措施除工程外还包括耕作、生物等多种手段。从国家重点抓的治理片可以看出，工程措施不仅是不可缺少的，而且起着关键作用；不少水土流失严重的地区，无论从地形、土质、气候以及人口密度等方面来看都不同程度地限制了耕作或生物措施的使用。只有首先开展工程治理才有可能改善其水土环境，促

进其向良性循环发展。

水土保持工程措施按其作用可分为治坡工程、治沟工程以及用沙工程。治坡工程以改变坡面形状，防止集中径流，提高坡面稳定性为主要目标，其中最具有特色的是修筑梯田。治沟工程以拦泥和提高局部侵蚀基准面为主要目标，其中最具特色的是修建拦泥拦沙坝。用沙工程以造田为主要目标，同时包括沟道引洪整治等内容。

（一）梯田

在坡地上沿等高线修建成田面平整、地边有埂的台阶式地块称为水平梯田（梯土、梯地），其主要功能有截短坡长；改变地形，拦蓄径流，防止冲刷减少水土流失；保水、保土、保肥，改善土壤理化性能，提高地力，增产增收；改善生产条件，为机械耕作和灌溉创造条件；为集约化经营、提高复种指数、推广优良品种提供良好环境。

水平梯田按埂坝材料可分为石坎梯田、土坎梯田、土石混合梯田；按利用方向可分为旱作梯田、水稻梯田、果园梯田和经济林梯田等。水平梯田规划设计必须遵循的原则是：因地制宜，山、水、田、林、路统一规划，坡面水系、田间道路和梯田综合配套，优化布设；农作梯田应在原有 25° 以下坡耕地上修建；工程投资少，土石方量少，便于耕作；埂坎材料就地取材，埂坎面积占耕地面积较少；集中连片，规模治理；田面宜宽不宜窄，田块宜长不宜短；尽量做到深土平整，表土复原，当年不减产；可以一次修平，也可分年修平（在复种指数高、人口密度大的地方）。

1. 规划

（1）连片梯田区规划

根据合理利用土地资源的要求，选择坡度较缓，土质较好，距村庄近，水源及交通条件方便，有利于机械化的地方，以水系、道路为骨架建设具有一定规模、集中连片的梯田。

（2）田块规划

一般沿等高线呈长条带状布设梯田田块，坡沟交错面大、地形较破碎的坡面，田块布设应做到大弯就势，小弯取直，田块与水系、道路结合。

（3）连片梯田的水系、道路规划

根据面积、用途，结合降雨和原有水源条件，在坡面的横向和纵向规划设计水系、道路工程。分层布设沿山沟、排洪沟、引水沟及在梯田边沟、背沟出水处分段设沉砂池、水窖；在纵向沟与横向沟交汇处规划布设蓄水池，蓄水池在进水口前配置沉砂池，纵向沟坡度大或转弯处修建消力设施。

2. 梯田施工和质量监督

梯田施工的步骤为测量定线、土方平衡计算、表土处理、埂坎修筑和田间平整。梯田施工目前主要依靠人力，有条件的地方，也可实行人机结合的施工方法。在施工同时，应进行质量监督，严格按照规划设计放线施工，把好清基、砌筑埂坎、表土还原等重要关口。保证埂坎稳固、田面平整，田内土层厚度达到设计要求。同时对成片梯田区的水系、道路要求同步施工。随时抽查、发现问题及时纠正或返工，保证工程质量。

3. 维护管理与注意事项

（1）维护管理

新修好的梯田交付使用时，要把维修任务落实到村，分户承包管理。在梯田埂坎未稳定之前，必须在雨后及时进行检查，如有沉陷或损毁，应立即予以整修，避免引起水土流失，造成更大损失，同时对梯田区建设的沟、幽、池、窖要在每年汛期前后定期检查，发现垮塌、淤积、毁坏要及时清淤、修复。对表土层较薄的梯田，挖土部位的底土（母质）应挖深 0.3 m 以上，以加速土壤熟化，增加活土层厚度，以利作物生长，此外还应增施有机肥或种植绿肥作物，改良土壤。土坎应栽种固坎和经济效益兼优的多年生林草，并加强培育管理、科学经营。

（2）注意事项

在梯田的规划设计中，应充分考虑利用方向，如经济林果梯田主要在坡度不小于 25° 的坡耕地或荒坡上建设，其田面宽度和水系道路配置应考虑品种、整地、需水要求和方便耕种运输。利用埂坎栽种固土能力强、经济效益高的树草，但埂坎植物不能影响梯田内作物的生长发育。爆破整地和挖填土方量大的田块，回填时应注意保持原表土。新修梯田的第一、二季，要因地种植，选择耐生土的作物以保证当年稳产，并逐步建立适应新修梯田的耕作制度，确保梯田的高产稳产。梯田区内设置的纵向排洪沟和坡降大的横向沿山沟需要作防冲处理，如设置高消力池（坑）等。

（二）谷坊

谷坊是在支毛沟内修建的高度 5 m 以下的小坝，是小流域综合防治体系的沟道治理工程。谷坊常修成多个梯级，形成谷坊群体。谷坊能起固定沟床，稳定两边沟坡，分段拦蓄泥沙，减小沟道纵坡，抬高侵蚀基准面，阻止沟床下切，缓解山洪、泥石流危害等作用。谷坊按使用材料可分为土谷坊、石谷坊、植物谷坊、钢筋混凝土谷坊等类型。

1. 规划设计

谷坊修建在沟底比降较大（5% ~ 10% 或更大）、下切活跃的小型沟道。1. 规划设计原则在对沟道自然特征与开发状况进行详查的基础上，拟定谷坊工程的类型、功能、建筑程序；谷坊工程类型要因地制宜，就地取材，经久耐用，抗滑抗倾，能溢能泄，便于开发，功能多样；谷坊规格和数量，要根据综合防治体系对谷坊群功能的要求，突出重点，兼顾其他，统筹规划，精心设计；谷坊工程的设计洪水标准要根据工程规模确定，一般为 10 ~ 20 年一遇，3 ~ 6 h 最大暴雨设计；谷坊坝址要求"口小肚大"，沟底和岸坡地形、地质状况良好，建筑材料取用方便；谷坊工程的修筑程序，要按水沙运动规律，由高到低，从上至下逐级进行；要实地测绘 1 ：200 ~ 1 ：100 沟道纵断面图及选定修筑谷坊群址的横断面图，量算出沟长与沟底比降。

2. 施工技术

土石谷坊的施工技术，一般可按小型水利工程要求实施，重点把握定线清基、填土

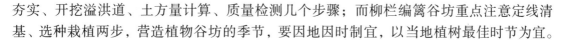

夯实、开挖溢洪道、土方量计算、质量检测几个步骤；而柳栏编篱谷坊重点注意定线清基、选种栽植两步，营造植物谷坊的季节，要因地因时制宜，以当地植树最佳时节为宜。

3. 管护利用

谷坊工程要以群体为单元，实行专人承包管理责任制，暴雨时，要到现场巡视，遇险情，及时抢修；承包人要接受科技培训，对防汛、抢险、维修、利用、改良等都要按严格的科学管护进行；承包人在管护维修好工程的基础上，要充分利用谷坊间的水土资源发展种养业。

（三）拦沙坝

拦沙坝是在沟道中以拦截泥沙为主要目的而修建的横向拦挡建筑物，其具有拦沙滞洪，减免泥沙或泥石流对下游的危害的作用，其修建有利于下游河道的整治、开发，提高侵蚀基准面，固定河床，防止沟底下切，稳定山坡坡脚。另外，淤出的沙渍地可复垦作为生产用地。

1. 规划设计

在收集地形地质、水文气象、天然建筑材料、水土流失及治理现状、社会经济等资料的基础上，遵循拦沙坝建设必须以小流域综合治理规划为基础，上下游统筹考虑，治沟与治坡有机结合，形成一个完整的小流域综合防护体系；在沟谷治理中拦沙坝与谷坊、小型塘坝等工程互相结合，联合运用；拦沙坝设置，必须因害设防，最大限度地发挥综合功能等原则，合理地选择坝址、坝型，合理地设计坝高，并对坝进行稳定性分析，拦沙量、输沙量的估计以及拦沙坝淤积年限的计算。浆砌石重力坝还须做坝断面设计、溢流口设计和消能设计。

2. 施工技术

在施工放线和基础清理前务必做好施工准备，包括制定好施工计划，做好材料和机具的准备，做好施工场地的布置，合理安排交通道路、材料堆放、丁棚位置、土石材料场等，拟定施工管理制度和施工细则，做好施工导流和排水计划。

施工放线应注意两点：一是应对坝轴线和中心桩的位置高程进行认真校核，然后根据坝址地形确定放线的步骤方法，以免出错；二是对固定的边线桩、坝轴线两端的混凝土桩以及固定水准点应加以保护，以利测量放线使用。基础处理包括坝基清理、基础开挖、基础处理。石料的砌筑包括选料、铺砌、养护、质量控制等方面。

3. 管理维修

工程的管理应从落实管理责任制，建立管护制度，做好防汛工作三方面着手抓好；工程维修应注意灰缝剥落的补修养护、石块剥蚀或脱落的更换或补砌、护坦被冲毁后的修复、对冲坑的加深加固处理等工作。

（四）坡面沟渠工程

为防治坡面水土流失而修建的截排水设施，统称坡面沟渠工程。坡面沟渠工程是坡面治理的重要组成部分，它能拦截坡面径流，引水灌溉，排出多余来水，防止冲刷；减少泥沙下泄，保护坡脚农田；巩固和保护治坡成果。根据其作用一般分为截水沟、排水沟、蓄水沟、引水渠和灌溉渠。具体设计可参照有关专业资料。

（五）田间作业道

在小流域综合治理中，为便利连片梯田、经果林地的耕作、运输、经营管理，修筑的人、畜、机械行走道路称为田间作业道。作业道配置必须与坡面水系和灌排渠系相结合，统一规划、统一设计，要防止冲刷，保证道路完整、畅通。按照布置合理、有利生产、方便耕作和运输，提高劳动生产效率；占地少、节约用地；尽可能避开大挖大填，减少交叉建筑物，降低工程造价；便于与外界联系等原则来规划设计。

三、水土保持生物措施

水土保持生物措施是指在山地丘陵区以控制水土流失、保护和合理利用水土资源、改良土壤、维持和提高土地生产潜力为主要目的所进行的造林种草措施，也称为水土保持林草措施。

（一）水土保持生物措施的种类

我国是一个以山地丘陵区为主的多山国家，在长期的水土保持科研、实践工作中，科研工作者提出了适宜不同地貌类型的水土保持生物措施，如黄土高原水土保持生物措施种类就包括梁峁顶防护林、梁峁坡防护林、沟头沟边防护林、沟底防冲林等多种类型。生产实践中对水土保持生物措施进行命名时，多采用地形＋防护性能（＋生产性能）的原则进行，如护坡经济林、坡面水土保持林。

水土保持生物措施种类的选取直接受地貌、灾害性质及当地社会经济需求决定。水土保持生物措施的主要作用是控制水土流失，但在不同的区域，还应具有其他目的，比如改善灌区的农田小气候，此种情形下以保护、促进农业生产为主；在山区，以防止土壤侵蚀为主；在高海拔、河流源头、干旱地区，以涵养水源为主；在缺乏牲畜饲料、农民生活能源地区，还要兼顾群众生活、农牧业生产的需要。

（二）水土保持生物措施的作用

在水土流失严重地区广泛种草、种林，主要作用是降低雨水对土壤的侵蚀作用，避免大量表层土壤、水分流失，同时可以改善农田气候、保护自然环境，维持生物多样性，提高群众生活水平。

1. 减少土壤侵蚀

种植的林、草，对降雨直接起到截留作用，受截留的雨水缓慢滴落或者沿树干下流，降低了雨水的动能，从而降低了降雨对土壤的侵蚀强度。林、草的枯枝树叶，覆盖在斜坡表面，直接承受落下的雨滴，对表层土壤而言是一层天然的保护层，而且枯枝树叶层类似格网、海绵，既增加了坡面的粗糙程度，减缓了坡面径流的流速，又起到了分散水流的作用。林、草的根系交织成网，从而增加了根系层土壤的稳固性，大大提高了土体的抗冲蚀能力，特别是对于深根性树木，根系深入土体较深，在较大范围能固持土层，减少了斜坡中的滑坡面形成条件，从而有效减少了泥石流、滑坡的发生。

2. 改善坡地水文环境

覆盖在坡地上的枯枝败叶，具有极强的吸水能力。有关研究表明，1 kg 的枯枝树叶能吸收 2 ~ 5 kg 的水分，从而延缓了地表径流形成时间、分散了水流。每年枯死的树木、草根系后留下孔隙，这减少了表土层的容重、增加了土壤孔隙度，从而使得土壤的理化性质得到改良。因此作物根系的生长活动，有利于雨水的入渗，减少地表径流量，改善了坡地、河流水文状况，调节了地下水、坡面径流。

3. 改良土壤

林草改良土壤的途径主要体现在树叶（枯枝）腐烂制造有机质、根系腐烂改善土壤理化性状等方面。林地的根系在土层重交织成网，增加了土壤孔隙度，促进了微生物的活动，加速了土壤中的有机质分解，而且林（草）地表层覆盖的枯枝树叶，腐烂后提高了土壤层中的腐殖质含量，从而改善了土壤结构。一些豆科类作物的根系还有根瘤菌，其能固定空气中的氮素，从而增加土壤的肥力。

四、水土保持耕作措施

水土保持耕作措施也称为水土保持农业技术措施，主要是指因地制宜确定农作物种植制度、种植技术及灌溉、施肥方式，通过合理调配区域内的土地利用结构、耕作方式及人工增加地面粗糙程度、改变坡面微小地形、增加植被覆盖，事先蓄水保土，保证、提高土壤肥力，确保稳产、高产。

水土保持耕作措施按照作用，可以分为以改变小地形增加地面糙率、增加地面覆盖、增加土壤抗侵蚀性为主的三大类农业技术措施。

（一）改变小地形增加地面糙率

改变小地形增加地面糙率的主要手段是等高耕作，指沿等高线进行耕作，耕作后在犁沟内形成许多平行于等高线的蓄水沟，从而增加了地面糙率、有效拦蓄了地表径流，减少了水土流失，增加了雨水的入渗量，有利于作物的生长发育、保证作物稳产、高产。等高耕作又主要包括等高沟垄耕作、区田耕作、圳田耕作、水平防冲沟几种形式。

1. 等高沟垄耕作

等高沟垄耕作是在坡面上沿等高线开犁，形成沟和垄，坡面上形成沟、垄相间的微地貌，沟内和垄上进行作物种植，则每一条垄相当于一个拦水小坝、每一条沟相当于一个蓄水小库，这样可有效拦蓄地表径流、减少冲刷量、增加土壤含水量、保持土壤养分。

2. 区田耕作

区田耕作是一种古老的耕作方式，其是沿等高线，划分出很多的面积为 1 m2 的小区，每个小区掏成长、宽、深约为 0.5 m 的小坑。掏小坑时，先将表层熟土刮出放置于小坑上方，再将下层生土掏出，在小坑的下方及坑的左右等高位置围筑成小埂，然后将刮出的熟土及施加的肥料混合后填入小坑，最后种植作物。在坡面修筑小坑时，可以在刮表层熟土时，将熟土刮到下方小坑中；回填该小坑时，刮上方小坑的表层熟土来进行回填。上下相邻两行的小坑错列布置。

3. 圳田耕作

圳田耕作是在坡面形成宽度较窄的一系列台阶地，其做法是沿等高线将坡面分成 1 m 宽的条带，将表层熟土全部刮出，然后在上侧 0.5 m 宽范围挖土 0.5 m 深，将挖出的生土在下侧 0.5 m 的范围内修筑成垄，最后将该范围内刮出的熟土及肥料混合回填到沟内，最后种植作物。在坡面上耕作时，可以刮取上方 1.0 m 范围的熟土来回填下方的沟。最后在坡面上就形成了一系列的窄条台阶地。

4. 水平防冲沟

水平防冲沟是在坡面上，沿等高线方向每隔一定距离用犁开一条沟，一条沟不能太长，在开沟时，每达到一定长度后将犁提出，空出很小的一段距离后再开沟。空出的那一段未开沟段称为土挡，土挡与土挡间的沟尽量水平；相邻等高位置的土挡在坡面上相互错开，这样可以起到分段拦截地表径流、分段蓄水。在犁开的沟内，仍可选择合适的作物种植。

（二）增加地面覆盖

增加地面覆盖主要通过适量增加作物种植、平面上合理安排种植作物来实现，主要有草田轮作、间作和混作、等高带状间作等几种代表形式。

1. 草田轮作

草田轮作是在一定区域的农田内按照一定时间、平面上的间隔，将不同品种的农作物、牧草依据一定的原则进行周而复始的播种、收获。在轮作的农田区域内，作物栽植的先后顺序就是轮作方式，种植的作物按照一定比例进行农作物与牧草的轮作即为草田轮作。全部作物都种植一遍所经历的时间称为轮作周期。

2. 间作和混作

间作是在同一块农田内在同一生长期内，在平面上分行或分带进行相间种植多种作物的种植方式。多年生的植物与农作物相间分行（带）种植也属于间作。混作是在同一农田内，同时期内种植多种作物的种植方式。混作在田间内的耕作与间作区别主要在于混作在田间无规则分布，一种作物成行种植，其他种作物可以播种在其行内，也可在行间；在时间上可同时撒播，也可隔时播种。

3. 等高带状间作

等高带状间作是在坡面上沿等高线将坡地分成条带地块，在相邻的条带上交互、轮换种植疏生作物＋密生作物，或者农作物＋牧草的种植方法。密生作物和牧草的目的主要是覆盖地面、减缓径流，以减缓径流、拦截泥沙、保护疏生作物的生长，比一般的间作具有更有效的水土保持、农业增产作用。

（三）增强土壤抗侵蚀性

水土保持耕作措施主要通过改善土壤物理性状来达到增强土壤抗侵蚀性。主要有深耕、免耕和少耕 3 大类方法。

1. 深耕

深耕的耕地深度一般多在 20 cm 以上，主要的目的是通过深耕来增加土壤的入渗和蓄水、保水能力，提高土壤的通气、通热、通水能力，从而调节一定土壤层中的养分、水分、气、热状况。

2. 免耕

免耕就是不耕作、直接播种。这种种植方式的关键是不耕，主要依靠生物的自身作用来改变土壤物理性状，采用化学除草剂除草而不采用要改变表层土壤形状的机械除草的耕作方法。

3. 少耕

少耕是与一般农田的耕作次数而言尽量减少土壤的耕作次数，或者在农田内采用轮作、间隙的方式来减少土地耕作次数，是一种位于常规农田耕作与免耕之间的类型。

第四节　防洪治河工程

一、洪水及其特征值

洪水是指流域内连续降水或冰雪迅速融化，大量地表径流急剧汇聚江河，造成江河流量剧增、水位猛涨的现象。洪水受气候因素影响较大，因此防洪工作主要在夏天雨季和冰雪融化期。

洪水又称汛水，按照洪水出现季节的不同常将洪水分为凌汛、桃汛、伏汛和秋汛。中国南北方气候相差较大，各种洪水出现的概率不同，有些洪水即便出现对沿河两岸的影响也不大，如南方河流的凌汛、北方河流的桃汛。一般来说对河流影响较大的洪水多指伏汛和秋汛。北方地区立春后，天气逐渐转暖，但日夜温差较大，白天河流冰凌融化，顺河而下；而夜间，气候下降，冰凌在河流下游重新凝结，由于冰块相互堆砌形成冰坝。日后随着温度的上升，冰坝溃决，对下游造成较大的经济损失。

进入夏季后，降雨增多，大雨、暴雨出现概率增加，易于形成伏汛。伏汛一般洪峰流量较大，是引起洪涝灾害的主要洪水，也是防洪治理工程的关键。立秋后，阴雨连绵易形成秋汛，秋汛持续时间长，洪水总量大，易对下游河道造成较大威胁。洪水未必能形成灾害，如何变害为利和利用工程措施将洪水灾害降低到最低程度是防洪治河工程的根本任务。

对于洪水，一般用下列几个特征值来进行描述。

（一）洪峰流量

洪峰流量是指一次洪水从涨水至落水过程中出现的最大流量值。

（二）洪峰总量

洪峰总量是指一次洪水过程中，从洪水来临到回落的整个洪水历时内的总水量。

（三）洪水频率

洪水频率是数理统计学中概率原理在水文学中的应用。如将某站多年实测雨量、洪水资料，分别按大小顺序排列后可以看出，大暴雨、大洪水出现的机会少，特大暴雨、特大洪水出现的概率更少；而一般暴雨、一般洪水出现的机会较多。反映某一暴雨在多年内发生的概率值叫作暴雨频率；反映某一洪水在多年内可能出现的概率值称为洪水频率，通常折合为某一百年内可能出现的次数，用百分数表示，它的倒数值称为洪水重现期。在水利工程设计中，通常用洪水频率划分设计标准，称为设计洪水频率。采用的洪水频率愈小，设计标准愈高。

（四）防洪标准

防洪标准是指河道防洪工程（堤防、水库等）防御洪水的设计标准。常用洪水频率来表示，也有的防洪工程采用历史上发生过的某一次洪水作为标准。防洪标准一般根据工程保护区的重要性、该河段的历史洪水情况及政治和经济条件等决定。

（五）洪水过程线

以时间为横坐标、流量为纵坐标，将某次洪水实测数值点绘在图纸上，并连成光滑的曲线称为洪水过程线，该次洪水所经历的时间称为洪水历时。

（六）洪峰水位

洪峰水位是指一次洪水过程中出现的最高水位。洪峰水位一般与洪峰流量是相对应的，但也有些河流例外。

二、防洪治河工程措施

防洪治河工程措施是防洪规划的具体表现。防洪工程措施是指采取修建水利工程防止洪水对人类生活形成灾害或将洪水灾害降低到最低程度。防洪工程措施一般有水土保持、堤防工程、分（蓄、滞）洪工程、河道整治工程措施等。除此之外，还有非工程性防洪措施，如洪水预报、社会保险、社会救济等。

（一）水土保持

水土保持是指在山地沟壑区采用水土保持措施防止或减少地表径流对地面土壤形成冲蚀，通过采取相应的工程措施、生物措施、农业耕种措施，有效地减少地表径流，降低洪水灾害。

（二）蓄水工程

蓄水工程是指在山区干支流适宜地段兴建水库拦蓄洪水的工程措施。蓄水工程不但能有效地防止下游河道洪水的发生，还能在干旱季节供下游灌溉用水。除满足灌溉外，还可利用水库修建水电站、开发旅游、渔业养殖等进行综合利用。

（三）堤防工程

堤防工程是在河流的两岸修筑防护堤，以增加河道过水能力，减轻洪水威胁，保护两岸农田及沿岸村镇人民生活安全。堤防工程是目前河流防洪治河采取的主要工程措施之一。

（四）分洪工程

分洪工程是在河流适当位置修建分洪闸将一部分洪水泄入滞洪区，待河道洪水位下降后再将滞洪区洪水排入河道，防止行洪期间洪水冲毁堤防对两岸人民造成灾害。分洪工程常常与滞洪工程配套使用。

（五）河道整治

河道整治是指由于河道冲淤演变妨碍了正常的行洪、航运、引水灌溉、工业与生活用水等，这种现象在北方多泥沙河道上尤为突出，因而必须采取相应措施，使河道得到控制和改善。河道整治一般包括河床整理、疏浚、裁弯、护岸等工程措施。

防洪工程措施不是孤立的，对同一条河流，必须遵循上下游和左右岸统筹兼顾、近远期结合的原则，全面规划，综合治理。

三、河道整治工程

河道整治是以综合治理为目的，除防治洪水灾害外，还要满足航运、取水、保护滩地等方面要求。河道整治涉及水利、工农业、旅游、航运等各部门，因此在制定河道整治方案之前，要征求各部门的意见，做到协调合理，统筹兼顾。

（一）河道整治规划内容和基本方法

河道整治之前要编制河道整治规划，河道整治规划是流域规划的一个重要组成部分，在整治目标明确的前提下，应充分考虑河道管理部门及当地财力、物力，制定河道整治的总体计划及工程实施方案，其具体内容有以下几个方面。

1. 河道整治的任务和要求

河道整治规划分近期与远期目标和整治区国民经济发展过程中对河道的要求等，指标为设计防洪水位和流量、最小航深、取水水位及引水流量。河道整治的要求是指沿河今后一定时期内对用水的要求。对流域规划中其他水利设施情况、已有河道整治工程情况、建筑材料及运输能力和条件等有关资料，也应提出具体要求。

2. 河道整治的基本原则

河道整治的基本原则是全面规划，综合治理，因势利导，重点整治。

3. 河道性状分析

全面地、客观地、正确地分析河道性状参数是河道整治规划方案的依据。河道性状参数主要包括：河流的自然地理、地质地貌、水文泥沙及河床演变规律。对河道上已修建水利工程的（如水库），还应找出已建工程对下游河道水文泥沙、河床演变的影响。

4. 设计参数、整治方案编制

设计参数是河道整治方案编制的依据，其内容主要有：设计泄水流量、整治线、设计河宽、整治措施、近期整治工程项目、远期整治工程项目、洪水平衡计算等。一般将整治线、工程布置图、整治建筑物平面图绘制在 1 : 2000 地形图上，同时根据方案内容估算整治工程总投资。

5. 方案比较与论证

通常整治方案有好多种，最后要对不同方案进行综合分析，充分论证，主要从工程可行性、工程投资、工程效益和社会效益等方面进行比较，最后选定最优方案。

（二）河道整治的基本措施

河道整治要有全面意识，对河道上下游、左右岸、近远期、干支流等各方面统筹考虑，对整治建筑物的建设还应考虑当地的经济、交通运输分期实施。河道整治的基本措施有护岸、浅滩整治、裁弯取直、分汊河道整治、卡口整治、河口整治等。

1. 护岸工程

护岸工程是平原河流常用的整治措施。平原性河流两岸多系砂质土壤，抵抗水流冲刷能力较小，特别是河岸弯曲的凹岸水流对河床淘刷更为严重。采用护岸工程可以改善这一状况，保护河岸并控导水流。护岸建筑物通常有护坡护底、坝、垛，其布置应遵循以下几个原则：①护岸工程应沿河岸线布设在凹岸，布设范围必须超出河岸冲刷的范围，以防止主流位置发生变化时，水流在岸边顶冲位置移动而引起冲刷。②对河道较宽、主流变化幅度较大的河流宜采用丁坝护岸，其特点是具有挑流和导流的作用，工程防守重点突出、战线短；但工程量较大，增加了河道的糙率系数。③对相对较为稳定的河段宜采用护岸护底，尽量保持原水流状态，避免因工程修建使水流产生移动。④河流位于丘陵地区的护岸工程以短丁坝或丁坝与护岸护底结合方式较好。

2. 浅滩整治

北方河流含沙量较大，洪水过后在河道淤积，而在两岸形成大面积浅滩，严重影响河道的泄洪和通航。

整治浅滩常用疏浚的办法。疏浚是采用挖泥船或水力冲沙的办法扩大河道断面，增加泄洪能力，稳定航道。采用挖泥船就是把河道上影响泄洪或航运的淤泥、硬埂挖除并运走。水力冲沙则是利用快速水流将淤泥带入外河，保证河道泄洪与航运。

3. 裁弯取直

水流在河道弯曲处比较紊乱，主流在凹岸底部会不断对凹岸形成淘刷，加大弯道的弯曲程度。当弯到一定程度时，既不利于泄洪又不利于通航，特别是当河道弯曲成近似弧形河流时，水流与河床之间的矛盾更加突出。在环道颈口采用人工裁弯取直并加以人工控制，加速河流自然裁弯取直的进程，可以有效地避免自然灾害的发生。

河流裁弯取直后，由于流程缩短，糙率降低，一般会使上游水位下降，裁弯后上游的浅滩碍航程度加剧，下游则往往会产生淤积，这些问题在设计时应予以充分考虑。

4. 分汊河道整治

游荡性河流由于泥沙沉积不均匀，易形成分汊河道。分汊河道流量分散，水深相对较浅，不利通航。同时，分汊河道主流不明晰，给过流建筑物设计带来麻烦。分汊河道的整治，一般采用堵塞汊道，具体工程措施有丁坝、顺坝、护坡护底、导流堤锁坝等。

当河道汊道流量相差较悬殊时，一般采用丁坝、顺坝封堵较小流量汊口，将水流挑向主河槽，并在下游采取封堵措施，防止水流回流。

5. 卡口整治

由于人为修建过河建筑物或河道自然条件形成河道局部束窄的现象称为卡口。卡口的存在，使河道局部过流断面面积减小，在卡口前出现局部壅水，卡口处则由于水流流速提高，冲刷加剧，对防洪十分不利，宜采用拓宽或改道的办法来整治。

凡具备拓宽条件的尽量采用拓宽的办法，确因条件限制或河道附近有重要的城镇，可考虑采用改道的方法。

6. 河口整治

河流进入海口，由于水流流速降低，泥沙沉积，河床抬高，随着河口的不断延伸，在入海口处形成三角洲淤积。同时，受潮汐冲刷在入海口易形成多汊道的喇叭口。河口的淤坝、锁坝、潜坝等。

积雨多汊影响了河道的航运和泄洪。整治的措施是采取工程方法形成相对稳定的入河口，并防止外河潮汐对入河口的侵袭，在近乎垂直内河岸线建设丁坝固定河槽。

（三）河道整治建筑物

以整治河道为目的而修建的各种形式的建筑物统称为河道整治建筑物。河道整治建筑物的形式与河道整治的目的、使用的材料、河道水流条件等因素有关。

1. 顺坝

顺坝是坝轴线沿水流方向，坝根与河岸相连，坝头与河岸相连或留有缺口的河道整治建筑物。顺坝与丁坝的结构基本相同，既可以是透水的，也可以是不透水的，坝顶高程因坝体作用而异。其主要作用是束窄枯水河床。

2. 锁坝

锁坝是堵塞汊河的河道整治建筑物，坝体两端与河床相连，其结构与丁坝相同。锁坝在洪水期允许坝顶过水，故锁坝应对顶部进行保护，多采用石料修筑。

3. 潜坝

潜坝位于枯水位以下，常建在深潭或河道低洼处，因此其可以增加枯水期水深，调整河底糙率、平顺水流，同时可以保护河底、顺坝外坡底脚及丁坝坝头等部位，免遭水流冲刷。潜坝可以独立使用，若与丁坝、顺坝配合使用效果更好。

4. 护坡护底

护坡护底是用坝工材料保护河岸或丁坝、顺坝表面，防止水流冲刷淘蚀，用以改变水流运动规律，维持河道的稳定性或保护其他建筑物。

护坡护底分水下水上两部分，水下部分又称护根。水下部分是维持护坡稳定的基础工程，要求材料抗冲性强，能适应地基变形，因此多采用抛石和柳石枕。水上部分主要是导流和防止水流冲刷，因此多采用干砌石或浆砌石修筑。

四、防汛抢险

（一）防汛组织

防汛工作是一项关系到国家政策、经济、人民群众切身利益的大事，防汛的首要任务是做好组织工作，要充分依靠党政领导、地方驻军、广大人民群众。

防汛组织的设定应根据流域大小、流域所辖地区设立。相关防洪抢险机构主要有：

①国家设立防汛总指挥部。负责组织领导全国的防汛抗洪工作，其办事机构设在国务院水行政主管部门。

②长江、黄河、淮河、海河、珠江、松花江、辽河、太湖等河流，应设立有关省（直辖市、自治区）人民政府和该河流流域管理机构共同组成的防汛抗洪指挥机构。负责指挥所辖范围的防汛抗洪工作，其办事机构设在流域管理机构。

③有防汛任务的县级以上地方人民政府设立防汛指挥部。指挥部由有关部门、当地驻军、人民武装部负责人组成。各级政府应在上级防汛部门统一领导下，制定各项防汛抗洪措施，统一指挥本区域内的防汛抗洪任务。

④河道管理机构。水利水电工程管理单位和江河沿岸在建工程的建设单位，必须加强对所辖水利工程设施及防洪工程的维护与管理，保证其安全正常运行，组织并参与防洪抢险工作。

河道管理机构与其他防洪管理部门应结合平时的管理任务，组织本单位的防汛抢险队伍，做好防汛抗洪工作。

（二）防汛准备

防汛准备工作是在各级防汛部门的领导下，按照流域综合规划、防洪工程实际状况和国家规定的防洪标准，制定防御洪水方案（包括对特大洪水的处治措施）。除此之外，防汛主管部门与河道管理机构还要加强日常河道工程管理，河道疏浚、清除水障、堤防维护、险工地段工程加固等工作。防御洪水方案经批准后，防汛抗洪机构及有关地方人民政府必须严格执行。

水库、水电站、拦河闸坝等工程的管理部门，应当根据工程规划设计、防御洪水方案和工程实际情况，在兴利服从防洪、保证安全的前提下，制定汛期调度运行计划，经上级主管部门审查批准后，报有管辖权的人民政府防汛指挥部备案，并接受其监督。地方政府则应根据辖区河道防洪要求，除建设和完善江河堤防、水库、蓄滞洪区等防洪设施外，还应建设并维护当地的防汛通信及报警系统。

防汛准备工作具有长期性、复杂性、科学性、组织性等特点，除做好防御洪水方案之外，还应做好以下几个方面工作。

1. 群众的思想工作

防汛抗洪的目的是最大限度地减小洪水对人类造成的灾难。一旦发生洪灾，重者造成家破人亡，轻者毁坏家园，使人背井离乡。历来，我国政府非常注重防汛抗洪工作。在防汛期间，要做好广大人民群众的思想工作，使广大参与防汛的人员及洪泛区的群众充分认识到防汛抗洪工作的重要意义，明确防汛的目的和任务，了解汛情的概念和特点，坚定防汛的思想准备，克服侥幸心理，避免麻痹思想滋生。

2. 防汛材料的准备

防汛抢险所需的主要物资应由计划主管部门在年度计划中支出，受洪水威胁的单位和群众应当储备一定的防汛抢险物料。防汛的主要材料有：砂石料、铅丝、木桩、麻袋、苇席篷布、绳缆等，防汛物料品种和数量应在汛期到来之前全部准备到位，不得延误，以免影响正常防汛工作。

3. 防汛抢险技术准备

防汛抢险工作任务艰巨，时间紧迫，既有时间的紧迫性，又有技术的针对性，故在汛期来临之前应对参与防汛的人员进行防汛抢险技术培训。参训人员既要掌握防汛抢险的基本知识和技能，又要学会险情的判断和鉴别。防汛抢险工作技术性强、涉及面广、工作强度大，因此，技术准备工作应针对防汛抢险一线人员，要求做到培训内容通俗易懂，图文并茂，必要时应开展现场教学和抢险演习。

4. 灾区群众迁移及安置

在制定防御洪水方案时，应同时制定灾区群众迁移及安置措施，这主要包括预报洪水、避洪、撤离道路、迁移地点、安置措施、紧急撤离和救生准备等汛前准备工作，并报上级防汛指挥部门批准同意。群众迁移和安置是一项重要而又复杂的工作，首先，防汛指挥部门要向洪灾区群众做好宣传，克服侥幸心理，要向群众讲清洪水可能造成的危害及可能造成的严重后果；其次，要做好村干部、共产党员的思想工作，发挥村干部、共产党员的先进性和带头示范作用；最后，要做好安置区群众的吃饭、防寒、穿衣和卫生防疫工作，保证群众的思想稳定。政府和社会各界应加大对灾区人民的关怀，使灾区群众在政府的支持下，对灾后重建充满信心。

（三）防汛与抢险

1. 技术方法

在汛期应成立防汛抢险队伍，分区分片负责巡查、联络和抢护工作，要注意对大坝、堤防、护坡护底等防洪工程的运用情况进行巡逻与检查，检查其是否有裂缝、坍塌、滑坡、洞穴等不正常现象发生。对堤防背水面的检查易被忽视，背水面检查时应注意有无渗水、管涌、流土、滑裂、蚁穴等现象。对堤脚 100 m 以内的沟塘、水井也要加强巡查，检查其有无管涌、渗水等现象。有渗水现象时，要注意观察渗水是否变浑浊，一旦渗水变浑浊，表明渗透破坏性变大，应引起足够重视。对溢洪道等泄水建筑物应检查有无淤积堵塞，两岸边坡有无松动、脱落和崩塌危险。穿越堤防的交叉建筑物的土石结合部是工程质量的弱点，应注意检查有无接触管涌、接触流土现象发生。临水面、背水面、建筑物顶部都是检查的重点，任何一处出现险情都将导致严重的后果。汛期检查时要做到"四到""五时""三清""三快"。

（1）"四到"

①手到。用手指触摸或检查建筑物隐蔽部位，注意木桩、缆绳的松紧程度。

②眼到。用眼观察堤防、临水坡、背水坡有无险情，水流表面有无异常现象，堤防背水坡渗水面积是否扩大或是否发生渗水变浑现象。

③耳到。用耳朵听，来判别水流声音有无变化、有无石块崩落，特别是晚上，这样做有助于发现隐患。

④脚到。用脚检查堤防土质松软程度，以帮助判别是否有跌窝、崩塌的可能。

（2）"五时"

①吃饭时。巡查人员较少，易漏查。

②黎明时。天色昏暗看不清楚，巡查人员困乏，注意力不集中。

③黄昏时。天色渐黑，检查人员注意力集中在走路上，险情不易被发现。

④刮风下雨时。受风雨干扰，视线不清，检查注意力不够集中。

⑤河水回落时。思想松懈，心情舒缓，易产生洪水已过的心理，此时堤防迎水面易产生塌滑。

（3）"三清"

①险情要查清。在检查时发生险情，应弄清险情可能造成的危害及险情出现的原因。

②险情要报清。发现险情，应及时向防汛指挥部报告，在报告时要报清出现险情的时间、地点、现象，能弄清原因的还应报清险情出现的原因，以便及时组织力量进行防护。

③报警信号要记清。发现险情后，要严格按照规定发出险情信号，以便抢险指挥部正确安排人员赶赴出事现场。

（4）"三快"

①险情发现快。巡查时要正确运用汛前培训知识及时发现险情，避免险情进一步扩大。

②险情报告快。发现险情时，无论大小应及时向防汛指挥部门报告。

③险情抢护快。发现险情时，应及时组织人力、物力进行抢护，避免险情进一步扩大。

2. 注意事项

在防汛抢险过程中，各级政府部门要严格贯彻防汛指挥部命令，步调一致，精诚合作，树立抗大汛、防大洪的思想，严禁推诿扯皮，影响防汛抗洪工作。防汛抢险过程中需要注意的问题主要有以下几点：

①省级人民政府防汛指挥部应根据当地的洪水规律，规定汛期起止日期。当江河、湖泊、水库的水情接近保证水位或安全流量时，或者防洪工程设施发生重大险情、情况紧急时，县级以上地方人民政府可以宣布进入紧急防汛期，并报告上级人民政府防汛指挥部。

②防汛期内，各级防汛指挥部必须有负责人主持工作。有关责任人员必须坚守岗位，及时掌握汛情，并按照防御洪水方案和汛期调度运用计划进行调度。

③在汛期，水利、电力、气象、海洋、农林等部门的水文站、雨量站，必须及时准确地向各级防汛指挥部提供实时水文信息；气象部门必须及时向各级防汛指挥部提供有关天气预报和实时气象信息；水文部门必须及时向各级防汛指挥部提供有关水文预报信息；海洋部门必须及时向沿海地区各级防汛指挥部提供风暴潮预报信息。

④在汛期，河道、水库、闸坝、水运设施等工作管理单位及其主管部门在执行汛期调度运用计划时，必须服从有管辖权的人民政府防汛指挥部的统一调度指挥或者监督。

⑤在汛期，河道、水库、水电站、闸坝等水工程管理单位必须按照规定对水工程进行巡查，发现险情时，必须立即采取抢护措施，并及时向防汛指挥部和上级主管部门报告。

其他单位和个人发现水工程设施出现险情，应当立即向防汛指挥部和水工程管理单位报告。

⑥在汛期，公路、铁路、航运、民航等部门应当及时运送防汛抢险人员和物资；电力部门应当保证防汛用电。

⑦在汛期，电力调度通信设施必须服从防汛工作需要；邮电部门必须保证汛情和防汛指令的及时、准确传递，电视、广播、公路、铁路、航运、民航、公安、林业、石油等部门应当运用本部门的通信工具优先为防汛抗洪服务。

⑧在紧急防汛期，地方人民政府防汛指挥部必须由人民政府负责人主持工作，组织动员本地区各有关单位和个人投入抗洪抢险。所有单位和个人必须听从指挥，承担人民政府防汛指挥部分配的抗洪抢险任务。

⑨在紧急防汛期，公安部门应当按照人民政府防汛指挥部的要求，加强治安管理和安全保卫工作。必要时有关部门可依法实行陆地和水面交通管制。

⑩在紧急防汛期，为了防汛抢险需要，防汛指挥部有权在其管辖范围内，调用物资、设备、交通运输工具和人力，事后应当及时归还或者给予适当补偿。因抢险需要占地取土、砍伐林木、清除阻水障碍物的，任何单位和个人不得阻拦。

⑪当河道水位或者流量达到规定的分洪、滞洪标准时，有管辖权的人民政府防汛指挥部有权根据经批准的分洪、滞洪方案，采取分洪、滞洪措施。采取上述措施对毗邻地区有危害的，必须经有管辖权的上级防汛指挥机构批准，并事先通知有关地区。

⑫当洪水威胁群众安全时，当地人民政府应当及时组织群众撤离至安全地带，并做好生活安排。

⑬按照水的天然流势或者防洪、排涝工程的设计标准，或者按经批准的运行方案下泄的洪水，下游地区不得设障阻水或者缩小河道的过水能力；上游地区不得擅自增大下泄流量。

3. 灾后工作

灾情发生后，物资、商业、供销、农业、公路、铁路、航运、民航等部门应积极主动做好灾区救灾物资的供给与运输；民政、卫生、教育等部门应当做好灾区群众的生活供给、医疗防疫、学生复课、恢复生产等救灾工作；水利、邮电、通信、公路等部门要做好辖区水毁工程的修复与建设；各级人民政府防汛指挥部要按照国家要求核实并统计上报辖区范围内的洪涝灾情，不得虚报、瞒报；各级人民政府应积极组织和帮助灾区群众恢复生产、重建家园。

灾后重建是关系到地方经济和政治的大事，各部门、机关团体、个人都有责任和义务帮助灾区人民尽快恢复到正常的生活中来，任何团体和个人都应顾全大局，为灾区人民的生活建设贡献自己的力量。

第七章 水资源管理探析

第一节 水资源管理概述

一、水资源管理的基本知识

（一）水资源管理的原则

进行水资源综合管理的基本出发点是管理的"综合性"，利用多种途径解决所面临的水资源问题。水资源综合管理有如下原则：①坚持人与自然和谐共处的原则。水资源开发利用既要促进社会经济发展，又要保护与改善生态环境。②坚持水多、水少、水浑、水污染等问题统筹考虑、综合治理的原则。③坚持工程与非工程措施、社会保障措施等并重的原则。加强科学管理，提高科技含量，推进信息化进程。④坚持政府调控、公众参与、市场调节相结合的原则。探索和应用水权、水价、水市场理论。⑤坚持"依法管水"的原则。

（二）水资源管理的内容及任务

1. 水资源管理的内容

水资源管理是指从水资源勘察、开发、利用到再利用过程中管理的总和，是对水资源开发利用的组织、协调、监督和调度。作为一门学科研究方向，水资源管理研究的内容具有交叉性的特点。具体内容包括运用行政、法律、经济、技术和教育手段，组织各种社会力量开发水利和防治水害；协调社会经济发展与水资源开发利用之间的关系，处理各地区、各部门之间的用水矛盾；监督、限制不合理地开发水资源和危害水源的行为；制订供水系统和水库工程的优化调度方案，科学分配水量。水资源管理的目的是：提高水资源的有效利用率，保护水资源的持续开发利用，充分发挥水资源工程的经济效益，在满足用水户对水量和水质要求的前提下，使水资源发挥最大的社会、环境、经济效益。其中也包括了对水资源数量和质量的评价，对水资源分布、开发条件、经济价值、环境影响等的评价，以及对各类水事活动的评价。

具体内容可概括为如下几个方面：

（1）水资源的所有权、开发权和使用权

所有权取决于社会制度，开发权和使用权服从于所有权。在生产资料私有制社会中，土地所有者可以要求获得水权，水资源成为私人专用。在生产资料公有的社会主义国家中，水资源的所有权和开发权属于全民或集体，使用权则是由管理机构发给用户使用证。

（2）水资源的政策

为了管好用好水资源，对于如何确定水资源的开发规模、程序和时机，如何进行流域的全面规划和综合开发，如何实行水源保护和水体污染防治，如何计划用水、节约用水、计收水费等问题，都要根据国民经济的需要与可能，制定相应的方针政策。

（3）水量的分配和调度

在一个流域或一个供水系统内，有许多水利工程和用水单位，往往会发生供需矛盾和水利纠纷，因此要按照上下游兼顾和综合利用的原则，制订水量分配计划和调度方案，作为正常管理运用的依据。遇到水源不足的干旱年，还要采取应急的调度方案，限制一部分用水，保证重要用户的供水。

（4）防洪问题

洪水灾害会给生命财产造成巨大的损失，甚至会扰乱整个国民经济的部署。因此，研究防洪决策，对于可能发生的大洪水事先做好防御准备，也是水资源管理的重要组成部分。在防洪管理方面，除了维护水库和堤防的安全以外，还要防止行洪、分洪、滞洪、蓄洪的河滩、洼地、湖泊被侵占破坏，并实施相应的经济损失赔偿政策，试办防洪保险事业。

（5）水情预报

由于河流的多目标开发，水资源工程越来越多，相应的管理单位也不断增加，日益显示出水情预报对搞好管理的重要性。因此必须加强水文观测，做好水情预报，才能保证工程安全运行和提高经济效益。

（6）水源保护与水污染防治

水污染是指水体因为某种物质的介入而导致其物理、化学、生物或者放射性等方面特性的改变，从而影响水的有效利用，危害人体健康或破坏生态环境，造成水质恶化的现象。

城市污水和工业废水是造成水体污染的主要原因。近年来，工业废水排放量所占比例在下降，而城市生活废水所占比例明显提高。大量污水的排放使我国江河湖泊、水库普遍受到污染，而且多年来基本上一直呈加重趋势。水质问题远大于水量的问题。因此，必须把水污染的防治放在民族存亡的高度给予重视。为了防止水污染，保护水源必须建立如下观念：水是宝贵的资源，必须节约使用；减少用水量就会减少污水量，要做到合理用水，最大限度地减少进入水体的污水量。

2. 水资源管理的任务

①研究水资源的属性、形成机制、时空分布和发展规律。

②研究水资源管理体制，对水资源的合理开发与利用，规划布局与调配，以及水源和水环境保护等方面，建立统一的、综合的管理体制。

③研究水资源管理的基本原则和工作流程，水资源管理的组织体系和法规体系，水资源管理的经济和技术措施。

④研究水资源的合理配置，水资源保护与节约用水。

⑤研究水质保护与水污染控制，水害原理与防治。

⑥研究水资源配置与规划对经济社会可持续发展的影响。

全球水资源的总量有限，时空分配不均，水源污染严重，再加上生产和生活中不注意节约用水，水的浪费现象十分严重，导致了全球性的水资源危机。

水资源危机已经严重影响到经济社会的发展与可持续发展。因此，必须认识到水资源危机的严重性，采取果断措施，加强水资源的开发利用、规划布局，以及水资源保护与经营管理。

（三）水资源管理的方式

根据区域不同发展阶段对水资源管理的侧重点不同，可概括出以下几种水资源管理的方式。

1. 供水管理

供水管理是指通过工程与非工程措施将适时适量的水输送到用户的供水过程的管理，核心是尽量采取各种措施以减少水量在输送过程中的无效损耗。

2. 用水管理

用水管理是指运用法律、经济、行政手段，对各地区、各部门、各单位和个人的供水数量、质量、次序和时间的管理过程。核心是尽量减少在用水过程中不必要的水量浪费，并不断改进工艺、设备及操作方法，以节约用水。

3. 需水管理

需水管理是指运用行政、法律、经济、技术、宣传、教育等手段和措施，抑制需水过快增长的行为。核心是调整产业结构，促进节水，提出最合理的各类用水对象的需水指标。

4. 水质管理

水质管理是指采取行政、法律、经济、技术等措施，保护和改善水质的行为。核心是经过污染源调查、水质监测，进行水资源品质评价和水质规划，保障区域水质安全。

供水管理侧重的是对供水过程的管理，用水管理侧重的是对用水过程的管理，需水管理是在用水管理基础上发展起来的，建立节水型社会，提高水资源的利用效率。水质管理是在水资源利用过程中排放的废污水对地表或地下水体造成污染，甚至失去使用价值的背景下提出的，对水资源利用进行量与质的同步控制与管理，也是实现水资源可持续利用的重要途径。

5. 综合管理、集成管理或一体化管理

水资源综合管理是指以人与自然和谐共处为原则，通过政府宏观调控、用户民主协商、水市场调节三者有机结合，依据法律法规，采用行政、经济、技术、宣传教育等手段，统筹考虑、综合治理人类社会所面临的水多、水少、水浑、水污染等问题。

现代经济学研究表明，可再生资源的再生水平取决于自然环境系统，自然环境系统又与人类的活动行为密切相关。从自然资源与环境经济学的理论出发，自然环境系统为人类提供两种基本的服务：一种是原材料和能源的供给；另一种是吸收、转化人类社会废弃物功能。但是，自然环境系统向人类提供的这种服务是有限度的，如果人类活动或向自然环境系统的索取超过一定的限度，原有的系统平衡将被打破，而新平衡的建立总是以自然环境系统向人类服务的减少为代价。因此，在研究水资源管理问题中，不是把水资源当作一个孤立的对象给予研究处理，而是必须从包括水资源在内的自然环境系统去统一考虑。

（四）水资源管理模式的变迁与比较

1. 供给管理与需求管理

（1）供给管理

供给管理主要是利用各种工程手段来获取所需用水，它强调供给第一，以需定供。供给管理模式源于人们对水资源"自然赋予"的传统观念。自然赋予观念突出了水的自然即生性，该观念认为水资源没有价值，是自然无偿赐予人类使用，是取之不尽，用之不竭的，是无须支付任何形式的代价的自然资源。人们的水观念决定着人们的行为方式，无偿攫取甚至掠夺式开发水资源的用水习惯正是在自然赋予观的支配下得以衍生，进而顽固地存在于人们的大脑深处。这种水观念反映到生产上，必然表现为水资源的粗放经营和大量消耗；反映到生活上，必然表现为水资源的浪费和过度开采；反映到水资源管理上，必然表现为松散式管理，水资源消耗速度和紧张程度没有恰当的手段和杠杆来衡量。一旦发现供需矛盾突出，就采用各种工程措施在可利用的水资源中增加有效供水量，通过供给扩张达到供需平衡；在经济效益上，水资源的投入产出在国民经济核算中反映不出来，原因之一是许多工程建设由政府补贴，而且供水水价也很低。在生态环境上，由于大规模修建水利工程和过度开发水资源，导致了严重的诸如咸水入侵、盐碱化、地

面沉降等生态环境问题。许多国家往往都是在完成水资源的开发利用之后，再回过头来对受损的生态系统进行恢复和重建。显然，供给管理模式的采用依赖于特殊的条件，且它本身存在种种缺陷和不足。这样，当水资源危机出现的时候，人们开始重新认识水资源，反思"自然赋予观"的正确性，由此产生了水资源的经济物品观念和需求管理模式。

（2）需求管理

水资源的经济物品观强调水资源的稀缺性、价值性以及使用上的成本性，因而此时的水资源就从可以自由取用的非经济物品上升为经济物品。水资源需求管理模式随着人们水资源经济物品观的确立而产生。需求管理着眼于水资源的长期需要，强调在水资源供给约束条件下，把供给方和需求方各种形式的水资源作为一个整体进行管理。其基本思路是：除供给方资源外，把需求方所减少的水资源消耗也视为可分配的资源同时参与水资源管理，使开源和节水融为一体。运用市场机制和政府调控等手段，通过优化组合实现高效益低成本的利用和配置水资源。需求管理模式大体上包括四个方面的手段。

①经济管理手段。其核心是水价的确定。针对供给管理水价偏低的情况，需求管理模式首先提出供水不仅是有偿的，而且合理的水价应该以完全反映边际成本为目标。这一成本包括供水系统的建设、运行、维护等项目的费用；水资源污损费用；外部因素引起的供水系统的毁损费用。这样，水利工程大量依赖补贴、效益低下的状况就会得到改善。其次，需求管理采用鼓励性措施（如税收、信贷等）和抑制性措施（如高价、罚款等）经济杠杆来调节水的需求。

②制度法规手段。政府有关部门通过制定法规、制度等鼓励节水、约束浪费和保护水环境，具体如用水许可证制度等。

③技术手段。如采用先进的节水和污水净化处理技术和设备，提高用水效率。

④诱导手段。主要是通过宣传和教育等方式，提高全民节水意识和引导消费行为朝着有利于节水方向发展。

2. 资源化管理与资产化管理

（1）资源化管理

资源化管理是仅仅把水资源作为一种实物，从物质上进行管理，包括水资源的权属管理、数量管理、开发利用和保护管理等。资源化管理产生于计划经济体制下，它只注重水资源的使用价值，而其收益权能被掩盖，价值量被忽视，处置权被限制。管理手段只有单一的行政手段，政府对全部的水资源进行直接管理和调配，而市场则被排除在外。资源化管理模式反映到生产上，由于缺少价格信号，水资源的开发、利用和配置的经济合理性缺乏依据，使得计划中的盲目性在所难免，加之产权不清和缺乏流动性，水资源的优化配置和高效利用实际上难以实现；反映到生活上，由于缺乏监督和激励机制，也难以调动人们节约和保护水资源的积极性，最终形成以高消耗、高投入带动经济增长的模式所导致的水资源的浪费。随着我国市场化取向的经济体制改革的深入，人们逐渐认识到，以行政手段对水资源实行实物性管理的模式，虽然在当时特定的条件下也发挥了作用，但大量事实表明，在微观层面上，计划对资源的配置效率存在着明显的不足。

（2）资产化管理

资产化管理就是把水资源作为资产，从开发利用到生产、再生产全过程，遵循自然规律和经济规律，进行投入产出管理。它有三个特征：确保所有者权益、自我积累和产权的可流动性。水资源资产化管理的目的是有偿使用水资源，通过投入产出管理，确保所有者权益不受损害，增加水资源产权的可交易性，促进水资源价值补偿和价值实现。水资源资产化管理的出现并非偶然，它既是全球性的水资源短缺、生态环境恶化和生存危机等严重的发展问题给人们带来的一种理性思考的结果，也是对我国长期高度集中的计划经济体制下以行政手段配置水资源而导致的一系列问题的深刻反思的结果。传统的计划经济体制不仅使水资源正常更新的资金来源被人为地阻断，而且也造成水资源产品价格的长期严重扭曲。随着我国社会主义市场经济体制的确立和逐步完善，尤其是以产前理论为核心的现代企业制度的建立，水资源管理有必要采用资产化管理，而且水资源的稀缺性特征也使其转化为资产成为可能。水资源资产化管理包括产权管理、经营管理和收益管理。产权管理是通过对水资源的资产化管理，建立起明晰的产权并实现产权的可流转，保证每一个经济主体自身的利益实现最大化；经营管理是通过对水资源的资产化管理，使水资源的开发、利用和保护走上良性循环的轨道，实现经济效益、生态效益和社会效益的统一；收益管理是通过对水资源的资产化管理，把水资源纳入国民经济核算体系，使水资源的实际价值得到反映和补偿，并实现保值和增值。

可见，水资源的资产化管理是市场经济发展的内在要求，它通过采用符合市场经济规则的经济手段，形成强有力的约束机制和激励机制，提高水资源的利用效率并最终实现最优配置。同时，水资源资产化管理模式不仅是管理观念和管理方式的改变，而且对于深化我国整个资源管理体制的改革和经济增长方式的转变，都具有重要的意义。

二、水资源使用权分配及用水管理

水资源具有多种功能，开发这些功能常属于不同部门或单位。在一条河流上开发各种不同功能，彼此可能会产生不利影响。因此，在规划阶段应当注意开发各种不同功能时的相互协调，以求达到彼此满意的结果。

水资源的使用对水量来说有消耗性的和非消耗性的。消耗性的用水主要指河道外的用水，包括工业、农业、生活等用水，均有一部分消耗于蒸发；非消耗性的用水主要指河道内用水，如水力发电、航运等用水。当然，所谓消耗与非消耗都是相对而言的，因为河道外用水也将有相当部分仍回归到下游，河道内用水也会因调蓄而损失部分水量，且利用水的势能或将上游的水放入下游，也会引发一些矛盾，因此在水的利用中，即使河道内用水，对使用权也需进行合理分配，以避免或尽量减少不同行业间的用水矛盾。

在水量利用中，除了行业间需相互照顾外，上下游地区间的水量的合理分配也是一个关键问题。当水资源供需关系比较紧张时，出现各行业、上下游争水现象，就更需加强管理，以免人为地加剧矛盾。即使在河道内用水，也同样存在问题。例如水电站承担日调节或调峰荷的作用，发电放水不能保持一个常数，而是随用电负荷的变化，有时多发电则多放水，有时少发甚至不发电，则少放或不放水，这就使电站下游的流量、水位发生时高时低的变化，会与下游的航运、天然水场水产养殖等要求的水位产生矛盾。这就需要事先对河道内和河道外各类用水进行合理分配，即在各类功能的水使用权上予以有计划地管理，而不能各行其是。这种对使用权的限制，对于某个单项指标来说不一定是达到最优的，但对总体来说，却是最优的。在规划和计划中固然要遵循这一原则以制订最优的方案，在水资源的实际利用过程中，也必须时时按照这样的原则进行调度运用。

当水资源的利用涉及水量的消耗时，常常发生上下游的用水矛盾。这就需要对河川径流的使用权实行合理分配。对于河川流量并不丰沛，用水量又不断增加的情况，这个问题就更加突出。在处理这个问题时，以下几个方面应当予以考虑：

（1）鉴于河川径流的随机变化，即有的年份来水量较多，而有的年份来水量较少，因此不能仅以多年平均径流量作为水量分配的依据，而应根据用水要求的保证条件，并要提出某种特定的保证率（例如75%）来水年的径流量分配的方案。

（2）河川径流除各类可为人利用的功能之外，尚需有为维持河川的自然形态、维护河川有关自然环境和生态所需的水量。因此，在河川上任一点取水，都不能把河中可用之水全部拦截引走用掉。在这里不仅要考虑当前的用水情况，还要照顾全河流域今后发展的需要。

（3）"当地水优先用于当地"和"高水高用"是在水量分配上应当考虑的原则，但也应当有一定限度。

（4）在任何情况下，把一个流域中的水全部在流域内喝光吃净，不放一滴水入海的想法都是不可取的，因为这种做法必然导致流域中盐分的积累而使生态环境极度恶化，影响人类的生存条件。

因此，对水资源的使用权不仅应当在各种功能间合理分配，要对为每种目的而使用水资源的权，也必须有一个合理的限度，这样才能使有限的水资源更好地适应人类生存和发展的需要，维持人类社会的可持续发展。

为此，虽然为适应各类用水的需要而采取各类工程措施为用户提供水的服务，但对于各类用水仍需要加强管理，以求减少浪费，加大用水的有效性。用水管理的目标包括：尽量减少在输水过程中的无效损失，对各类用水户实行计划用水和合理用水的管理，并采用法规、经济和技术手段进行控制。为实现用水管理，水管理部门应定期对各类用水的情况进行调查，以发现问题，提出改进。这就要求对各类用水均实行计量收费，对超标用水制定相应惩罚办法。采取措施尽量减少废、污水的排放量，并对废、污水进行必要的处理。在提高用水效率方面，应促进水的循环使用，各地区各行业确立目标，做出节水规划，并落实相应措施，以不断改进各类用水定额。

三、需水管理与水质管理

（一）需水管理

需水管理是在水的供需关系出现紧张后逐步形成的。由于经济的发展和人口的增加，各类用水迅猛增长，而供水的发展常落后于需水的要求，且有的地区因天然水资源比较贫乏，即使新建的供水工程也无力充分满足需水的增长要求，不得不对用水加以限制，不是要多少水供多少水，而是供多少水用多少水，即供需关系由原来的"以需定供"原则，变成"以供定需"的原则。在这种情况下，人们就开始考虑如何对需水要求进行分析，使各类需水指标进一步合理化。这时水管部门的职责就不是只管按照用水户提出来的用水要求，千方百计去修建供水工程来适应这个要求，而是要对用户提出来的用水要求进行分析，并和用户一起提出如何降低用水指标和定额，以在有限的供水能力条件下使水发挥更大的效益。这种对需水的管理最早出现于水资源特别匮乏，而又需要加快经济发展和提高人民生活水平的地区，常因水的供需矛盾十分突出，不解决就会阻碍社会的发展。

需水管理、用水管理和供水管理是在水的供需问题中不同的环节，三者相辅相成以达到科学用水、合理用水及节约用水的目标。需水管理是这三个环节中最根本的，是从根源上抓起，经过大量调查分析和科学试验，以提出最科学合理的各类对象的需水指标。供水管理是在供水过程中尽量采用各类措施以减少水量在输送过程中的无效消耗。用水管理则是在用水过程中尽量减少不必要的水量浪费，并不断改进工艺和设备以及操作方法，以节约用水。三者互相配合，以求达到高效用水的目的，在用水效益与供水费用之间寻求适当平衡。同时，需水管理的经验是通过用水管理归纳出来的。在用水过程中加强管理，改进技术，开展节水增效活动，并通过反复的实地观察试验，对现有的用水定额进行改进，可以提高水的利用效率。这些都应当从实际的条件出发，循序渐进，对成熟的、先进的用水经验进行归纳提高，以提出更先进的需水定额。因此，这些应是建立在科学管理、改革工艺、更新设备以及管理人员素质的不断提高的基础上才能取得，而且这些都需要资金的支持。

（二）水质管理

水资源在利用过程中排放的废、污水对地表水或地下水体造成污染，严重的会使水源失去使用价值，为此要对水质进行管理，即通过调查污染源，实行水质监测，进行水质调查和评价，制定有关法规和标准，制订水质规划等。

水资源的数量和质量是不可分割地联系在一起的。水体的总特性反映在包括化学、物理、生物和生态的参数中，而自然和人为的活动也直接对水质产生不可忽视的影响，诸如土地利用、工农业生产活动、人类的经济和生活活动、水土流失、森林采伐等都对地表水和地下水体中水质产生影响。对水资源在总体上采取对水量和水质的控制和管理，也是保持水资源可持续开发利用的一个很基本的方面。

水质管理的目标是注意维持地表水和地下含水层的水质是否达到国家规定的不同要求标准，特别要保证饮水水源地不受污染，以及风景游览区和生活区水体不致发生富营养化和变臭。

1. 水质管理措施

为达到上述目的，必须有相应的措施保证，这包括以下几点：

①加强对水资源的监测和信息收集。监测主要指通过对定点（监测站）或河段有关水量和水质变化的监测，包括健全和改善水文站网和水质监测站网规划，完善测验标准体系，建立资料和信息传递通信系统，建立有关水量和水质资料的数据库系统等。除水资源本身外，整个水系统也应和环境的其他要素相联系，从而可使水文监测数据和信息也成为环境总质量的有力指标。为保证监测的质量，应当对标准化工作的重要性予以重视。为此，对从事这一工作的人员制订必要的培训计划，以及对测验和试验技术的鉴定，也是非常重要的工作。

②定期进行有针对性的水量和水质评价和预测工作，并估计可能出现的情况，提出相应的保护对策和措施。

③制订水质规划，拟定定期内要达到的水量和水质规划的标准和目标，以及相应的技术和其他措施。规划中应当尽量采用先进的治理、评价和预测技术，并不断加强科学研究和开发新技术。

在社会和经济的发展过程中，各类用水量不断增加，并随废、污水排放量的增加导致进入自然界水体中的各种成分以及新的人工合成物的数量都在增加。如果不及时加强对水质的管理，水污染问题的前景是十分严重的。因此，水质管理的基本目标是：为社会和经济的可持续发展，要保证能长期持久地利用水资源；保护人民的生活和健康状态不致受到以水为媒介的疾病和病原体的影响；保护水产品不因水质被污染而出现消极影响；维持自然水体中水质的良好状态以保持生态系统的完整性，以有利于人类社会的发展。

2. 水质管理指标

联合国对水资源保护问题提出：所有国家均可按照其能力及现有资源，通过双边或多边合作，包括酌情通过联合国和其他国际组织，设定以下指标。

①弄清可持续开发的地表水和地下水资源以及其他与水紧密相关且可开发利用的资源，并制订对这些资源进行保护、养护和可持续利用的计划。

②查明所有的潜在可供水源，并拟定对其实行保护、养护和开发利用的计划。

③根据以对污染源的控制来减少污染的策略，结合环境影响评价，并针对主要点污染源和具有高度危险的非点污染源所制定的强制性实施标准，在与社会经济的发展相适应的前提下，开展有效的水污染防治措施。

④尽可能参与国际上有关水质监测和管理的活动，例如全球环境/水监测计划，环境规划署的内陆水域无害环境管理，粮农组织的内陆区域渔业机构，以及有关国际重要性的沼泽地，特别是水禽栖息地公约。

⑤大力减少与水有关疾病的流行。

⑥根据需要和可能制定各类水体的生物、卫生、物理和化学质量标准，以不断改善水质。

⑦采取有利于水资源的持续开发的综合管理办法，并保护水生生态系统和淡水生物资源。

⑧制定和淡水、沿海生态系统有关的无害环境管理策略，包括对渔业、水产养殖业、畜牧放牧业、农业活动和生物多样性的研究。

根据我国的实际情况，由于人口众多，地域广阔，对水质进行管理，加强监测是十分必要的。水质管理的重点是各类用水中的排水管理，对不达标的排水要规定一个达标的时间表，要求用水户采取必要的措施以实现达标要求；同时，要和用水管理一道，按要求逐步提高城镇污水集中处理和工业废水的厂内处理率，控制农田的化肥、农药等有效利用率等。

四、水资源管理的经济手段

水资源管理的经济手段是依赖政府制定的各种经济政策，运用有关的经济政策为杠杆，组织、调节和影响管理对象的活动，以使水资源的开发、利用、保护等活动更趋于合理。具体手段是制定合理的水价和征收水资源费。

（一）水价和水费政策

除城市中的自来水从来就是计量收费外，在我国其他用水长期以来缺少一套完整的规章制度，早前基本上供水不收水费，包括国家投资修建大量水利工程提供的水源，由于免费，连工程的维修、运行和水利管理等经费都还要靠国家拨款来维持。当时有一种误解，认为修水利工程供水是公益活动，全部靠国家的支撑。之后从实践中认识到水利事业具有公益、半公益和经营性的多重性质，后来由原水利电力部制定《水利工程水费计收使用和管理试行办法》，经国务院批准颁布实施，但在实践中却由于种种原因，未能贯彻执行。国务院颁布了《水利工程水费核定、计收和管理办法》，使我国进入有偿供水、核算成本、按量收费的阶段。水利部继续颁布文件，再次强调对水利工程供水价格加强管理、核定供水成本的内涵，水价政策实行成本补偿、合理收益的原则，并区别不同用途，逐步调整到位。以上表明我国在水价制定和实施上，逐步走上正规化、合理化道路。

实践证明，水价的水资源管理作用明显，是水资源管理的重要手段。

价格机制如超额罚款或递增水价等，和按季或按年收取水费相比，可以有效抑制水消费。

（二）水资源费

《中华人民共和国水法》规定，使用水工程供应的水，应当按照规定向供水单位缴纳水费。对城市中直接从地下取水的单位征收水资源费；其他直接从地下或者江河、湖泊取水的，可以由省、自治区、直辖市人民政府决定征收水资源费。

水资源费的制定标准应当体现以下内容：①国家对水资源拥有的产权；②区域水资源的稀缺性；③水资源开发利用的间接费用，如水文监测、水源地保护及相关的科技投入费用等；④水资源开发利用的外部成本，如污水处理、水源保护、监测等。

五、水资源科学技术管理

为达到科学管理水资源的目的，必须重视管理工作的技术方面，这包括建立水资源信息的实时传递及通信系统和实时联机水情预报系统，进行水资源工程及有关设施的监测及维护，进行水资源的合理运行调度等。

水资源信息包括来水水情，即由来水区内的水文监测站发出的实时降水和河流水量变化和水质变化的信息，以及供水范围内用水信息，如工业、城市、农业等用水要求的变化和供水区内降水的监测及土壤墒情变化的实时信息等，都需及时传递到水资源调度管理及决策机关。为达到科学调度水资源的要求，尽可能使这些信息的取得及传递达到自动化的水平。在初期未能达到全面自动测报时，也要保证各种信息以最快且现实可能的速度，采用半人工半电传的方式，如利用有线或无线通信设备及邮电网络传递到调度决策中心机构。对水文信息的传递，最好是利用建立起来的水文自动测报系统来进行。水文自动测报系统，或称水文遥测系统，一般由在水文测站上安装的传感器和控制设备、资料传递通道即通信设备、接收站或接收中心的通信和控制处理系统所组成。有些测站是全部自动遥测且无人值守，这主要是降水观测和部分水位观测，但在我国多数水文测站是有人值守的，而作为自动测报系统中的水文站，也同样应安装传感器及控制设备，以自动取得所需的测验参数。少数流量站也能自动收集流量信息，这主要是安装了超声波测流设备或电磁测流设备的站，但多数流量站的流量实测还要靠人力进行。

信息的传输制式通常有自报式及应答式两种。自报式即由测站定时主动发送信息，也包括事先规定的当遥测参数达到某一限定数量时就立刻向外发送数据的功能。应答式是测站随时处于待命状态，一旦收到遥测中心发给该测站的指令，就立即启动并向中心发送信息。

水文自动测报系统要注意：遥测及通信设备的电源，因有些测站远离城镇及村庄，需自备电源，或保证定期更换电池，或用太阳能蓄电池。有的测站设在高山上，或交通十分不便，为减少繁重的体力劳动，研制寿命长及保险系数大的电源是很关键的，而测报设备的低耗灵敏也是十分关键的。其次是遥测系统中采取数据、存储及发送控制的电子设备，容易遭受雷电的干扰及破坏，防止雷电的设施及保护信息不使被抹零的装置研究，也必须予以充分重视。

水文自动测报系统的建设需要一定的资金及技术条件，但其经济效益却是非常显著的。发展多用于防汛调度，但随着水资源的综合开发利用，为充分发挥水资源的多功能效益，及时的水资源信息带来的经济效益也是十分可观的。在水资源调度中心，对于供水区内的用水需水情况也要及时掌握其变化现状，以合理调整供水和配水量。

水资源运行调度的基本原则与水资源规划中的调度问题基本一致，都是要经济、有效地利用水资源，使其发挥最大的经济效益和社会效益。但在运行调度中与规划阶段的调度设计最大的不同点在于，规划阶段所使用的水文资料系列是已知的，即使用历史水文实测资料进行分析，或利用基于已知历史水文资料的特性，用人工生成的方法所制造的人工水文系列进行分析，而在运行调度中则对于当时及以后将要发生的水文情况则属于未知的状态，且水资源系统包括来水、供水及其相应地区的具体情况均是当时的实际情况而不是设计的情况，并且要及时根据这些具体情况做出调度决策。在这种情况下，实时水资源信息及其预报就十分重要。

实时水文预报，又称实时联机水文预报，是指根据水文遥测系统传送来的信息数据自动输入计算机进行处理，并按一定的预报模型做出某地点某时的水情预报。通常实时联机预报的水文模型应具有实时修正功能，即具有实时追踪参数变化能力的自适应功能，并能对所接收信息中的随机干扰进行滤波，即从包含噪声干扰的信息中摄取有用信息的功能，其中应用较广的有卡尔曼滤波方法。

第二节　水资源公共行政管理

一、水资源公共行政管理的任务

资源管理的目标有两个方面：一是合理开发利用以节约保护资源；二是维护资源开发利用的秩序。

自然资源是人类生存与发展的先决条件，是人类社会存在与发展的基础，人类通过开发利用资源获得生存的条件与利益，但是在开发利用中由于受到利益的驱使，极易出现过度开发、浪费资源、破坏资源的情况。首先，为了防止这种现象的发生，必须由政府进行管理。其次，在资源开发利用过程中，不可避免地会出现资源开发者之间的利益纠纷，影响社会的稳定，也要求政府对其进行管理，维护正常的开发利用秩序。

水资源公共行政管理是从另外的角度来看待水资源问题的，即如何提高公共行政管理的效率；如何用有限的力量维护合理的用水秩序；如何通过管理措施提高用水的效率，解决需求管理的问题。

水资源公共行政管理的基础是：①行政管理力量有多少；②需要行政管理的力量是多少；③两者如何平衡；④开展行政管理需要的基础工作有多少；⑤如何评价行政管理的绩效；⑥需要哪些指标；⑦行政管理的有效手段有哪些，各适用于什么范围；⑧管理的边界是什么，如何划定并用适当的方式告知公众。

二、水资源公共行政管理的思路

水资源管理的目的就是提高资源的使用效率，保护资源。

（一）当前水资源管理的方向

在当前，水资源管理就是为了加强水资源的节约与保护，强化水资源与水环境约束，不断提高水资源利用效率和效益。

（二）当前水资源管理的基础

为了加强水资源的节约与保护，必须以强有力的管理为基础，以完善的管理体系为支撑，才能强化资源的节约与保护。

三、水资源公共行政管理的对象

人类对水资源的管理只有对使用方式进行管理，规范人类用水的方式，才能达到资源的合理开发与利用，避免产生生态方面的问题。而用水的方式，主要是工业、农牧业与生活用水。我国工业化尚未完成，农村人口巨大，农村生产水平低下，相当一部分农村处于自然经济状态，没有完成农业工业化。而工业城市已经基本完成了工业化，组织化程度、劳动力素质较高，具备了管理的基础条件，而农业由于组织化程度过低，处于自然经济状态，以户为单位，技术装备差、劳动力素质低下，难以实施有效的管理，需采取严格的管制性管理，需要投入巨大的监测设施与装备力量，还需巨大的监督力量，这都与我国当前的水资源管理力量不相符合。因此，当前水资源管理的重点应当放在城市与工业的用水管理上，而不是放在农业用水管理上。

现阶段，城市用水和工业企业用水组织化程度均已较高，已具备全面进行取用水管理而农业除了少数组织化水平较高的灌区和农业企业外，还不具备全面开展取用水管理的组织条件。城市用水以自来水的商品属性为纽带实现了用水群体的组织化；而企业是社会化生产条件下，为了实现某种经济利益而形成的组织，因此也实现了用水的组织化。由于传统农业经济模式尚未得到根本改变，农业生产仍处于分散状态，农民的组织化程度还很低，导致农业用水行为呈现分散、无序、低效的状况。具体来说，农业用水的计量制度、用水收费制度等都没有建立起来。因此，近期内农业用水尚不具备制度化管理的条件。所以，工作重点应放在节水技术的示范、推广和促进农村用水组织发展上。

四、水资源公共行政管理的手段

水资源公共行政管理是在国家实施水资源可持续利用、保障经济社会可持续发展战略方针下的水事管理，涉及水资源的自然、生态、经济、社会属性，影响水资源复合系统的诸方面。因而，管理方法必须采用多维手段，相互配合、相互支持，才能达到水资源、经济、社会、环境协调持续发展的目的。法律、行政、经济、技术、宣传教育等综合手段在管理水资源中具有十分重要的作用，依法治水是根本、行政措施是保障、经济调节是核心、技术创新是关键、宣传教育是基础。

（一）法律手段

水资源管理方面的法律手段，就是通过制定并贯彻执行水法规来调整人们在开发利用、保护水资源和防治水害过程中产生的多种社会关系和活动。依法管理水资源是维护水资源开发利用秩序、优化配置水资源、消除和防治水害、保障水资源可持续利用、保护自然和生态系统平衡的重要措施。

水资源采用法律手段进行管理，一般具有以下两个特点。一是具有权威性和强制性。这些法律法规是由国家权力机关制定和颁布的，并以国家机器的强制力为其坚强后盾，带有相当的严肃性，任何组织和个人都必须无条件地遵守，不得对这些法律法规的执行进行阻挠和抵抗。二是具有规范性和稳定性。法律法规是经过认真考虑、严格按程序制定的，其文字表达准确，解释权在相应的立法、司法和行政机构，绝不允许对其做出任意性的解释。同时，经颁布实施，就将在一定的时期内有效并执行，具有稳定性。

（二）行政手段

行政手段又称为行政方法，它是依靠行政组织或行政机构的权威，运用决定、命令、指令、指示、规定和条例等行政措施，以权威和服从为前提，直接指挥下属的工作。采取行政手段管理水资源主要指国家和地方各级水行政管理机关依据国家行政机关职能配置和行政法规所赋予的组织和指挥权力，为水资源及其环境管理工作制定方针、政策，建立法规、颁布标准，进行监督协调。实施行政政策和管理是进行水资源管理活动的体制保障和组织行为保障。

水资源行政管理主要包括如下内容：①水行政主管部门贯彻执行国家水资源管理战略、方针和政策，并提出具体议和意见，定期或不定期向政府或社会报告本地区的水资源状况及管理状况。②组织制定国家和地方的水资源管理政策、工作计划和规划，并把这些计划和规划报请政府审批，使之具有行政法规效力。③运用行政权力对某些区域采取特定管理措施，如划分水源保护，确定水功能区、超采区、限采区，编制缺水应急预案等。④对一些严重污染破坏水资源及环境的企业、交通设施等要求限期治理，甚至勒令其关、停并、转、迁。⑤对易产生污染、耗水量大的工程设施和项目，采取行政制约方法，如严格执行《建设项目水资源论证管理办法》《取水许可制度实施办法》等，对新建、扩建、改建项目实行环保和节水"三同时"原则。⑥鼓励扶持保护水资源、节约用水的活动，调解水事纠纷等。

行政手段一般带有一定的强制性和法制性，否则管理功能无法实现。长期实践充分证明，行政手段既是水资源日常管理的执行渠道，又是解决水旱灾害等突发事件强有力的组织者和执行者。只有通过有效力的行政管理，才能保障水资源理目标的实现。

（三）经济手段

水利是国民经济的一项重要基础产业，水资源既是重要的自然资源，也是不可缺少的经济资源，在管理中利用价值规律，运用价格、税收、信贷等经济杠杆，控制生产者在水资源开发中的行为，调节水资源的分配，促进合理用水、节约用水，限制和惩罚损害水资源及其环境以及浪费水的行为，奖励保护水资源、节约用水的行为。

水资源管理的经济方法主要包括以下几个方面：①制定合理的水价、水资源费等各种水资源价格标准。②制定水利工程投资政策，明确资金渠道，按照工程类型和受益范围、受益程度合理分摊工程投资。③建立保护水资源、恢复生态环境的经济补偿机制，任何造成水质污染和水环境破坏的，都要缴纳一定的补偿作用，用于消除造成的危害。④采用必要的经济奖惩制度，对保护水资源及计划用水、节约用水等各方面有贡献者实行经济奖励，对不按计划用水、任意浪费水资源及超标准排放污水等行为实行严厉的经济罚款。⑤根据我国国情，尽快培育水市场，允许水资源使用权的有偿转让。

（四）技术手段

技术手段是充分利用"科学技术是第一生产力"的基本理论，运用那些既能提高生产率，又能提高水资源开发利用率，减少水资源在开发利用中的消耗，对水资源及其环境的损害能控制在最低程度的技术以及先进的水污染治理技术等，达到有效管理水资源的目的。

运用技术手段，可以实现水资源开发利用及管理保护的科学化，技术手段包括的内容很多，一般主要包括以下几个方面：①根据我国水资源的实际情况，制定切实可行的水资源及其环境的监测、评价、规划、定额等规范和标准。②根据监测资料和其他有关资料，对水资源状况进行评价和规划，编写水资源报告书和水资源公报。③学习其他国家在水资源管理方面的经验，积极推广先进的水资源开发利用技术和管理技术。④积极组织开展水资源等相关领域的科学研究，并尽快将科研成果在水资源管理中推广应用等。

多年管理的实践证明：不仅水资源的开发利用需要先进的技术手段，而且许多有关水资源的政策、法律、法规的制定和实施也涉及许多科学技术问题，所以，能否实现水资源可持续利用的管理目标，在很大程度上取决于科学技术水平。因此，管好水资源必须以"科教兴国"战略为指导，依靠科技进步，采用新理论、新技术、新方法，实现水资源管理的现代化。

（五）宣传教育手段

宣传教育既是搞好水资源管理的基础，也是实现水资源有效管理的重要手段。水资源科学知识的普及、水资源可持续利用观的建立、国家水资源法规和政策的贯彻实施、水情通报等，都需要通过行之有效的宣传教育来实施。同时，宣传教育还是保护水资源、节约用水的思想发动工作，充分利用道德约束力量来规范人们对水资源的行为的重要途径。通过报纸、杂志、广播、电视、展览、专题讲座、文艺演出等各种传媒形式，广泛宣传教育，使公众了解水资源管理的重要意义和内容，提高全民水患意识，形成自觉珍惜水、保护水、节约用水的社会风尚，更有利于各项水资源管理措施的执行。

同时，应通过水资源教育培养专门的水资源管理人才，并采用多种教育形式对现有管理人员进行现代化水资源管理理论、技术的培训，全面加大水资源管理能力建设力度，以提高水资源管理的整体水平。

（六）加强国际合作

水资源管理的各方面都应注意经验的传播交流，将国外先进的管理理论、技术和方法及时吸收进来。涉及国际水域或河流的水资源问题，要建立双边或多边的国际协定或公约。

在水资源管理中，上述管理手段相互配合、相互支持，共同构成处理水资源管理事务的整体性、综合性措施，可以全方位提升水资源管理能力和效果。

五、水资源公共行政管理的主体与依据

（一）水资源公共行政管理的主体

水资源公共行政管理的主体是法律规定的水行政主管部门。水行政主管部门是指由中央和地方国家行政机关依法确定的负责水行政管理和水行业管理的各级水行政机关的总称。

（二）水资源公共行政管理的依据

由于水日益成为一种重要的经济与生存资源，争夺对其控制权蕴藏着巨大的经济利益，不将其纳入公共行政管理的范畴，必将带来混乱，因此必须进行管理。

1. 实行水资源公共行政管理符合水资源的自然属性

水资源具有循环可再生性、时空分布不均匀性、应用上的不可替代性、经济上的利害两重性等特点，而循环可再生性是水区别于其他资源的基本自然属性。水资源始终在降水 —— 径流 —— 蒸发的自然水文循环之中，这就要求人类对水资源的利用形成一个水源供水 —— 用水 —— 排水 —— 处理回用的系统循环。

流域是河流集水的区域，水作为流域的一种天然资源，是连接整个流域的纽带。依靠水的流通，全流域被连通起来，从而形成流域的开放性整体发展格局。流域内上中下游、干支流，都是一条河流不可分割的组成部分，它们与河流的关系，是部分与整体的关系，相互之间有密切的利害关系。上游的洪水直接威胁到下游；下游的河槽状况和泄洪是否畅通，也直接影响到上游的供水水位，事关防洪的大局。上游的污染直接损害下游；下游的经济社会越发展，也越需要上游来水的水量和水质符合使用要求。如果只顾自己的利益，不顾他人利益，例如上游任意截取水量，向江河下游任意排污，向下游转嫁洪水危机等，都违背了水资源的自然属性和水资源利用的一般规律，破坏了水生态循环系统，其结果既危害整个流域，最终也会危害自己。因此，江河的防洪、治理、水环境保护等，不管是上游中游下游，还是支流干流，或者是左岸右岸，都要从整个流域出发，实行流域的公共行政管理。要实现人与水的协调与和谐，必须根据水的自然属性，把水的作用作为完整的系统进行公共行政管理，协调好供水、用水、排水各环节的关系，在不违背水的自然规律基础上，统一规划，合理布局，充分利用水资源的良性循环再生，实现水资源的可持续利用。

2. 水资源公共行政管理是确保经济社会可持续发展的必然选择

水是生命之源，也是农业生产和整个国民经济建设的命脉。我国经济的快速发展，现代农业、现代工业特别是高新技术产业、旅游服务业的蓬勃兴起，对水质、水环境及水资源的可持续利用提出了越来越高的要求。社会经济的可持续发展需要水资源可持续利用作为基本的物质支撑。水资源的可持续利用是指"在维持水的持续性和生态系统整体性的条件下，支持人口、资源、环境与经济协调发展和满足代内和代际人用水需要的全部过程"，它包括两层含义：是代内公平和代际公平，即现代人对水资源的使用要保证后代人对水的使用至少不低于现代人的水平；二是区域之间的公平取水权，即上下游、左右岸之间水资源的可持续利用。在现有的流域管理体制下，各用水户受自身利益影响，用水考虑的是自我发展的需要，不会主动考虑他人及后代人的需要，因而有必要建立一个权威机构，依据流域的总体规划和政策，推动用水成本内部化和水权市场化，对区域的水权、水事活动等进行配置、监控、协调，才能实现水资源可持续利用，满足全流域社会经济可持发展的要求。

3. 水资源公共行政管理提高水管理的效率

水资源管理是一个庞大而复杂的系统工程，它是水系统、有关学科系统、经济和社会系统的综合体。它既受自然环境的影响，又受社会发展的影响，它涉及自然科学与社会科学的众多学科和业务部门，关系十分广泛、复杂。水资源系统是个有机的整体，而体制上的分割管理破坏了水资源的有机整体，地面水和地下水分割管理，供水、排水分割管理，城乡供水分治，工农业用水分割管理等，都严重阻碍了水资源的协调发展、合理调度和有效管理。水资源公共行政管理对提高水资源管理效率、实现水系统的良性循环具有重要的意义。

在水资源短缺问题日益严重的情况下，强化节约用水，优化配置水资源，不仅要依靠行政、法制、科技手段，而且要采取经济手段。发挥市场机制的作用，迫切需要解决水资源开发利用中的产权归属、收益、经营问题，需要解决用水指标、定额、基本水价、节水奖励、浪费处罚等问题。只有深入探索和研究水权、水市场、水价、水环境的相关理论，将理论与实践相结合，这些问题才有可能从全局出发统筹解决。

4. 水资源公共行政管理有利于水资源高效配置

一般来说，在一个较大的流域内，沿河道有许多不同的行政区域，行政区域是政治、文化、经济活动的单元，出于本位利益的考虑，在水资源的利用上总是追求自身利益的最大化。在没有进行流域管理的情况下，各行政区域拥有水资源的配置权，可以在本区域内不同行业自行配置取水量。其结果，水的利用可能在各区域内实现了利益最大。但从全流域看，水的使用效率并不高，不可能达到最优状态。而以流域为单元对水资源公共行政管理，根据各区域不同的土地、气候、人力等资源与产业优势，从流域的全局出发，依据流域的水资源特点，权衡利弊，统筹安排，可实现水资源高效配置。流域管理是在协商的基础上合理分配流域水资源，限制高耗水产业的发展，提高水资源的使用效率，可使有限的水资源发挥最大的效益。此外，流域管理将从全流域的角度出发，制定出合理的有偿使用制度和节水机制，通过流域管理机构监督上、下游地区执行，避免了各区域政府从自身利益出发，各自为政的状况。

流域是一个由水量、水质、地表水和地下水等部分构成的统一整体，是一个完整的生态系统。在这个生态系统中，每一个组成部分的变化亦会对其他组成部分的状况产生影响，乃至对整个流域生态系统的状况产生影响。在流域的开发、利用和保护管理方面，只有将每一个流域都作为一个空间单元进行管理才是最科学、最有效的。因为在这个单元中，管理者可以根据流域上、中、下游地区的社会经济情况、自然环境和自然资源条件，以及流域的物理和生态方面的作用和变化，将流域作为一个整体来考虑开发、利用和保护方面的问题。这无疑是最科学、最适合流域可持续发展之客观需要的。

5. 水资源公共行政管理是国际普遍趋势

水的最大特征是流动性，水的流动性决定了它的流域性。流域是一个天然的集水区域，是一个从源头到河口、自成体系的水资源单元，是一个以降水为渊源、以水流为基础、以河流为主线、以分水岭为边界的特殊区域概念。水资源的这种流动性和流域性，决定了水资源按流域统一管理的必然性。一个流域是一个完整的系统，流域的上中下游、左右岸、支流和干流、河水和河道、水质与水量、地表水与地下水等，都是该流域不可分割的组成部分，具有自然统一性。依据水资源的流域特性，发展以自然流域为单元的水资源统一管理模式，正为世界上越来越多的国家所认识和采用。国外流域管理的一个鲜明特点是注重流域立法。世界各国都把流域的法治建设作为流域管理的基础和前提。流域管理的法律体系包括流域管理的专门法规和在各种水法规中有关流域管理的条款。当前，加强和发展流域水资源的统一管理，已成为一种世界性的趋势和成功模式。

第三节　水资源管理规范化建设

一、水资源管理规范化建设概述

（一）水资源管理规范化的目的和意义

随着经济社会的快速发展与社会的全面进步，公众法治意识提高，经济活动节奏越来越快，全社会对政府效率、效能要求越来越高。其中，对水资源管理也提出了更高要求，要求管理规范、制度完善、反应迅速。可以说，开展水资源管理规范化建设是水资源形势决定的，也是社会经济发展的需求。

水资源管理规范化的目的是：通过水资源管理规范化建设，建立规范标准的管理体系和支撑保障体系，实现"依法治水"和"科学管水"，实现现代政府"社会管理与公共服务"的协调开展，从根本上提高水资源的管理水平和管理效率，从而配合我国最严格水资源管理制度的贯彻实施。

资源管理规范化的意义是：①水资源管理规范化是落实科学发展观，实现"依法治水""科学管水"的重要基础工作；②水资源管理规范化可减少水资源管理工作中的盲目性和随意性，大大提高管理效率，降低管理成本；③水资源管理规范化可以明确界定各管理层上下之间、横向之间的责权关系，可有效解决我国水资源管理过程中存在多年的"政出多门""多龙治水"的现象；④实施水资源规范化管理，引入现代监管技术手段，可以提高监管效率，减少权力寻租，提高管理公正性，吸引更多公众关注与参与，有助于更好地管理具有公益属性的水资源；⑤实施水资源规范化管理，可以为我国水资源管理水平的提高和管理经验的积累提供一个平台，为制度和工作流程的创新积蓄经验；⑥水资源管理规范化是最严格水资源管理制度实施的重要制度保障。综上所述，实现水资源管理规范化具有重大意义。

（二）水资源管理规范化建设的内涵与要求

《现代汉语词典》对"规范化"的解释是"适合于一定的标准"，具体到社会实践可引申为"在经济、技术、科学及管理等社会实践中，对重复性事物和概念，通过制订、发布和实施标准（规范、规程、制度等）达到统一，以获得最佳秩序和社会效益"，所以，水资源管理规范化建设的基本内涵是指在水资源管理领域中，水行政主管部门通过制定、发布和实施标准（包括机构设置、管理形象、基本工作制度、核心工作流程、监管技术手段、保障标准等），使水资源管理能按照水资源内在的管理规律建立一套"目标清晰、简便高效"的规范、严谨、科学的系统管理模式和管理规则，并在该管理体系下实现规范化和标准化的"依法治水"和"科学管水"，最终获得最优的经济效益和社会效益。

为了达到上述要求，水资源规范化建设的过程中必须做好以下几项工作。

1. 提高领导重视程度，明确工作进度

水资源管理规范化建设作为一项创新工作，应当引起各级领导和水资源管理作者的高度重视，为使规范化建设规范有序，就要明确规范化建设的指导思想、建设目标、实施方法和落实措施等，确保水资源管理规范化建设工作有条不紊。

2. 强化依法治水，完善制度建设

根据《水法》《防洪法》《水土保持法》《水污染防治法》《行政许可法》和《取水许可和水资源费征收管理条例》等法规和规定，结合水资源管理工作实际，加强制度建设，强化依法行政、依法治水和管水，通过逐步完善和落实各项规章制度，形成强有力的监督制约机制和依法管理的良好氛围。其中，制度建设是规范化建设工作的重要基础，结合水资源管理工作实际，制定完善、具体、可操作性强的水资源管理工作各项规章制度，是确保规范化建设工作顺利实施，全面完成规范化建设任务的重要保障。随着水资源管理工作地位和重要性的不断提高，所面临的新情况和新问题不断出现，要求水资源管理工作制度建设必须与时俱进，不断地完善提高，使其能够适应新情况、解决新问题，更好地规范水资源管理工作者的行为，提高水资源管理工作水平，为全面完成水资源管理规范化建设任务奠定坚实的基础。

3. 优化机构配置，加强队伍建设

结合目前水资源机构配置中存在的问题，进一步理顺水资源管理机构设置。同时根据水资源管理工作的特点，突出以人为本思想，建立一支机构健全、形象清晰、人员精干、高效、懂技术、能够适应现代水利管理要求的专业化队伍。

4. 健全考核机制，确保建设质量

为提高水资源管理规范化建设工作的主动性，确保规范化建设目标的实现，把规范化建设各项目标内容，纳入科学的考核评定标准中，建立有效的运行约束与激励机制，从而推进规范化建设进程，强化规范化建设工作力度，确保规范化建设的质量和效果。

5. 强化建设目标，提升规范化建设水平

为确保规范化建设任务能够保质保量完成，在规范化创建过程中，应严格按照规范化建设标准，逐项逐条对照落实，深入细致地开展创建工作。由于强化、细化后的内容丰富、涉及面广，在创建工作中应实行目标管理，把创建任务分解细化，责任到人，使有关管理人员人人有任务、有指标、有压力、有动力，充分调动全体工作人员的创建积极性。

6. 推行科学管理，加大创新工作力度

坚持以科学发展观指导水资源管理规范化建设工作，充分调动水资源管理工作者创新工作积极性，加大创新工作力度充分利用现代化的管理手段管水，强力推进水资源管理工作科技创新制度创新、管理创新，不断提升水资源管理工作的科技水平。

二、资源管理规范化建设的经验借鉴

从相关资源制度设计与管理工作经验分析我们可以发现，对资源进行规范化建设，要求明确宏观（上下级政府）与微观（政府与资源使用主体）两个层面的制度体系。在宏观层面实施了规划—计划的工作体系，在微观层面确立了以权益管理为核心的管理制度，并辅以科学合理的监测统计体系开展有效的微观监管与宏观考核，具体如下。

（一）明确宏观微观两个层面的制度设计

我国实行的是国家代表全民行使资源所有权的基本制度，同时，中央政府代表国家行使资源所有权。而我国实行的是单一制国家体制，因此，在实际操作中是地方政府根据中央政府的授权代表国家行使相应管理范围内的资源所有权。

资源是生产要素的重要组成部分，由于政府不直接开展社会生产，因此，政府并非资源的终端需求者。地方政府需要通过一定的规则，把代行所有权的资源使用权配置给社会资源需求主体。从工作体制来看，我国的资源管理实行的是自上而下的授权管理体制。上级政府可以制定相应的资源分配规则，具有管辖区域内资源的宏观调控权；而地方政府在直接管辖范围内行使资源的微观配置权。从几个资源环境管理部门的制度框架来看，均从资源的宏观配置层面（上级政府——下级政府）与资源的微观配置层面（政府——社会）制定了相应的基本管理制度，构成了资源管理的主要法律依据。

（二）政府层面确立规划——计划管理的工作体系

长期以来，由于资源环境问题并不突出，各级政府对资源环境管理相对粗放，政府在资源管理上没有建立十分严密的资源配置体系，资源环境空间利用十分粗放。随着经

济社会的发展，资源环境对社会经济发展的硬约束日趋凸显，资源环境可利用量已成为一个区域社会经济发展空间的主要限制因素。同时，由于受不合理政绩观的影响，地方政府倾向于过度开发利用本地的资源环境空间，从而追求经济的高速度增长，导致了资源短缺与环境污染问题的日趋加重。进入21世纪以来，为了遏制地方政府的不良倾向，国土、环保及林业等部门都进一步完善了宏观资源配置的制度设计，初步遏制了资源环境的不合理利用，提高了资源环境使用率。从上、下级政府资源配置层面建立了从中长期规划到年度配置计划的具体执行制度。

（三）微观层面确立了以权益管理为核心的管理制度

由于资源环境是非普通商品，具有很强的公共品特性，因此，政府在微观资源配置方面起到了主导作用。水环境保护与国土管理均建立了以资源使用权管理为核心的管理制度。

（四）确立科学合理的监测手段与统计体系

科学合理的监测统计体系是两个部门开展有效的微观监管与宏观考核的基础。例如，生态环境部门对主要排污口进行了在线监测，同时，要求排污企业建立了完善的排污统计台账，大大方便了日常的监督管理。由于同样面临基础工作薄弱，现状排污总量不清的情况，在重点污染物COD排放量的总量控制上采取了"增量考核"的办法，而且将COD增量控制要求具体落实到新增污染物审批与具体减排工程上，建立了一套减排统计方法。在具体监督上，不定期开展飞行检测，通过抽检监督排污企业的排污情况，同时也监督地方政府环境管理制度落实情况。在总量考核上，主要以减排工程是否落实作为主要核查内容，保障了考核监督工作的落实，也促进了整体管理水平的提高。

（五）高度重视基层监管队伍能力建设

强化基层一线监管队伍能力建设是两个部门开展管理规范化建设工作的核心工作内容，通过强化对基层监管队伍能力建设的指导与监督考核，推动地方落实必要的人员编制与监管条件。

（六）重视管理与服务工作的标准化

管理与服务工作的标准化是各项基础管理制度得到规范落实的保障，是社会管理与公共服务职能协调开展、相互促进的基本前提。因此，管理与服务工作的标准化也是两个部门规范化建设工作的重要工作内容。

三、水资源管理规范化建设路径

（一）水资源管理规范化的制度体系建设

1. 水资源管理制度框架

近年来，国家层面相继颁布或修订了《水法》《取水许可和水资源费征收管理条例》

《黄河水量调度条例》《水文条例》等法律法规，并相继出台了《水资源费征收使用管理办法》《取水许可管理办法》《水量分配暂行办法》《建设项目水资源论证管理办法》等规章制度，已经初步形成了水资源管理制度的基本框架。但现有的水资源管理制度法规还不够健全，需进一步完善。此外，地方性的配套法规政策相对较为欠缺，为了更好地落实最严格水资源管理制度，还需要对现有水资源管理工作制度及其主要关系进行梳理，形成更为清晰的工作体系。

在借鉴水资源与国土资源制度设计与管理工作经验的基础上，对水资源管理主要制度体系框架总结提炼。

水资源管理制度框架借鉴了水环境和国土资源部门的管理制度框架。水资源管理制度框架总体上可以概括为：以取水许可总量控制为主要落脚点的资源宏观管理体系，以取水许可为龙头的资源微观管理体系，以完善的监管手段为基础的日常监督管理体系。

其中，建立以总量控制为核心的基本制度架构，要以区域（流域）水量分配工作为龙头，按照最严格水资源管理制度的要求对现有水资源规划体系进行整合，提出区域（流域）取水许可总量的阶段控制目标，并通过下达年度取水许可指标的方式予以落实。同时，根据年度水资源特点，在取水许可总量管理的基础上，下达区域年度用水总量控制要求。

在上级下达的取水许可指标限额内，基层水资源行政主管部门组织开展取水许可制度的实施。目前，取水许可制度的对象包含自备水源取水户与公共制水企业两大类。

自备水源取水户具有"取用一体"的特征，现有的制度框架能够满足强化需水管理的要求，但需要进一步深化具体工作。首先，要深化建设项目水资源论证工作，进一步强化对用水合理性的论证，科学界定用水规模，明确提出用水工艺与关键用水设备的技术要求，同时，明确计量设施与内部用水管理要求。其次，要进一步细化取水许可内容，尤其要把与取用水有关的内容纳入取水许可证中，以便后续监督管理。再次，建设项目完成后，要组织开展取用水设施验收工作，保障许可规定内容得到全面落实，同时也保障新建项目计量与"节水三同时"要求的落实。最后，以取水户取水许可证为基础，根据上级下达的区域年度用水总量控制要求，结合取水户的实际用水情况，分别下达取水户年度用水计划，作为年度用水控制标准，同时也作为超计划累计水资源费制度实施的依据。

在水资源管理制度体系中，节水工程、管理队伍、信息系统及经费保证作为基础保障工作也需要建立相应的建设标准和规章制度。

2. 制度体系规范化建设内容

在明确水资源管理基本制度框架的基础上，为了确保国家确立的水资源管理制度要求得到有效落实，各级水资源管理部门需要积极推动出台相应的规章制度。根据我国水资源"两层、五级"管理的工作格局与各个层级所承担的职责，提出了制度体系规范化建设工作内容。

（1）五级水资源管理机构职责及制度规范化建设侧重点

①水利部工作职责主要是解决水资源管理工作中遇到的全国共性问题。根据水资源管理形势发展需要，对水资源管理部门、社会各主体及有关部门的工作职责与法律责任进行重新界定的制度建设内容，水利部应积极做好前期工作与法规建设建议，以完善现有的水资源管理法规体系，也为地方出台下位法与配套规章制度提供条件。同时，水利部还要做好各级水资源管理机构工作职责与管理权限的划分、各层级之间的基本工作制度、宏观水资源管控等方面的配套规章制度建设工作。

②流域管理机构工作职责主要包括承担流域宏观资源配置规则制定与监督管理、省级交界断面水质水量的监督管理、代部行使的水利部具体工作职责。因此，流域机构制度体系规范化建设工作的重点是加强流域宏观水资源管理与省际交界地区水资源水质管理方面的配套规定与操作规范。代部行使的工作职责需要由水利部来制定有关的配套规定，流域层面仅能出台具体工作流程规定。

③省级层面职责主要是根据中央总体工作要求，根据地方水资源特点解决和布置开展全省层面的水资源管理问题。由于水资源所具有的区域差异特点，省级相关法规建设任务较重，省级水资源管理部门要积极做好有关配套立法的前期工作。省级管理机构还要做好宏观水资源管控，重要共性工作的规范、指导、促进，对下监督管理考核等方面的配套规章制度建设工作。省级机构还要开展部分重点监管对象的直管工作，需要制定相关配套规定。总体来看，省级机构以宏观管理为主，微观管理为辅。

④市级层面职责包括对市域范围内水资源宏观配置与保护规则制定与监督管理，同时，在直管地域范围内行使水资源一线监督管理职能，宏观管理与微观管理并重。因此，制度体系规范化建设工作既要出台上级相关法律法规的配套规定，又要出台本区域宏观资源监督管理的有关规定，还要出台一线监督管理的工作规范。

⑤县级层面职责是承担水资源管理与保护的一线监督管理职能，是水资源管理体系中主要实施直接管理的机构。因此，制度体系规范化建设上要对所有水资源一线管理职能制定相应的工作规范规程，同时对重要水资源法律法规出台相应的配套实施规定。

（2）当前各级应配套出台的规定规范

①关于实施最严格水资源管理制度的配套文件。实施最严格水资源管理制度已上升为我国水资源管理工作的基本立场，是各级政府与水资源管理机构开展水资源管理工作的基本要求。因此，各级党委或政府要根据中央一号文件要求专门出台配套实施意见，作为本地开展水资源管理工作的基本依据。

②《水法》与《取水许可与水资源论证条例》的配套规定。它们是确立我国水资源管理制度框架的基本法，是各地开展水资源管理工作的基本法律依据。因此，各级水资源管理机构应推动地方出台相应的配套规定。省级应出台的配套规定包括：《水法实施办法》或《水资源管理条例》《水资源费征收管理办法》《水资源费征收标准》；市县应出台《水法》及《取水许可与水资源论证条例》的实施意见。

③间接管理需要出台的规定规范。间接管理是水资源管理工作的重要组成部分，是促进直接管理工作的重要抓手，主要由流域、省、市承担。我国市级管理机构的工作职

责和权限地区差异很大，同时相应的制度建设内容也较轻，因此，仅需要对流域和省出台的配套规定予以规范。流域和省均需出台的配套规定包括：《取水许可权限规定》《取水户日常监督管理办法》《省界（市界、县界）交接断面水质控制目标及监督管理办法》《水功能区监督管理办法》《入河排污口监督管理办法》。省需要出台的配套规定包括：《节约用水管理办法》《取水户计划用水管理办法》《取水工程或设施验收管理规定》《水功能区划》。

④直接管理需要出台的规定规范。直接管理是水资源管理的核心工作内容，其管理到位程度直接决定了水资源管理各项制度的落实情况，也直接关系到水资源管理工作的社会地位。水资源直接管理工作主要由县级管理机构承担，地市承担部分相对重要管理对象与直接管辖范围内管理对象的直接管理职责，流域和省承担部分重要管理对象的部分管理职责。

由于上述规定规范具有基础性，是做好水资源管理工作的基本保障，因此，应作为各级水资源管理规范化建设验收评价的必备内容。

（3）下一步应出台的规章制度

①非江河湖泊直接取水户的监督管理规定。随着产业分工深化以及城市化与园区化的推进，水资源利用方式上"集中取水、取用分离"的特点愈发明显，自备水源取水户逐年下降。目前，建设项目水资源论证与取水许可管理制度无法覆盖这一类企业的取用水监督管理，也与最严格水资源管理制度要求突出需水管理的要求不相匹配。目前，规范这一类取用水户的制度的建设方向：从完善水资源论证制度与建立节水三同时制度两个层面推进。一方面可以通过修订现有的建设项目水资源论证制度与取水许可制度，将其适用范围从"直接从江河、湖泊或者地下取用水资源的单位和个人"改为"直接或间接取用水资源的单位和个人"

另一方面也可以制定节约用水三同时制度管理规定，要求间接取用一定规模以上水资源的单位和个人要编制用水合理性论证报告，并按照水资源管理部门批复的取用水要求来开展取用水活动，并作为后期监督管理的依据。建议水利部应抓紧从这两个方面来推动此项工作，如果突破，就可实现取用水全口径的监督管理。地方水资源管理机构也应根据自身条件开展相关制度建设工作。

②非常规水资源利用的配套规定。国家法律明确鼓励在可行条件下利用非常规水资源，节约保护水资源。各地的实践也表明，合理利用非常规水资源能大大提高水资源的保障程度，节约优质水源的利用，实现分质用水。目前，水源管理部门在这一方面缺乏明确的政策引导措施与强制推动措施，应尽快组织开展有关工作。规定要确立系统化推进非常规水资源利用的基本制度设计，根据现实情况采取"区域配额制与项目配额制"是可行的方向。建议在做好前期调研基础上，在资源紧缺及非常规资源利用条件较好的地区先行试点此项制设计，为全面推行打好基础。地方水资源管理机构可先行推动出台有关引导、鼓励与促进政策。

③取水许可权限与登记工作规定。取水许可是水资源宏观管理与微观管理的主要落脚点与基本依据，是水资源利用权益的证明，具有很强的严肃性，也是水资源管理工作

的重要基础资料，因此，其规范开展与信息的统一在水资源管理工作中具有基础性的地位。水利部要在现有工作基础上根据审批与监管的现实可行性，对流域与省间的取水许可与后期监督管理权限及责任予以进一步细化规定。从长远来看，水利部要统一出台规定建立取水许可证登记工作制度，以解决目前取水许可总量不清、数据冲突、审批基础不实、监督管理薄弱等方面的问题，并将登记工作嵌入各级管理机构取水许可证的审批发放工作过程中，从而解决上下信息不对称的问题，近期可先选取省为单元进行试点。

④总量控制管理规定。要尽快研究制定总量控制管理规定，主要明确总量控制的内容（是取水许可总量、年度实际取水量或是双控）和范围（纳入总量控制的行业范围），控制监督管理的基本工作制度（如台账、抽查等），各级管理部门落实总量控制的主要制度保障与工作形式，其他政府部门承担有关责任，不同期限内突破总量的控制与惩罚措施（如区域限批、审批权上收、工作约谈、重点督导等）。在国家规定基础上，流域、省、市应逐级进行考核指标分解，并出台相应的考核规定。

上述规章规定，水资源管理工作需要进一步落实的工作内容，需要从中央层面予以推动省级层面积极突破。在中央没有出台有关规定之前，地方可以作为探索内容，但不宜作为硬性验收要求。因此，有关制度建设内容可以作为各级水资源规范化建设工作的加分内容，并根据形势发展动态调整。

（二）基础保障体系的规范化建设

水资源管理的基础保障体系主要包括经费保障、装备保障、设施保障和信息化保障四个方面。

1. 经费保障

目前，我国各地水资源管理机构的办公条件普遍比较简陋，基础设施薄弱，加大资金投入是加强水资源管理部门设施建设的关键。各级水行政主管部门应当拓宽水资源管理工作经费渠道，落实水资源配置、节约、保护和管理等各项水资源管理工作专项工作经费，建立较完善的水资源工作经费保障制度，保障各项水资源管理工作顺利开展。水资源管理工作经费可以参照国土资源所工作经费保障方法，即以县为主，分级负担，省市补贴。省厅可积极争取省级财政的支持，扶持补贴的重点放在经济条件欠发达的地区。通过各级水行政主管部门的共同努力，力争使水资源管理机构硬件设施达到有办公场所，有交通和通信工具，改善办公条件，优化工作环境。有条件的地方可加大社会融资力度。亦可参照农业行政规范化建设工作经费保障方法，即省厅每年安排相应的经费，并采取省厅补一点、地方财政拿一点和市、县水行政主管部门自筹一点的办法，分期分批有重点地扶持配备相应的水资源管理设施，改善办公条件，提高管理能力。或者可参照生态环境部环保机构和队伍规范化建设的方法，在定编、定员的基础上，各级水资源管理机构的人员经费（包括基本工资、补助工资、职工福利费、住房公积金和社会保障费等）和专项经费，要全额纳入各级财政的年度经费预算。各级财政结合本地区的实际情况，对水资源管理机构正常运转所需经费予以必要保障。水资源管理机构编制内人员经费开支标准按当地人事、财政部门有关规定执行。各级财政部门对水资源管理机构开展的水资源的配置、节约、保护所需公用经费给予重点保障。

2. 装备保障

完善水资源管理机构的办公设施，根据基层水资源管理机构的工作性质和职责，改善办公条件，加强自身监督管理能力建设。各水资源管理机构要尽快配齐交通工具、通信工具和电脑网络等设备，实现现代化办公，切实提高工作效率。各级水资源管理机构、节约用水办公室和水资源管理事业单位应根据每人至少 10 m2 的标准设置办公场所，并配备相应的专用档案资料室，为改善工作环境，办公场所应配置空调；应结合当地的经济状况和管理范围、人员规模、工作任务情况，根据实际工作需求，配置工作（交通）车辆，在配备工作、生产（交通）车辆的同时，须制定相关的车辆使用、维护保养规章制度，使车辆发挥最大效益；应配备必要的现代办公设备，主要包括微型计算机、打印机、投影仪、扫描仪等；应配备传真机、数码相机等记录设备；应根据相关专业要求配置 GPS 定位仪、便携式流量仪、水质分析仪、勘测箱等专用测试仪器、设备，选用仪器适应工作任务需满足精度和可靠度的要求，装备基础保障的配置要求。

3. 设施保障

建设与水资源信息化管理相配套的主要水域重点闸站水位、流量、取水大户取水量、重点入河排污口污水排放量、水质监测等数据自动采集和传输设施，配备信息化管理网络平台建设所需要的相关设备。根据水功能区和地下水管理需要，在水文部门设立水文站网的基础上，增设必要的地下水水位、水质、水功能区和入河排污口水质监测站网。有条件地区，水资源管理机构应当设立化验室，对水功能区和入河排污口进行定时取样化验，以提高水资源保护监控力度。

4. 信息化保障

伴随着经济发展与科学技术的进步，势必要加强水资源管理工作中的信息管理建设和采用先进的信息技术手段。信息化已经深刻改变着人类生存、生活、生产的方式。信息化正在成为当今世界发展的最新潮流。水资源信息化是实现水资源开发和管理现代化的重要途径，而实现信息化的关键途径则是数字化，即实现水资源数字化管理。水资源数字化管理就是如何利用现代信息技术管理水资源，提高水资源管理的效率。数字河流湖泊、工程仿真模拟、遥感监测、决策支持系统等是水资源数字化管理的重要内容。为了有效提高水资源管理机构利用信息化手段强化社会管理与公共服务，必须具备必需的信息化基础设施，包括相应的网络环境与硬件设备保障。

参考文献

[1] 王佰惠. 水利工程管理与水文水资源建设 [M]. 北京：中华工商联合出版社，2024.03.

[2] 师铁军. 水资源管理与污水处理环境工程新方法与实践 [M]. 沈阳：辽宁科学技术出版社，2024.03.

[3] 曲久辉. 水环境与水生态科普丛书污水中有哪些资源 [M]. 北京：中国建筑工业出版社，2024.01.

[4] 李茉，郭萍，杨改强. 农业水资源配置与种植结构调整不确定性优化模型 [M]. 北京：科学出版社，2023.06.

[5] 王文亮，王晓燕，崔姣利. 水文与水资源管理 [M]. 北京：北京工业大学出版社，2023.04.

[6] 付志国，高青春，刘姝芳. 水利工程管理创新与水资源利用 [M]. 长春：吉林科学技术出版社，2023.03.

[7] 丁爱中，潘成忠，许新宜. 流域水资源保护目标与管理模式研究 [M]. 北京：光明日报出版社，2023.09.

[8] 门宝辉. 水资源管理 [M]. 北京：国家开放大学出版社，2023.07.

[9] 武建，代永辉，郭金星. 水资源管理与环境监测技术 [M]. 长春：吉林科学技术出版社，2023.06.

[10] 刘金根，朱文婷. 农业环境保护 [M]. 苏州：苏州大学出版社，2023.09.

[11] 王晓莉. 我国农业水资源管理与农民集体行动 [M]. 北京：新华出版社，2022.04.

[12] 汪有科，韩冰，彭珂珊. 水资源压力与干旱半干旱农业节水 [M]. 咸阳：西北农林科技大学出版社，2022.11.

[13] 刘凯，刘安国，左婧．水文与水资源利用管理研究 [M]．天津：天津科学技术出版社，2021.07.

[14] 张宝忠，雷波，杜丽娟．区域农业耗水管理研究与应用 [M]．北京：中国水利水电出版社，2021.06.

[15] 刘景才，赵晓光，李璇．水资源开发与水利工程建设 [M]．长春：吉林科学技术出版社，2020.02.

[16] 李骚，马耀辉，周海君．水文与水资源管理 [M]．长春：吉林科学技术出版社，2020.11.

[17] 齐学斌，黄仲冬，李平．引黄灌区水资源优化配置与调控技术 [M]．郑州：黄河水利出版社，2020.10.

[18] 宋中华．地下水水文找水技术 [M]．郑州：黄河水利出版社，2020.09.

[19] 柳长顺，杜丽娟．中国农田水利发展对策与用水管理研究 [M]．北京：中国水利水电出版社，2020.10.

[20] 左喆瑜．水资源与中国农业可持续发展研究 [M]．兰州：兰州大学出版社，2019.12.

[21] 王浩，汪林．农业高效用水卷中国农业水资源高效利用战略研究 [M]．北京：中国农业出版社，2019.08.

[22] 潘奎生，丁长春．水资源保护与管理 [M]．长春：吉林科学技术出版社，2019.05.

[23] 杨波．水环境水资源保护及水污染治理技术研究 [M]．北京：中国大地出版社，2019.03.

[24] 邢旭英，李晓清，冯春营．农林资源经济与生态农业建设 [M]．北京：经济日报出版社，2019.07.

[25] 石福孙．山区农业和水资源大数据建设与智慧管理 [M]．成都：四川大学出版社，2018.01.

[26] 张仁志．水污染治理技术 [M]．武汉：武汉理工大学出版社，2018.08.

[27] 马浩，刘怀利，沈超．水资源取用水监测管理系统理论与实践 [M]．合肥：中国科学技术大学出版社，2018.09.

[28] 常文韬，袁敏，闫佩．农业废弃物资源化利用技术示范与减排效应分析 [M]．天津：天津大学出版社，2018.01.

[29] 汪义杰，李丽，张强．流域水生态文明建设理论、方法及实践 [M]．北京：中国环境出版集团，2018.05.

[30] 倪福全，邓玉，郑志伟．农业水利工程概论第 2 版 [M]．北京：中国水利水电出版社，2018.10.